# SIEMENS-HANDBÜCHER

Herausgegeben von der Siemens & Halske A.-G. und den Siemens-Schuckertwerken, G. m. b. H.

I. Band:
Allgemeine Grundlagen der Elektrotechnik

WALTER DE GRUYTER & CO.
BERLIN UND LEIPZIG
1925

# ALLGEMEINE GRUNDLAGEN DER ELEKTROTECHNIK

BEARBEITET

VON

DR. C. MICHALKE
OBERINGENIEUR DER
SIEMENS-SCHUCKERTWERKE

Mit 153 Abbildungen

WALTER DE GRUYTER & CO.
BERLIN UND LEIPZIG
1925

Das vorliegende Bändchen ist für einen sehr weiten Leserkreis bestimmt, sowohl für Leser mit nicht fachlicher Vorbildung, als auch solche, denen während ihrer vielleicht einseitigen praktischen Tätigkeit die Grundlagen etwas ins Schwanken geraten sind.

Es wurde daher ganz besonderer Wert auf allgemein verständliche Darstellung gelegt.

Ein schulgerechtes Lehrbuch der Elektrotechnik will das Buch nicht sein, vielmehr ein Nachschlagebuch für denjenigen, der sich über die Grundlagen der Elektrotechnik oder einzelne Gebiete daraus unterrichten will oder das Bedürfnis empfindet, seine Schulkenntnisse in einer für die Praxis geeigneten Form aufzufrischen.

Von der streng wissenschaftlichen Behandlung des Stoffes konnte daher Abstand genommen werden; statt dessen wurde das Hauptgewicht auf anschauliche Darstellung des Stoffes gelegt.

Die einzelnen Abschnitte sind so gefaßt, daß jeder für sich ein besonderes Gebiet bildet, sodaß der Leser, der nur über einen bestimmten Fragenkreis aufgeklärt werden will, nur einen oder mehrere kleine Abschnitte zu lesen braucht. Allerdings ließen sich infolgedessen Wiederholungen nicht ganz vermeiden.

# INHALT

# INHALT

# ALPHABETISCHES STICHWORTVERZEICHNIS

# ALPHABETISCHES STICHWORTVERZEICHNIS

# ALPHABETISCHES STICHWORTVERZEICHNIS

# Allgemeine Grundlagen
## der
# Elektrotechnik

### *Über das Wesen der Elektrizität.*

Die älteste Vorstellung von dem Wesen der Elektrizität als etwas Stofflichem, das z. B. dem Bernstein durch Reibung entlockt gedacht wurde, ist nach den neuesten Forschungen wieder in den Vordergrund gerückt. Zum Verständnis muß man die kleinsten Bausteine des Weltalls in Betracht ziehen. Die früher für nicht mehr weiter teilbar angesehenen Atome, aus denen sich die einzelnen Körper zusammensetzen, bestehen aller Wahrscheinlichkeit nach aus kleinen Kernen, um die die etwas größer gestalteten Teilchen, die Elektronen in einer oder mehreren Bahnen kreisen, wie die Planeten um ihre Sonne. Die Elektronen der verschiedensten Atome sind gleichartige Gebilde. Gold-, Blei-, Natrium-, Wasserstoffelektronen sind völlig gleich und austauschbar. Sie stellen die kleinste Elektrizitätsmenge dar, die mit jedem Atom eines einwertigen Stoffes verbunden ist. Diese Elektronen sind Träger der Elektrizität, sie sind die negativ elektrischen Ladungen des Atoms, dessen Kern im neutralen Zustande ebensoviel positive Ladungen enthält. Während sich die Elektronen als gleichnamige elektrische Ladungen abstoßen, werden sie von den positiven Kernladungen angezogen, wodurch sich die gesetzmäßig kreisende Bewegung der Elektronen ergibt. Man nennt ein Atom neutral, wenn die Anzahl der negativen Ladungen (Elektronen) den positiven Ladungen des Kerns entsprechen. Wird ein Elektron aus seiner Bahn abgeschleudert, so ist das Atom positiv geladen, überwiegen die Elektronen, so ist es negativ geladen. Die geladenen Atome werden als Ionen bezeichnet. Ein Raum gilt als ionisiert, wenn sich geladene Teilchen in ihm befinden. Die Leitung des elektrischen Stroms durch die Flüssigkeit kommt immer durch Wanderung solcher Ionen zustande.

Radioaktive Stoffe wie Uran, Radium, Thorium senden dauernd Strahlen aus, die im wesentlichen als $\alpha$, $\beta$, $\gamma$-Strahlen bezeichnet werden. Die $\beta$-Strahlen sind abgeschleuderte Elektronen, also negative Ladungen, wie sie in den Kathodenröhren mit dem bekannten „Elektronen-Bombardement" auftreten. Die $\alpha$-Strahlung enthält positive, also an Atome gekettete Ladung. Die in der $\alpha$-Strahlung enthaltenen Teilchen sind Heliumatome mit zwei positiven Elementarladungen. Die $\gamma$-Strahlen sind Röntgenstrahlen, die wie die Lichtstrahlen wellenförmig verlaufen mit allerdings sehr kleiner Wellenlänge. Die als aktinisch bezeichnete Strahlung ist auch imstande, andere Körper zur Strahlung zu bewegen sie radioaktiv zu machen und die Luft zu ionisieren, also leitend zu machen. Dieses Ionisieren der Luft findet auch statt durch Glimmentladung, die an spitzen und scharfen Kanten von Elektrizitätsleitern auftreten kann, wenn der betreffende Körper unter hoher Spannung gegen die umgebende Luft steht.

Durch die Bewegung und Fortleitung der Elektronen bei Elektrizitätsfortleitung wird auch die Umgebung beeinflußt. Die rings um die Richtung der elektrischen Strömung sich hierbei vollziehende Strömung äußert sich in magnetischer Erregung. So sind Elektrizität und Magnetismus unzertrennlich miteinander verknüpft.

### *Satz von der Erhaltung der Arbeit.*

Die Umwandlungsvorgänge in der Natur werden nur verständlich, wenn der Arbeitsvorrat im Weltall als unvergänglich angenommen wird. Es kann keine Arbeit neugeschaffen, sondern nur von einer Arbeitsform in die andere umgeformt werden. Selbstverständlich ist dies nur für an Körper gebundene Vorgänge nachzuweisen, da nur für diese geeignete Meßgeräte vorhanden sind. Es gilt das Gesetz allgemein sowohl für die kleinsten Arbeitsmengen, die in den Atomen und der Bewegung der Elektronen steckt, wie für den Arbeitsvorrat, der z. B. in einer Talsperre mit gefülltem Wasserbecken aufgespeichert ist. Fällt in einem Wasserfall das Wasser zu Tal, ohne etwa in Turbinen aufgefangen zu werden, so wird die Arbeit nicht ausgenützt, sie geht aber nicht verloren, es wird im wesentlichen Wärme erzeugt. Wenn trotz hohen Gefälles dies nicht augenfällig ist, so kommt dies daher, daß das Wasser etwa 425 m herabfallend, sich um nur 1° erwärmt, da die Arbeit von 425 mkg, die geleistet wird, wenn 1 l Wasser 425 m herabfällt, 1 kcal gleich ist, also gleich der Arbeit, die aufzuwenden ist, um 1 l Wasser um rd. 1° zu erwärmen.

Die Arbeitsformen in der Natur sind vielgestaltig. Fast aller Arbeitsvorrat auf der Erde rührt von der Sonne her, von ausgestrahlter Sonnenarbeit, sei es, daß wir die in der Kohle steckende Arbeit ausnutzen, oder pflanzliche oder mineralische Öle, Wind oder Wassergefälle nutzbar machen oder die Sonnenstrahlung unmittelbar verwenden. Auch wenn wir die Leistungsfähigkeit von Tieren ausnutzen, so ist letzten Endes die Sonne die Spenderin. Um Elektrizität zu erhalten, muß eine entsprechende Menge irgendeiner anderen Arbeitsform aufgewendet werden.

Aus einem galvanischen Element z. B. wird elektrische Arbeit gewonnen, indem Zink verbraucht wird. Immer entspricht dem Gewinn an Arbeit auf der einen Seite ein entsprechender Verlust auf der anderen Seite. Wird eine bestimmte Arbeitsmenge in der einen Form aufgewandt, so kann nur eine dieser Arbeitsmenge entsprechende in einer anderen Form gewonnen werden. Die Umwandlungsgrößen sind genau bekannt. So ist 1 kg Kohle physikalisch gleichwertig mit rd. 8 kWh. Bei den Umwandlungen wird leider nicht der gesamte verfügbare Arbeitsvorrat in die gewünschte andere Arbeitsform, z. B. in kWh umgewandelt. Der Teil, der nicht als elektrische Arbeit gewonnen wird, der nicht gewinnbringend ist, erscheint zumeist in Form von Wärme, die nutzlos in die Umgebung ausgestrahlt wird.

Um eine bestimmte Arbeitsform zu erhalten, sind häufig mehrere Umwandlungsvorgänge erforderlich. So ist es noch nicht gelungen, die in der Kohle steckende Arbeit unmittelbar in Elektrizität umzuwandeln. Es muß die Arbeit der Kohle erst in Wärmearbeit, diese in Dampfarbeit, diese in mechanische Arbeit umgewandelt werden und erst hiernach wird elektrische Arbeit gewonnen. Während jedes Umwandlungsvorganges finden Verluste statt, d. h. wird Arbeit auch in unförderlicher Form erzeugt, so daß von der theoretisch errechneten Arbeit schließlich nur ein geringer Bruchteil, bei Umwandlung der Kohle in Elektrizität etwa 15 vH gewonnen wird.

Die in der Starkstromtechnik hauptsächlich in Betracht kommenden Arbeitsformen sind:

chemische Arbeit,
Wärmearbeit,
mechanische Arbeit,
elektrische Arbeit.

Die „Erzeugung" einer der Arbeitsformen ist gleichbedeutend mit der Umwandlung aus einer anderen Arbeitsform. Für die Erzeugung elektrischer Arbeit kommt bei großen Leistungen hauptsächlich die Umformung aus mechanischer Arbeit in Betracht. Für die Umwandlung muß die technisch und wirtschaftlich günstigste Form ausgewählt werden.

Die Vorgänge bei der Umwandlung aus einer Arbeitsform in die andere lassen sich nicht immer ohne weiteres umkehren. Arbeitsformen, die sich nicht in nutzbare Form bringen lassen, gelten technisch als Verlustarbeiten.

## *Eigenschaften der elektrischen Arbeit.*

Eine der Haupteigenschaften der verschiedenen Arbeitsformen ist die bereits erwähnte *Wandelbarkeit.* Hierauf beruhen die meisten irdischen Vorgänge. Von der Umwandlungsfähigkeit hängt alles Werden und

Vergehen auf der Erde ab. An Einfachheit und Wirtschaftlichkeit der Umformung ist die elektrische Arbeit allen anderen Arbeitsformen überlegen. Mit Hilfe des Elektromotors wandelt sie sich in mechanische Arbeit, in den galvanischen Bädern für Verkupferung, Vernicklung, Vergoldung usw. leistet sie chemische Arbeit, sie spendet Licht und Wärme. Infolge der Einfachheit der für die Umwandlung nötigen Einrichtungen paßt sich die Elektrizität allen gegebenen Verhältnissen leicht an.
Die Verlustarbeiten bei der Umwandlung elektrischer Arbeit sind gering, d. h. die Elektrizität arbeitet mit hohem Wirkungsgrad.
Solange eine Arbeitsform unverändert bleibt, dient sie als *Arbeitsspeicher*. Kohle ist aufgespeicherte Sonnenarbeit. Eine Talsperre stellt einen Speicher für mechanische Arbeit dar, in Bereitschaft durch Wasserräder oder durch Turbinen zum Antrieb elektrischer Maschinen verwendet zu werden. Elektrische Gleichstromarbeit läßt sich in Akkumulatoren aufspeichern, in denen durch die Wirkung des elektrischen Stroms chemische Veränderungen vor sich gehen. Die elektrische Arbeit wird demnach vorübergehend in chemische Arbeitsform umgewandelt, die sich bei Bedarf wieder in elektrische Arbeit wandelt.
Einer der Hauptvorzüge der elektrischen Arbeit ist die leichte wirtschaftliche *Übertragungsfähigkeit*. Kohle läßt sich z. B. zwar ohne weiteres an beliebige Verbrauchsstellen bringen. Wegen des Gewichts und des Raumbedarfs kann dies in einzelnen Fällen zu teuer werden, so daß der Versand nicht lohnt. Gas als Arbeitsspender kann in Röhren fortgeleitet werden, doch ist aus wirtschaftlichen Gründen die Entfernung der Fortleitung beschränkt. Elektrische Arbeit läßt sich leicht auf beliebige Entfernungen übertragen. Es können so Arbeitsspeicher an Stellen nutzbar gemacht werden, an denen eine unmittelbare Verwendung nicht möglich ist, wie Ausnutzung von Wasserfällen an schwer zugänglichen Stellen, oder die Verwendung von Brennstoffen, deren Versand nicht lohnt. Bei Benutzung hoher Spannungen, die sich ohne große Verluste erzeugen lassen, kann elektrische Arbeit in verhältnismäßig dünnen Drähten wirtschaftlich auf viele hundert Kilometer weit übertragen werden.
Ein weiterer Vorzug der elektrischen Arbeitsform ist ihre stete *Betriebsbereitschaft*. Das Einrücken eines Schalters genügt, um den elektrischen Strom zur sofortigen Arbeitsleistung sich entwickeln zu lassen, um Licht zu geben, den Förderkorb aus der Tiefe zu holen, ein Zimmer behaglich zu erwärmen oder in den Schmelztiegeln hohe Schmelztemperaturen für die Erze zu erzeugen, Wasser durch Einwirkung von Ozon keimfrei zu machen usw.
Die Elektrizität entnimmt der Stromquelle immer nur so viel Arbeit, wie sie für ihre Arbeitsleistung braucht. Sie ist beliebig teilbar, sei es,

daß sie zum Antriebe schwerer 1000 pferdiger Walzmotoren verwendet wird, oder zum Betrieb kleinster Fächer zur Luftbewegung. Bequem läßt sich der elektrische Strom auch an sonst schwer zugängliche Stellen leiten, so daß seine Verwendung, zumal da Elektromotoren und auch sonstige Elektrizitätsverbraucher geringes Gewicht und geringe Abmessungen haben, äußerst vielseitig wird.

Trotz der Riesenarbeit, die der elektrische Strom vollführen kann, geschieht dies bei richtig gewählten Vorsichtsmaßnahmen mit solcher Sicherheit, daß keine Gefährdung eintritt.

### *Arbeitsformen.*

So verschiedenartig sind die Formen, in denen Arbeit in der Natur auftritt, daß es unmöglich ist, sie in einem kurzen Abschnitt aufzuzählen und zu erläutern. Man müßte von den Arbeitswerten, die in den kleinen Atomen und Molekeln stecken, die im Verhältnis zu ihrer Kleinheit bedeutend sind, beginnen, um bei den größten Arbeitswerten, die in den Fixsternen und ihrer Bewegung enthalten sind, zu enden. Es seien nur die für die Starkstromtechnik insbesondere in Betracht kommenden Arbeitsformen angeführt.

*Chemische Arbeit* wird in den galvanischen Elementen zur Umwandlung in elektrische Arbeit verbraucht. Das Zink, das dabei verbraucht wird, ist aber z. B. im Verhältnis zur Kohle ein teurer Verbrauchskörper. Für große Leistungen werden daher solche Elemente nicht verwendet. Für kleine Leistungen, z. B. in der Telegraphie, der Telephonie, beim Signalgeben, wenn von Maschinen erzeugte Ströme nicht zu erhalten sind, oder wo nur geringe Spannungen gebraucht werden, leisten sie unschätzbare Dienste. Der elektrische Strom kann umgekehrt chemische Arbeit leisten. In den elektrolytischen Bädern werden durch Wanderung der Ionen Metalle aus den Lösungen gefällt. Reines Kupfer, Elektrolytkupfer, Eisen usw. wird so gewonnen. Die Rohre in Dampfkesseln und Kondensatoren werden durch den elektrischen Strom, der durch das Wasser in die metallischen Rohre geleitet wird, vor Anfressung und Bildung von schädlichem Kesselstein geschützt. Die Eigenschaften des elektrischen Stromes, einerseits zersetzend zu wirken, andererseits wieder aufzubauen, wird in der Chemie vielseitig verwendet.

*Wärmearbeit* kann in Thermoelementen zur Erzeugung elektrischen Stromes benutzt werden, doch ist die Ergiebigkeit nicht genügend, die Spannungen sind nicht hoch genug, auch wenn viele Elemente zu einer Batterie vereint werden, so daß für große Leistungen die Umwandlung der Wärmearbeit, die in den Heizstoffen enthalten ist, vorteilhafter zur Erzeugung von Dampf benutzt wird, der die Antriebsmaschinen für die elektrischen Maschinen in Gang erhält. In den Gasmaschinen wird die beim Explodieren der Gasgemische, bei den Ölmotoren nach dem Vergasen, ausnützbare Arbeit benutzt, um die mechanische Arbeit für die Antriebsmotoren herzugeben. Umgekehrt kann elektrische Arbeit in Widerstandskörpern in Wärmearbeit umgesetzt werden. Fast jeder elektrische Vorgang spielt sich unter Wärmeentwicklung ab. Man mißt die Wärmearbeit nach der Arbeit, die erforderlich ist, um 1 l Wasser um 1° zu erwärmen. Diese Einheit heißt Kalorie (cal). Wird der Wärmegrad eines Körpers über eine gewisse Temperatur gesteigert, so strahlen die Körper Licht aus, das um so weißer ist, je höher die Temperatur ist. Die Wärmearbeit wird so gleichzeitig zur *Lichtarbeit.*

Die Arbeit, die die Antriebsmaschinen den elektrischen Maschinen zuführen, ist *mechanische Arbeit.* In den Dampfmaschinen und Dampfturbinen wird die Dampfarbeit in mechanische Arbeit umgewandelt, bei den Wasserturbinen gibt das Wassergefälle mechanische Arbeit an die umlaufenden Turbinen ab. Umgekehrt kann der elektrische Strom mechanische Arbeit leisten. Während bei der ersten Entwicklung der Starkstromtechnik die elektrischen Maschinen zumeist nur für Erzeugung von Licht dienten, wird die elektrische Arbeit jetzt mehr für den Betrieb von Motoren gebraucht. Als Einheit für die mechanische Arbeit gilt das mkg, d. i. die Arbeit, die erforderlich ist, um 1 kg 1 m hoch zu heben. Fallen bei einem Wasserfall in jeder Sekunde 100 l Wasser 25 m herab, so kann der Fall in jeder Sekunde eine mechanische Arbeit von 25.100 = 2500 mkg leisten.

Die elektrische Arbeit wird nach kWh gemessen. Diese läßt sich durch Zähler genügend genau bestimmen, so daß die Verbraucher genau dem Verbrauch entsprechend belastet werden können.

Rechnerisch lassen sich die einzelnen Arbeitseinheiten cal, mkg, kWh ineinander überführen, wie aus nachstehender Zusammenstellung zu ersehen ist.

Umrechnung der einzelnen Arbeitseinheiten.

| | kWs | kWh | PSs | PSh | cal | mkg |
|---|---|---|---|---|---|---|
| 1 kWs | 1 | 0,000278 | 1,36 | 0,000378 | 0,24 | 102 |
| 1 kWh | 3600 | 1 | 4900 | 1,36 | 859 | 367000 |
| 1 PSs | 0,736 | 0,000204 | 1 *) | 0,000278 | 0,176 | 75 |
| 1 PSh | 2650 | 0,736 | 3600 | 1 | 635 | 270000 |
| 1 cal | 4,19 | 0,00116 | 5,66 | 0,00158 | 1 | 427 |
| 1 mkg | 0,0098 | 0,00000272 | 0,0133 | 0,0000037 | 0,00235 | 1 |

*) 1 (englisches) Horse Power (HP) ist gleich 1,013 Pferdestärken (PS).

Um einen Stoff von dem festen Zustand in den flüssigen, von diesem in den gasförmigen zu überführen, ist Wärmearbeit zu leisten. Es beträgt die Schmelzarbeit, um 1 kg Eis von 0° in Wasser von 0° zu verwandeln 79,8 cal = 0,0925 kWh = 3390 mkg. Um 1 l Wasser von 100° in Dampf von gleicher Temperatur bei Atmosphärendruck zu verwandeln, sind 536 cal = 0,622 kWh = 228 800 mkg nötig, die bei der Umbildung in flüssige Form wieder gewonnen werden.

## *Elektrizität und Magnetismus.*

Fließt ein elektrischer Strom durch einen Stromleiter, so finden nicht bloß innerhalb des Leiters Vorgänge statt, es bilden sich vielmehr rings um den stromdurchflossenen Leiter magnetische Stromlinien (Bild 1). Die Stärke dieser magnetischen Strömung hängt von der Stromstärke im Leiter ab.

Umgekehrt werden elektrische Spannungen in Elektrizitätsleitern erzeugt, wenn die magnetische Strömung in der Umgebung sich ändert. In je kürzerer Zeit eine gewisse Veränderung des magnetischen Zustands stattfindet, um so höher ist die Spannung. Auf dieser gegenseitigen Verkettung beruhen die Vorgänge bei der Stromerzeugung durch elektrische Maschinen.

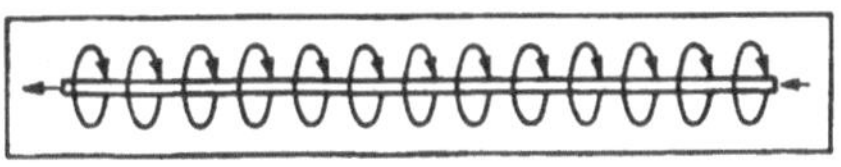

Bild 1. Magnetische Strömung rings um einen elektrischen Stromleiter

Die magnetisierende Wirkung des elektrischen Stromes wird verstärkt, wenn der Stromleiter nicht geradlinig, sondern spiralig oder schraubenförmig gewunden in einer Spule verläuft. Die magnetischen Strombahnen durchsetzen hierbei das Innere der Spule und schließen sich außen rings um die Spule. Es ist nicht gleichgültig, ob der magnetische Stromweg, die Bahn der sogenannten magnetischen Kraftlinien in Luft oder in einem anderen Stoff verlaufen. Starke Wirkungen, also kräftige Magnete, sogenannte Elektromagnete, werden erhalten, wenn die Kraftlinien teilweise oder ganz in Eisen verlaufen. Je stärker der Magnet, um so mehr Kraftlinien durchsetzen ihn. Bild 2 zeigt einen offenen Magneten, in dem die Kraftlinien außerhalb des Eisens in Luft verlaufen. Die Stelle, an der die magnetische Strömung aus dem Eisen austritt, nennt man Nordpol (N), die Eintrittsstelle Südpol (S). Der Raum, über den sich Kraftlinien ausdehnen, heißt das magnetische Feld. Die Magnete,

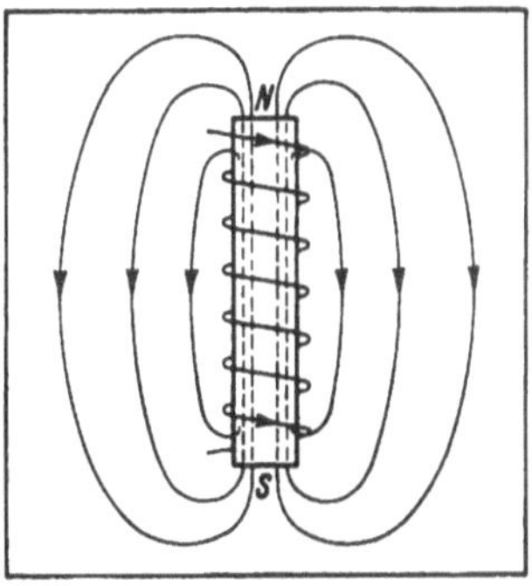


Bild 2 Magnetische Strömung in einem offenen Elektromagneten.

die in den elektrischen Maschinen verwendet werden, sind an den Polen gewöhnlich mit Polschuhen versehen, um einen gleichförmigen, großflächigen Austritt der Kraftlinien zu erhalten (Bild 3). Das abgebildete Magnetgestell ist vierpolig, es wechseln Nordpole und Südpole. In der elektrischen Maschine gehen die aus den Polschuhen austretenden Kraftlinien über einen Luftspalt in den „Anker" über.

Bild 3. Vierpoliges Magnetgestell einer Gleichstrommaschine.

Ein eisengeschlossener Magnet ist schematisch in Bild 4 dargestellt. Die Kraftlinien verlaufen bei gutem Eisenschluß ganz oder fast ganz im Eisen. Bleiben nicht alle Kraftlinien im Eisen, sondern tritt ein Teil aus dem Eisen heraus, um sich einen kürzeren Weg durch die Luft zu suchen, so werden diese Kraftlinien als *Streulinien* bezeichnet. Die Streulinien sind für die Erzeugung der elektrischen Spannung in der Regel unwirksam, Maschinen, Transformatoren usw. werden daher so gebaut, daß die Streuung der Kraftlinien möglichst gering ist. In Bild 5 ist das Eisengestell für einen Drehstromtransformator aus Eisenblechen ohne oberes Schlußstück dargestellt. Das Gestell ist mit Rücksicht auf wirtschaftliche Herstellung aus mehreren Stücken zusammengesetzt, die fest aufeinander gepreßt werden. Nach Einsetzen der Wicklungen wird oben das Schlußstück aufgesetzt.

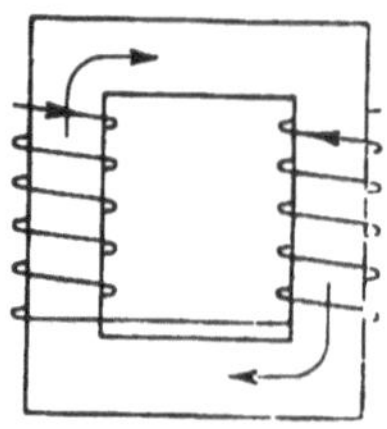

Bild 4. Magnetische Strömung in einem eisengeschlossenen Magneten.

Die Dichte der Kraftlinien, die die Stärke der Elektromagnete bestimmt, läßt sich nicht beliebig steigern. Bei Steigerung des elektrischen Stromes in der magnetisierenden Spule auf eine bestimmte Höhe tritt Sättigung ein. Das Eisen ist nicht weiter für Steigerung des Magnetismus aufnahmefähig. Verschiedene Eisensorten verhalten sich verschieden. Man kann sich das so erklären, daß

Bild 5. Magnetgestell für einen Drehstromtransformator ohne oberes Schlußstück.

bei Magnetisierung sich die einzelnen Molekel des Eisens in bestimmter Richtung ordnen, was um so schwieriger ist, je härter das Eisen ist. Weiches, reines Schmiedeeisen verhält sich am günstigsten, weniger gut ist Gußeisen, noch ungünstiger ist harter Stahl. Für die ersten für die Telegraphie benutzten Maschinen verwandte man Stahlmagnete, da man die Eigenschaften der Elektromagnete noch nicht kannte. Solche Maschinen genügten damals, da nur geringe Leistungen von ihnen verlangt wurden. Schmiedeeisen ist zwar wirksamer als Gußeisen, aber teurer. Ob in den Maschinen Gußeisen, Gußstahl oder Schmiedeeisen für die Magnete verwandt wird, hängt von den jeweiligen Verhältnissen ab.

Schaltet man den elektrischen Strom der Spule, der das Eisen magnetisiert, ab, so verschwindet der Magnetismus im Eisen wieder bis auf einen Rest, den bleibenden oder remanenten Magnetismus. Die Stärke dieses zurückbleibenden Magnetismus ist bei verschiedenen Eisensorten verschieden. Bei hartem Stahl ist er am stärksten. Harter Stahl behält also einen beträchtlichen Teil, er kann so als Dauermagnet benutzt werden. Dies wird z. B. bei Meßgeräten verwertet. Bei den Dreheisen-Instrumenten, Ferraris-Meßgeräten, in Elektrizitätszählern usw. werden Dauermagnete aus Stahl verwandt, bei denen durch besondere Behandlung die Magnete dauernd gleichbleibende Stärke behalten. Der in den Magneten der elektrischen Maschinen zurückbleibende Magnetismus ist von Vorteil, weil nur dadurch die Selbsterregung der Maschinen möglich ist. Infolge des zurückbleibenden Magnetismus wird nämlich in der Wicklung des umlaufenden Ankers eine wenn auch geringe Spannung erzeugt, diese wird benutzt, um in der Magnetspule einen Strom zu erzeugen, der bei richtigem Wicklungssinn der Spule oder Drehsinn der Maschine den Magnetismus verstärkt, so daß die Spannung steigt. Durch das Wechselspiel steigt die Spannung der Maschine auf den der vollen Magnetisierung entsprechenden Wert. Andererseits kann der zurückbleibende Magnetismus schädlich sein, wenn, wie dies in manchen Betrieben erforderlich ist, zeitweise auch geringe Maschinenspannungen unerwünscht sind. Durch besondere Schaltungen (Selbstmordschaltung) muß in solchen Fällen die Wirkung des zurückbleibenden Magnetismus beseitigt werden.

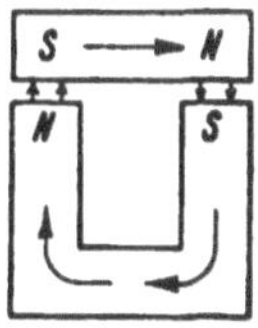

Bild 6 Magnet mit Anker.

Ist (Bild 6) ein Stück Eisen von einem Magneten durch Luft getrennt, so ist der Kraftlinienfluß nicht so stark, wie wenn das Eisenstück unmittelbar anliegt, also Schlußstück (Anker) für den magnetischen Stromkreis bildet, da Luft der magnetischen Strömung einen größeren Widerstand entgegensetzt, als Eisen. Naturgemäß suchen sich die Teile auf den kleinsten Widerstand einzustellen, bei dem die magnetische Strömung am stärksten ist. Es findet dementsprechend eine

Anziehung zwischen Magnet und Anker statt, die um so stärker ist, je kräftiger der Magnet, je aufnahmefähiger für den Magnetismus der Anker ist. Ähnliche Vorgänge treten ein, wenn zwei Magnete sich gegenüberstehen. Die wirksamste magnetische Strömung findet statt, wenn sich ungleichnamige Pole gegenüberstehen, also einem Südpol ein Nordpol, d. h. ungleichnamige Pole ziehen sich an, gleichnamige stoßen sich ab. Dies wird für geringere Kraftäußerungen bei Meßgeräten, Reglern und dgl. verwandt. Bei Maschinen, Stromerzeugern und Motoren bildet dies Gesetz die Grundlage für deren Bau. Alle Kraftäußerungen, die sich in elektrischen Maschinen erzeugen lassen, beruhen auf dem Gesetz der Anziehung und Abstoßung der Magnete. Die Maschinenanker sind zylindrisch oder ringförmig. Sie erhalten Nuten zur Aufnahme der Wicklung. Bild 7 zeigt den Schnitt durch eine Gleichstrommaschine mit Hauptstrommagneten H und Wendepolen W mit Wicklung w und trommelförmigem Anker.

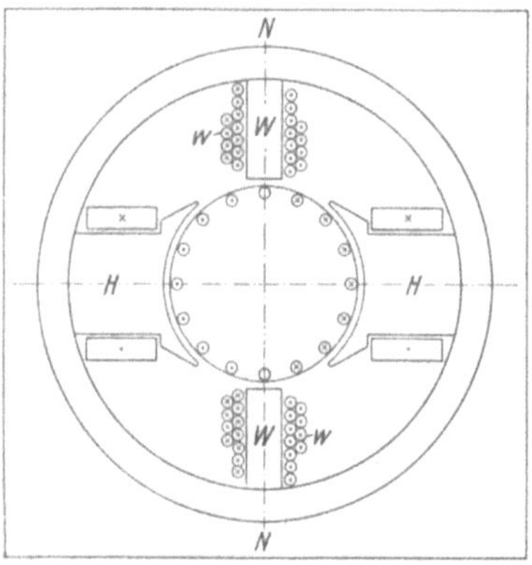


Bild 7. Schnitt durch zweipolige Maschine mit Hauptpolen (H) und Wendepolen (W) und Trommelanker.

Infolge der Verkettung von Magnetismus und Elektrizität erzeugt jede Veränderung des Magnetismus in Elektrizitätsleitern Spannungen. Solche Änderungen in der Nähe des Stromleiters entstehen bei Elektromagneten durch Änderung des magnetisierenden elektrischen Stroms, durch Nähern und Entfernen eines Magneten von einem Elektrizitätsleiter, oder durch Änderung des magnetischen Schlusses etwa durch Nähern und Entfernen des Ankers vom Magneten usw. Die erzeugte Spannung wird erhöht, wenn es sich nicht um einen einfachen Leiter, sondern um eine Spule mit vielen Windungen handelt. Die Spannung steigt entsprechend der Windungszahl. Man bezeichnet diesen Vorgang als Induktion. Auf Induktionswirkung beruhen alle Vorgänge in der Erzeugung elektrischer Spannungen und deren Transformierung. Die Spannungen haben verschiedene Richtung, je nachdem der Magnetismus verstärkt oder geschwächt wird oder je nachdem sich ein Magnet einer Spule nähert oder sich von ihr entfernt. Werden in einer Wechselstrommaschine die magnetisierten Pole eines Magnetkerns durch Umdrehung der feststehenden Wicklung des Ankers genähert und dann wieder entfernt, so entstehen in der Ankerwicklung elektrische Spannungen, die bei Annäherung die eine, bei Entfernung

die entgegengesetzte Richtung haben, d. h. es entstehen Spannungen von wechselnder Richtung. Der Wechsel findet in einem Takt entsprechend der Umlaufzahl des Magnetkerns statt.
Durch Änderung der Stromstärke in einem Stromleiter ändert sich der durch den Strom erzeugte Magnetismus. Dies bringt Spannungen in Nachbarleitern, aber auch Gegenspannungen im eigenen Stromleiter hervor, die den Strom schwächen((Selbstinduktivität). Metallmassen in unmittelbarer Nähe von Leitern, die von starken Strömen durchflossen werden, können sich durch die im Metall induzierten Ströme erwärmen. In Fernleitungen können durch schnelle starke Stromänderungen gefährliche Überspannungen entstehen.

### *Erzeugung der Elektrizität.*

Durch Reibung, selbst schon durch Berührung verschiedenartiger Stoffe wird Elektrizität erzeugt, die an der Erzeugungsstelle haften bleibt, falls die Stoffe nicht imstande sind, die erzeugte Elektrizität abzuleiten. Durch Elektrisiermaschinen kann so Elektrizität von hoher Spannung erzeugt werden, es handelt sich aber hierbei nur um geringe Arbeitsmengen, so daß auch bei motorischem Antrieb solche Maschinen keine starken Ströme abgeben können und nur für Sonderzwecke Verwendung finden. Höhere Ströme können galvanische Elemente liefern, doch ist ihre Spannung niedrig, der Betrieb ist auch nicht genügend wirtschaftlich, so daß sie für Betriebe von größeren Starkstromanlagen nicht in Betracht kommen. Das gleiche gilt von Thermoelementen, bei denen durch Erwärmung von Lötstellen verschiedenartiger Metalle elektrischer Strom erzeugt wird.
Die in der Natur vorhandene Elektrizität auszunutzen, wie dies etwa mit dem Wind geschieht, erscheint verlockend, doch sind die Arbeitswerte zu gering. In dem Erdboden verlaufende Erdströme, sind zeitweise genügend stark, um die Telegraphenapparate zu stören. Die Luft ist auch an wolkenlosen Tagen mit Elektrizität erfüllt, bei eintretenden Gewittern können die elektrischen Entladungen empfindliche Störungen verursachen, die Arbeitsmengen sind aber nicht groß genug, um eine Ausnutzung wirtschaftlich zu machen. Zudem sind solche Elektrizitätsquellen stark veränderlich, wodurch die Verwertung erschwert ist.
Große elektrische Leistungen und Arbeiten lassen sich wirtschaftlich nur durch die zu großer Vollkommenheit ausgebildeten Maschinen erreichen, bei denen der innige Zusammenhang, der zwischen Elektrizität und Magnetismus herrscht, zweckmäßig ausgenutzt wird. Als Werner Siemens das sog. dynamoelektrische Prinzip geschaffen hatte, war die Bahn für die ungeahnte Entwicklung der Elektrotechnik frei. Die Verkettung von Elektrizität und Magnetismus wird sowohl in den Gleichstrom- als

auch in den Wechselstrommaschinen benutzt. Hiernach sind von den S. S. W. Einheiten bis zu rd. 100 000 PS hergestellt worden, die sich im Betrieb durchaus bewährt haben.
Die Stromerzeuger wandeln mechanische Arbeit in elektrische um. Die mechanischen Arbeiten liefern Maschinen, die die in der Natur vorhandenen Arbeitsformen verwerten. Am vollkommensten geschieht dies bei Verwertung natürlicher Arbeitsspeicher, weil diese eine für längere Zeit gleichbleibende Arbeitsentnahme ermöglichen. Dies ist z. B. der Fall bei Verwendung von Verbrennungsstoffen, wie Kohle, Öl und dgl., ferner bei Wasserfällen, bei denen dauernd eine Arbeitsentnahme möglich ist. Schwieriger ist es, Arbeitswerte der Natur zu verwenden, bei denen der Arbeitsfluß in regelmäßigen oder unregelmäßigen Zeitabschnitten schwankt. Um gleichbleibende elektrische Spannung, die für schwankungsfreies Licht und auch für einen guten Betrieb von Elektromotoren erforderlich ist, zu erhalten, ist möglichst eine gleichbleibende Drehzahl der Antriebsmaschine erwünscht. Die Ausnutzung des veränderlichen Windes zur Erzeugung elektrischen Stromes erfordert daher besondere Maßnahmen, die zwar auf keine unüberwindlichen Schwierigkeiten stoßen, die aber die Einfachheit des Betriebes stören. Das gleiche ist der Fall bei Ausnutzung von Ebbe und Flut, bei Ausnutzung des Arbeitswertes der Meereswogen usw. In Ermangelung von Arbeitsquellen mit gleichbleibendem Arbeitsfluß muß aber die Technik zuweilen auch veränderliche Arbeitswerte nutzen.

### *Magnetische und elektrische Felder.*

Den Wirkungsbereich eines Magneten, also den ganzen Raum, den magnetische Kraftlinien durchsetzen, in dem sich magnetische Kräfte bemerkbar machen, nennt man das *magnetische Feld.* Die Stärke des magnetischen Feldes wird nach der Anzahl von Kraftlinien gemessen, die die Flächeneinheit durchsetzen. Entsprechend heißt der Wirkungsbereich für elektrische Vorgänge das *elektrische Feld.* Herrscht zwischen zwei Stellen, etwa zwei Metallkugeln, die durch einen Nichtleiter der Elektrizität getrennt sind, eine elektrische Spannung, so hat jeder Punkt des Raumes, der als das elektrische Feld bezeichnet wird, eine Teilspannung gegen die beiden Metallkugeln. Die Spannung nimmt aber nicht gleichmäßig ab, die Abnahme der Spannung etwa in 1 cm Abstand, das Spannungsgefälle, ist unmittelbar an den Kugelflächen stärker als in einiger Entfernung. Das Spannungsgefälle ist um so stärker, je mehr gekrümmt, also je kleiner die Kugeln sind. Die Abnahme kann bei sehr kleinen Kugeln, allgemein bei sehr stark gekrümmten Flächen oder an Spitzen, so groß sein, daß bei Hochspannung eine Abstrahlung der Elektrizität stattfindet. Dies zeigt sich im Dunkeln durch Auftreten eigenartigen

Glimmlichts. Strahlungsverluste, sog. Coronaverluste, können in Hochspannungsleitungen hierdurch auftreten, wenn diese zu dünn gewählt sind. Luft wird durch das Glimmlicht ionisiert, daher leitend gemacht. Bei den Hochspannungsapparaten der S.S.W. sind alle scharfen Kanten und Spitzen, die zu Ausstrahlung Veranlassung geben könnten, vermieden. Nötigenfalls werden Strahlungskappen, deren Oberfläche keine stark gekrümmten Teile haben, aufgesetzt. Bei Hochspannungsspulen für elektrische Maschinen und Transformatoren, bei denen dünne Drähte nicht zu vermeiden sind, wird die schädliche Strahlung dadurch vermieden, daß die Drähte in geeigneten Isolierstoff eingebettet werden. Eine ungleiche Feldverteilung und dementsprechend ein ungleichmäßiges Spannungsgefälle zwischen zwei Metallflächen, die durch einen isolierenden Stoff getrennt sind, bewirkt, daß unmittelbar an den Metallflächen das Spannungsgefälle am stärksten ist, der Isolierstoff an den Metallflächen stark, in einiger Entfernung schwächer beansprucht wird. Eine Ver-

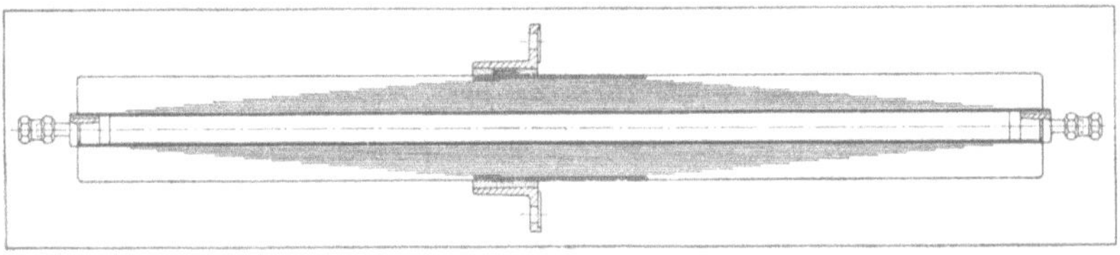

Bild 8. Durchführung aus Repelit mit leitenden Einlagen.

stärkung des Isolierstoffes hat in solchen Fällen wenig Wert, weil die mittlere Isolierschicht sowieso wenig beansprucht ist. Diese ungleiche Feldverteilung wird vermieden, wenn in die isolierende Schicht in bestimmten Abständen Metallbelegungen eingelegt werden. Durch die Kondensatorwirkung der Belegungen wird eine gleichmäßigere Spannungsverteilung erreicht. Man kann so auch bei Hochspannung mit verhältnismäßig dünnen Isolierschichten auskommen. Bild 8 zeigt den Schnitt durch eine Durchführung aus Repelit mit Stannioleinlagen. Solche Durchführungen werden z. B. verwandt, um durch Kesselwände von Ölschaltern Ströme hoher Spannung isoliert hindurchzuführen.

Das magnetische oder elektrische Feld wird durch die Stoffe beeinflußt, die sich im Felde befinden. Stoffe, in denen unter sonst gleichen Umständen stärkere magnetische Felder entstehen als in der Luft, heißen *paramagnetisch*, im entgegengesetzten Falle *diamagnetisch*. Besonders starke Felder entstehen in *permeablen* Stoffen wie Eisen, Nickel, Kobalt. Befinden sich permeable Stoffe in einem magnetischen Felde, so werden Kraftlinien aus der Umgebung in diesen Stoff hineingezogen. In ähnlicher Weise wird das elektrische Feld durch den *dielektrischen* Zustand der Stoffe beeinflußt. Beispielsweise kann die für eine Luftstrecke ermittelte Schlagweite, das ist die Strecke, die bei einer bestimmten Spannung durchschlagen wird, durch zwischengeschobene Isolierplatten von hoher *Dielektrizitätskonstante* vermindert werden.

### *Gleichstrom und Wechselstrom.*

Lange Zeit wetteiferten die beiden Stromarten Gleichstrom und Wechselstrom um den Vorrang in der Starkstromtechnik. Je nach den Vorteilen, die die örtlichen Verhältnisse bieten, wird jetzt die eine oder die andere gewählt. Gleichstrom hat den Vorteil der bequemen Aufspeicherung, Motoren lassen sich leicht verlustlos regeln und für große Anzugkraft bauen, das Licht ist ruhig. Wechselstrom ist leichter für beliebige Spannungen umzuwandeln. Auf hohe Spannungen von Tausenden von Volt transformiert, überwindet er viele Hunderte von km ohne zu große Verluste. Die Wechselstrommotoren sind meist einfacher als die Gleichstrommotoren. Bei *Gleichstrom* fließt der Strom dauernd in gleicher Richtung, bei *Wechsel-*

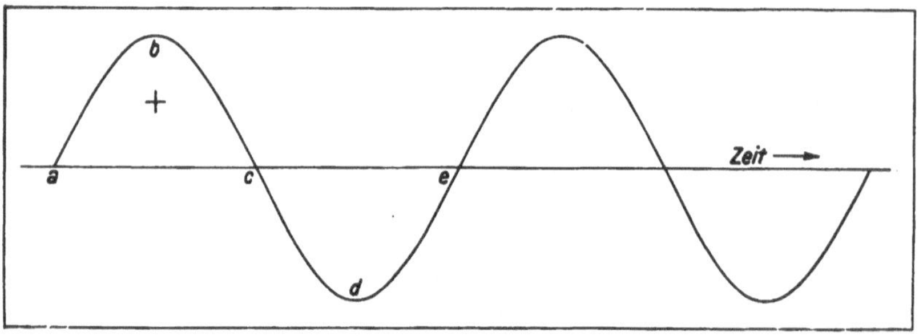


Bild 9. Wechselstromwelle, Einphasenstrom.

*strom* ändert er fortwährend in bestimmter Folge seine Richtung, wird bald positiv, bald negativ. Bild 9 zeigt eine einfache Wechselstromwelle (für Einphasenstrom), in der die wagerechte Linie die fortschreitende Zeit darstellt. Der Strom oder die Spannung steigt in positiver Richtung von a bis zum Höchstwert bei b, fällt dann wieder zum Nullwert bei c, um seine Richtung zu wechseln, dann steigt er in negativer Richtung bis zum Höchstwert d, um dann bis e wieder zum Nullwert zu fallen. Das Spiel wiederholt sich dann wieder. Die Zeit, innerhalb welcher sich der Vorgang wiederholt, von a bis e, nennt man eine *Periode* oder einen Puls; Strom und Spannung wechseln während dieser Zeit zweimal die Richtung. Die Anzahl der Pulse in der Sekunde nennt man *Pulszahl* oder *Frequenz*. Da während einer Periode zweimaliger Wechsel stattfindet, ist die Wechselzahl doppelt so hoch wie die Frequenz. Die Frequenz hängt von der Drehzahl und der Anzahl der Pole ab. Ist *n* die Zahl der Umdrehungen in der Minute, $z$ die Zahl der Pole einer Maschine, so ist die Frequenz gleich $\frac{nz}{120}$. Eine zweipolige Maschine hat bei 3000 Umdr/min eine Frequenz 50. Die gleiche Frequenz hat eine sechspolige Maschine bei 1000 Umdr/min.

In Deutschland ist man übereingekommen, die Frequenz 50, wobei also die Wechselzahl in der Sekunde 100 beträgt, zum Anschluß von Lampen und Motoren zu wählen. Für reinen Motorenbetrieb wird zuweilen die Frequenz 25 gewählt. Niederkerzige Lampen geben hierbei aber ein flimmerndes Licht. Für Bahnbetrieb im Anschluß an Einphasennetze wird die Frequenz 50/3 = $16^2/_3$ gewählt.

So einfach wie in Bild 9 dargestellt, verlaufen zuweilen die Kurven nicht, sie zeigen manchmal eine mehr *spitze* oder eine mehr *flache Form* oder *Höcker* von übergelagerten Kurven höherer Frequenz herrührend. Diese übergelagerten Kurven von 3-, 5-, 7-facher Frequenz entsprechen den Obertönen in der Akustik. Diese Oberschwingungen werden als „höhereHarmonische" bezeichnet. Die in Bild 9 dargestellte Kurvenform wird als Sinuslinie bezeichnet, weil sie sich wie der trigonometrische Sinus ändert. Die Maschinen werden gewöhnlich so hergestellt, daß sie Strom und Spannung von möglichst reiner *Sinusform* abgeben, da die höheren Harmonischen zu vielerlei Störungen Veranlassung geben können. Wie durch Oberschwingungen das Kurvenbild verzerrt wird, zeigt Bild 10. Die Grundschwingung ist durch $a_1 \sin \varphi$ dargestellt. $a_1$ ist der Kurvenwert für $\varphi = 90^0$, d. i. der Höchstwert in der Mitte der Kurve. $a_2 \sin 3\varphi$ ist eine Kurve von dreifacher Frequenz.

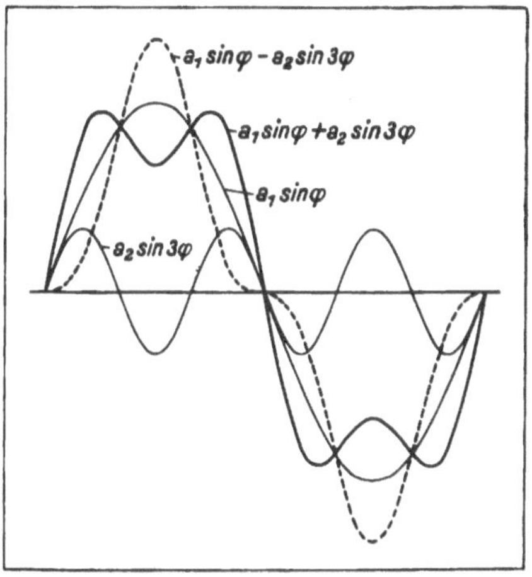


Bild 10. Durch Überlagerung von Oberschwingungen verzerrte Kurvenformen.

Wenn also die Grundschwingung eine Periode vollführt hat, hat jene 3 Perioden durchlaufen. Überlagert sich die Oberschwingung über die Grundschwingung, so erhält man bei Hinzuzählen die Schwingung $a_1 \sin \varphi + a_2 \sin 3\varphi$, bei Abziehen die Schwingung $a_1 \sin \varphi - a_2 \sin 3\varphi$. Noch weiter wird die Kurve verzerrt, wenn die Oberschwingungen in Phase verschoben sind, d. h. nicht mit der Grundschwingung zugleich beim Nullwert beginnen. Mit den Meßgeräten wird der quadratische

Mittelwert gemessen. Der Mittelwert ist bei Sinusform gleich dem Höchstwert durch $\sqrt{2} = 1{,}4$. Bei spitzer Kurvenform ist das Verhältnis ungünstiger, der Höchstwert der Spannung steigt hierbei auf einen höheren als den 1,4-fachen Wert, es wird daher die Isolation höher als bei Sinusform beansprucht, d. h. bei spitzer Kurvenform wird eine Isolationsschicht bei niedrigerer mittlerer Spannung durchschlagen als bei sinusförmigem Verlauf der Kurve. Der Zustand, in dem sich der seine Richtung dauernd wechselnde Strom oder die Spannung in einem bestimmten Augenblick befindet, heißt *Phase*. Die Zeit, die während einer Periode verstreicht (ae in Bild 9), teilt man in 360 Winkelgrade. Nach 360° ist also wieder die gleiche Phase erreicht. Zwischen a und c herrscht ein *Phasenunterschied* oder eine *Phasenverschiebung* von 180°, zwischen a und b ein solcher von 90°. Die den Strom erzeugende Spannung und dieser selbst stimmen nicht immer in Phase überein. Der magnetisierende Strom hat z. B. gegenüber der durch ihn induzierten Spannung (Seite 10) eine Phasenverschiebung von angenähert 90°. Überall, wo der Wechselstrom magnetisierend wirkt, z. B. bei asynchronen Motoren, erhalten wir eine Phasenverschiebung des Stroms gegen die Spannung, die nach dem trigonometrischen cosinus des Winkels der Phasenverschiebung gemessen wird. Beispielsweise beträgt der cosinus der Phasenverschiebung bei Asynchronmotoren rd. 0,8—0,9. In Bild 11 ist der Verlauf einer Spannung E und des von ihr erzeugten Stroms J dargestellt. Der Strom J setzt später ein als die Spannung E. Der Nacheilungswinkel, Phasenverschiebungswinkel, ist $\varphi$.

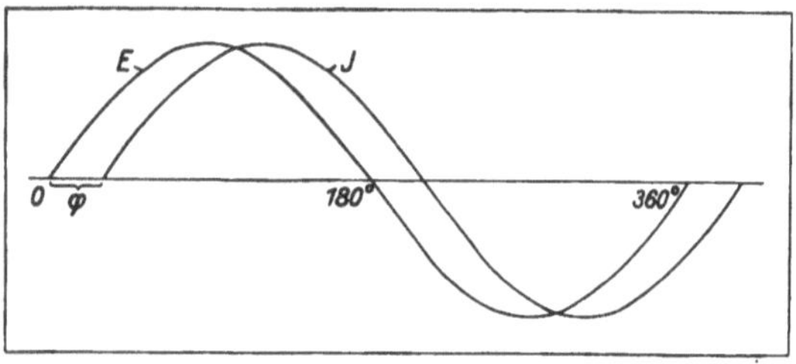

Bild 11. Kurve einer Spannung E mit nacheilendem Strom J.

Auch Kondensatorströme zeigen eine Phasenverschiebung von Strom und Spannung. Während aber bei Magnetisierung der Strom der erzeugenden Spannung nacheilt, eilt der Kondensatorstrom der Spannung voraus. Voreilende und nacheilende Ströme können ausgleichend wirken, so daß der sich ergebende Strom keine Phasenverschiebung zeigt.

Die Wechselstromerzeuger liefern meist nicht einen, sondern mehrere, gewöhnlich 3 Wechselströme, die in Phase verschoben sind. In Bild 12 ist unter I der Spannungsverlauf des einen Wechselstromkreises dargestellt. Um 120° verschoben setzt eine zweite Spannung II von gleicher Höhe ein, wieder 120° gegen die Spannung II, also 240° gegen Spannung I verschoben setzt die Spannung III ein. Man erhält so 3 Spannungen, von denen die Spannung II gegen I, III gegen II, I gegen III um 120° in Phase verschoben sind. Man nennt eine solche Verbindung der Stromkreise mit 3 gegeneinander um den gleichen Winkel verschobenen Spannungen ein *Dreiphasensystem*. Für jede Zu- und Ableitung eines jeden Stromkreises kann man eine Leitung nehmen, wobei 6 Leitungen erforderlich sind. Diese sog. offene Drehstromschaltung mit 6 Leitungen wird manchmal z. B. verwandt bei Umformung von Drehstrom in Gleichstrom

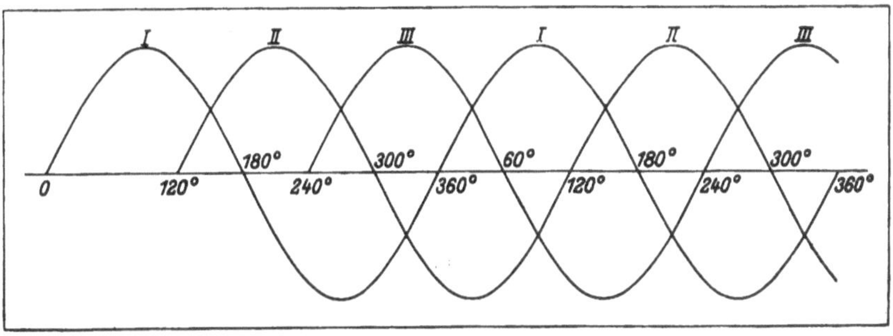


Bild 12. Spannungsverlauf bei Dreiphasenstrom.

durch Einankerumformer. Drei Rückleitungen können zu einer vereint werden, man erhält so ein Leitungssystem mit 4 Leitungen. Solche Leitungssysteme werden vielfach bei Überlandzentralen verwandt. Wie die Rechnung ergibt, ist die Summe der 3 Spannungen, falls die mittleren Spannungswerte gleich sind, in jedem Augenblick Null. Man kann daher die Rückleitung sparen und kommt mit 3 Leitungen aus. Ein derart verkettetes System nennt man ein *Drehstromsystem*, weil, wenn die 3 Stromkreise gleichmäßig in dem Ständer eines Motors verteilt sind, ein sich drehendes Magnetfeld (Drehfeld) entsteht.

Im Gegensatz zu dem dreiphasigen Drehstromsystem nennt man die Anordnung mit nur einem Stromkreis *Einphasenstrom*. Man kann auch 2 Stromkreise mit 90° Phasenverschiebung, sog. *Zweiphasenstrom*, herstellen. Allgemein heißen Ströme mit mehreren um den gleichen Phasenwinkel verschobenen Stromkreisen Mehrphasenströme.

Laufen 2 Wechselstromerzeuger unabhängig voneinander angetrieben, so werden im allgemeinen ihre Spannungskurven nicht in jedem Augenblick übereinstimmen, ähnlich wie zwei nicht genau aufeinander abgestimmte Stimmgabeln nicht in gleicher Schwingungszahl schwingen, nicht gleichen Ton abgeben. Erst durch Abstimmung können die beiden Stimmgabeln auf genau gleiche Tonhöhe gebracht werden. Zwei Maschinen, die Spannungen von verschiedener Frequenz liefern, bezeichnet man als nicht synchron laufend. Regelt man die Umlaufzahl so, daß beide Strom-

erzeuger genau gleiche Frequenz haben, so sagt man, die Maschinen sind im Tritt, laufen in *Synchronismus*. Wenn sie auch in gleicher Phase laufen, sodaß die Spannungskurven sich in jedem Augenblick vollkommen decken, können die Maschinen parallel geschaltet werden. Eine vierpolige und eine sechspolige Wechselstrommaschine laufen bei Frequenz 50 synchron, wenn erstere 1500, letztere 1000 Umdr/min macht.
Sogenannte asynchrone Motoren bleiben gegenüber der synchronen Drehzahl etwas zurück. Diesen Vorgang nennt man *Schlüpfung*. Ein sechspoliger asynchroner Motor (Induktionsmotor) macht bei Frequenz 50 nicht 1000 Umdr/min wie dies dem Synchronismus entsprechen würde, sondern nur etwa 960. Die Schlüpfung kann durch Widerstände im Motoranker erhöht werden, so daß dann der Motor noch langsamer läuft.

### *Wechselstrommagnete.*

Die Elektromagnete, die durch Gleichstrom magnetisiert werden, erhalten gewöhnlich einen massiven Eisenkern, da in ihnen nur magnetische, keine elektrische Strömung stattfindet. Wechselstrommagnete, die durch periodisch ihre Richtung wechselnde elektrische Ströme magnetisiert werden, dürfen hingegen keine massiven Eisenkerne erhalten. Infolge der sich stetig ändernden, den Kern magnetisierenden Wechselströme in der den Eisenkern umgebenden Spule ändert sich auch Stärke und Richtung des Magnetismus periodisch. Jede Änderung des magnetischen Feldes erzeugt aber durch Induktion Spannungen. Bei Wahl eines massiven Eisenkerns würden elektrische Spannungen im Eisen entstehen. Diese erzeugen Ströme von wechselnder Richtung, die den Kern durchsetzen, im Eisen herumwirbeln würden. Man nennt solche Ströme *Wirbelströme*. Durch Unterteilung des Eisenkerns können Wirbelströme so verringert werden, daß sie nur geringe Arbeitsverluste erzeugen. Wechselstrommagnete erhalten daher Kerne, die aus Eisenblechen von etwa 0,3—0,5 mm Dicke zusammengesetzt sind (geblättert). Je öfter der Strom in der Sekunde seine Richtung wechselt, um so dünner werden die Bleche gewählt. Um die einzelnen benachbarten Bleche voneinander zu isolieren, werden sie einseitig mit Seidenpapier beklebt. Die Bolzen, durch die die Bleche zusammengehalten werden, müssen durch übergeschobene Buchsen von den Blechen isoliert werden.
Aus Eisenblechen sind alle Eisenteile zusammengesetzt, die von Strömen wechselnder Richtung umflossen werden, wie Anker von Gleichstrom- und Wechselstrommaschinen, die Eisenkerne von Transformatoren, Ständer- und Läufereisen von Wechselstrommotoren und die Kerne der Wechselstrommagnete für die verschiedensten Zwecke.
Ein weiteres Mittel, die Wirbelstromverluste herabzudrücken, besteht außer der Blätterung darin, daß man den Wirbelströmen einen größeren

Widerstand entgegen zu setzen sucht, als dies im reinen Eisen der Fall ist. Man verwendet zu diesem Zweck legiertes Eisen, Eisen, dem Silizium zugesetzt ist. Die Feldstärke wird hierdurch nicht wesentlich herabgesetzt, während der elektrische Widerstand so vergrößert wird, daß die Wirbelströme genügend geschwächt werden. Außer den Wirbelstromverlusten in Wechselstrommagneten treten noch Verluste durch die Ummagnetisierung auf, die etwa von gleicher Größenordnung sind, wie die Wirbelstromverluste. Die Eisenbleche werden in einem Eisenprüfapparat (Epsteinschen Apparat) daraufhin untersucht, ob die Eisenverluste so gering sind, daß das Eisen als brauchbar für die Verarbeitung angesehen werden kann. Die nachstehende Zusammenstellung gibt eine Übersicht über die Verluste in Wechselstrommagneten für verschiedene Blechdicken für unlegiertes und legiertes Eisen. Diese werden gerechnet nach den Verlusten in W (Watt) auf 1 kg Eisen bei einer Felddichte von 10000 Gauß Kraftlinien auf 1 $cm^2$ (sog. kleine Verlustziffer) bei einer Frequenz $f = 50$ (Perioden/s). Die kleine Verlustziffer beträgt

| Blechdicke | Verlust in W/kg | |
|---|---|---|
| | unlegiert | legiert |
| 0,3 mm | 2,90 | 2,50 |
| 0,5 „ | 3,70 | 2,75 |

Auch in massiven Kupferleitern können, wenn sie von magnetischen Wechselstromfeldern durchsetzt werden, Wirbelströme entstehen, die das Kupfer unzulässig erwärmen können. Ist dies zu befürchten, so wird das Kupfer unterteilt, oder es werden sonstige Mittel angewandt, um erhöhte Verluste im Kupfer zu vermeiden.

### *Aufspeicherung von Elektrizität.*

Kohle stellt einen Arbeitsspeicher dar, aus dem jederzeit eine bestimmte, dem Gewichte und der Beschaffenheit der Kohle entsprechende Wärmearbeit abgegeben werden kann. Eine Talsperre stellt einen Speicher für Abgabe mechanischer Arbeit dar. Ein solcher Speicher unterscheidet sich von dem der Kohle dadurch, daß der Vorgang umkehrbar ist. Das Wasser, das im Herabfallen Arbeit an die Turbinen abgegeben hat, könnte unter Aufwand mechanischer Arbeit wieder in das Staubecken der Talsperre gehoben werden. Einen Speicher stellen auch die galvanischen Elemente dar, die in tragbarer Form eine beschränkte Arbeitsmenge abgeben können. Vollkommene Speicher bilden die Akkumulatoren, von denen die Bleiakkumulatoren und die Edisonakkumulatoren praktische Bedeutung erlangt haben. In ihnen finden durch Zuführung elektrischer Arbeit, durch die Ladung, chemische Umwandlungen statt, die sich wieder rückbilden, wenn elektrische Arbeit den Akkumulatoren entnommen wird, wenn sie entladen werden. Solche Akkumulatoren sind also imstande, elektrische Arbeit aufzunehmen und wieder abzugeben. Der Vorgang ist also umkehrbar. Akkumulatoren werden in Gleichstromanlagen vielfach benutzt, um zur Zeit geringer Stromabgabe aufgeladen zu werden, während sie zur Zeit hoher Stromabgabe (Spitzenbelastung) sich an der Stromlieferung mit beteiligen. Zur Aufnahme von Wechselstromarbeit, bei der der Strom dauernd die Richtung wechselt, sind Akkumulatoren nicht geeignet.

Im Verhältnis zu der von Akkumulatoren aufnehmbaren elektrischen Arbeit ist die Arbeit, die *Kondensatoren* aufnehmen können, gering. Diese spielen aber insbesondere in Wechselstrombetrieben eine gewisse Rolle. Werden zwei elektrisch leitende, aber durch eine isolierende Schicht getrennte Flächen, etwa Metallflächen, die einen Kondensator bilden, mit den Polen einer Gleichstrommaschine verbunden, so fließt positiver Strom nach der einen Fläche (Belegung), negativer nach der anderen. Die Atome zeigen dann auf der einen Seite ein Fehlen von Elektronen, auf der anderen Seite einen Überschuß. Die auf den beiden Belegungen angesammelten Elektrizitäten binden sich gegenseitig. Bei sehr geringem Abstande der Belegungen können durch die elektrischen Ladungen bei geringem Arbeitsaufwand große Kraftwirkungen hervorgerufen werden. Praktisch sind aber nur bei bestimmten Anordnungen z. B. unter Verwendung von Solnhofer Schiefer durch Kondensatorwirkung große Zugkräfte zu erhalten. Im Gegensatz zum Verhalten von Magneten läßt die Zugkraft schon bei wenigen Zehntelmillimetern bedeutend nach. Ist der Strom auf die Platten geflossen, sind die Belegungen geladen, so hört der Stromfluß auf. Die Ladung bleibt auf gut isolierten Belegungen, auch wenn die Verbindung mit der Stromquelle gelöst wird. Werden die Belegungen durch einen Draht überbrückt, so gleichen sich die Ladungen aus, der Kondensator entlädt sich wieder. Die Größe der Ladung hängt von der Ladespannung, von den Abmessungen des Kondensators und der Art und der Dicke der isolierenden Zwischenschicht, dem Dielektrikum, ab.

Wird ein Kondensator an eine Wechselstromquelle gelegt, so wechselt die Ladung dauernd, es findet daher ein dauernder Stromfluß statt im Gegensatz zu dem Vorgang bei Gleichstrom. Die Stromstärke $J$ ist:

$$J = 2\,\mathrm{n}\,\pi\,C\,E,$$

wenn $2\,n$ die Anzahl der Wechsel in der Sekunde ist, $E$ die Ladespannung, $C$ eine Zahl, die die Aufnahmefähigkeit, *Kapazität* des Kondensators gemessen in Farad (F) ist. (Gewöhnlich wird der millionste Teil das sog. Mikrofarad $\mu$ F, $1\,\mu\,\mathrm{F} = 10^{-6}\,\mathrm{F}$ in die Rechnung eingeführt, da die meisten in Betracht kommenden Kapazitäten nur klein sind.) Während also Kondensatoren bei Gleichstrombetrieb ein Hindernis für Dauerstrom bedeuten, ist dies bei Wechselstrom nicht der Fall. Dies wird in manchen

Fällen technisch ausgenutzt als Sperren für Gleichstrom Durchgangsstellen für Wechselstrom. Kapazitäten können andererseits in Stromkreise mancherlei Unbequemlichkeiten bringen, indem sie einen Teil des Stromes, der zur Ladung dient, zurückhalten. Telephonieren über lange Kabelleitungen ist erschwert, wenn nicht die Kondensatorwirkung durch sogenannte Pupinspulen (Magnetspulen) oder gleichwertige Einrichtungen aufgehoben wird. In Wechselstromhochspannungsbetrieben mit ausgedehnten Fernleitungen kann ein beträchtlicher Ladestrom infolge der Kondensatorwirkung durch die Leitungen aufgenommen werden.
Die Ladeleistung für eine Hochspannungsfreileitung von **100** km Länge für **100 000** V Drehstrom beträgt bei einer Frequenz f= 50 rd. 3000 kVA. Wenn dies auch nur Blindleistung ist, so müssen an der Erzeugungsstelle doch Maschinen und Transformatoren für so hohe Leistung aufgestellt werden.
In ähnlicher Weise ist auch ein Magnet ein Arbeitspeicher. Wenn bei ausgedehnten Anlagen durch schnelles Ein- oder Ausschalten der magnetische Zustand zwischen den Fernleitungen plötzlich stark geändert, magnetische Arbeit aufgenommen oder frei wird, so können Überspannungen, d. h. gefährliche Spannungserhöhungen und Wanderwellen, d. h. längs der Leitung verlaufende Spannungserhöhungen auftreten, so daß zum Schutz gegen schädliche Folgen besondere Vorkehrungen getroffen werden müssen.
Kommen Kondensatorarbeit und magnetische Arbeit in einem Stromkreise zur Wechselwirkung, indem beim Verschwinden der Kondensatorarbeit magnetische Arbeit aufgespeichert wird, bei deren Verschwinden wieder die Kondensatoren sich laden, so kann durch den dauernden Wechsel der Arbeitübernahme ein Strom von hoher Wechselzahl (Hochfrequenzstrom) erzeugt werden, der schädlich wirken kann. Beispielsweise sind Entladungsfunken von Elektrisiermaschinen, Blitzentladungen oscillierende (hochfrequente) Funkenentladung für drahtlose Telegraphie.

### *Grundbegriffe, Einheiten, Strom und Spannung.*

Die Leistungsfähigkeit eines Wasserfalls wird im wesentlichen durch zwei Größen bestimmt, durch die Höhe des nutzbaren Gefälles und durch die Wassermenge, die in der Zeiteinheit herabfällt. In der Elektrotechnik sind die entsprechenden Größen *Spannung* und *Strom*, von denen die erstere der Fallhöhe oder dem Druck, die letztere der sekundlich fallenden Wassermenge entspricht. Die Einheiten hierfür sind nicht willkürlich gewählt, sondern auf Grund des Maßsystems, das die Grundeinheiten von Länge, Masse und Zeit (cm, g, s) enthält. So ergibt sich als Einheit für die Spannung das Volt (V), für die Einheit der Stromstärke das Ampere (A). Die tausendfachen Werte sind das Kilovolt (kV), das

Kiloampere (kA), der tausendste Teil heißt Millivolt (mV), Milliampere (mA).

Maschinen und Apparate müssen der Spannung des Netzes, an die sie angeschlossen werden sollen, angepaßt sein. Als Betriebspannungen, also die Spannungen, die in leitend zusammenhängenden Netzteilen an den Klemmen der Stromverbraucher vorhanden sind, gelten die Spannungen:
110, 220, 440 V für alle Verwendungsfälle bei Gleichstrom,
550, 750, 1100, 1500, 2200, 3000 V für Bahnanlagen (Gleichstrom);
für Drehstrom mit der Frequenz $f = 50$:
220, 380, 6000, 15 000, 35 000, 60 000, 100 000 V, ausnahmsweise 125, 500, 3000, 5000, 10 000, 25 000, 50 000 V.

Hochspannungs-Anlagen für 110 000 V wurden in Deutschland wiederholt ausgeführt. Es liegen keine technischen Bedenken vor, Anlagen von noch höherer Spannung auszuführen. Anlagen für höhere Spannungen kommen insbesondere dann in Betracht, wenn große Entfernungen von vielen hundert Kilometern zu überwinden sind.

Anlagen, bei denen die Gebrauchsspannung zwischen einer Leitung und Erde 250 V nicht überschreiten kann, gelten als *Niederspannungsanlagen*. Bei der Herstellung solcher Anlagen sind nicht so weitgehende Vorsichtsmaßnahmen erforderlich, wie bei Anlagen für höhere Spannungen. Diese werden als *Hochspannungsanlagen* angesehen, für deren Herstellung zur Sicherheit von Personen besonders scharfe Herstellungsvorschriften geschaffen wurden. In Räumen, in denen nicht völlig sachkundige Personen verkehren, können nur Niederspannungsanlagen eingebaut werden.

Spannungen unter 100 V werden nur in besonderen Fällen verwendet. So z. B. arbeiten die elektrolytischen Bäder für Verkupferung, Vernicklung, Vergoldung mit Spannungen von 2—4 V. In elektrischen Taschenlaternen, die durch galvanische Elemente gespeist werden, werden für die Glühlämpchen 1,5—3 V verwendet.

Gemessen werden Spannung und Strom durch Spannungs- und Strommesser.

Für die *Stromstärken* sind vom V.D.E. Abstufungen für Apparate und deren Magnetspulen und für die Nennstromstärke der Schmelzsicherungen aufgestellt worden. So gilt für Apparate folgende Abstufung der Stromstärken als regelrecht: 2, 4, 6, 10, 25, 60, 100, 200, 350, 600, 1000, 1500, 2000, 3000, 4000, 6000 A.

Im Betrieb werden die Worte Spannung und Strom vielseitig gebraucht. *Klemmenspannung* ist die Spannung an den Klemmen der Stromerzeugungsmaschine; *Betriebsspannung* ist die mittlere Spannung an den Stromverbrauchern.

*Überspannungen* sind die nicht betriebsmäßig auftretenden Spannungen, die die Betriebsspannung überschreiten. Bei Drehstrom versteht man unter Spannung schlechtweg die *verkettete Spannung.* Die Spannung zwischen dem Nullpunkt und einem Hauptleiter bei Drehstrom heißt *Sternspannung. Nennspannung* eines Apparates ist die höchste für ihn betriebsmäßig zugelassene Spannung. *Prüfspannung* ist die Spannung, die der Apparat sicher noch unter Bedingungen, die besonders festgelegt sind, aushalten muß. Dosenschalter müssen beispielsweise bei 250 V Nennspannung eine Minute lang 1500 V, solche für 500 V 2000 V, für 750 V 2500 V Wechselstrom aushalten. Für Ölschalter sind nach den Vorschriften des Verbandes folgende Prüfspannungen vorgeschrieben:

| Reihe | Nennspannung V | Prüfspannung V | Sicherheit |
|---|---|---|---|
| I | 3 000 | 10 000 | 3,3 fach |
| II | 6 000 | 20 000 | 3,3 ,, |
| III | 12 000 | 30 000 | 2,5 ,, |
| IV | 24 000 | 50 000 | 2,1 ,, |
| V | 35 000 | 70 000 | 2,0 ,, |
| VI | 50 000 | 100 000 | 2,0 ,, |
| VII | 80 000 | 160 000 | 2,0 ,, |
| VIII | 110 000 | 220 000 | 2,0 ,, |
| IX | 150 000 | 300 000 | 2,0 ,, |
| X | 200 000 | 400 000 | 2,0 ,, |

Die *Grenzspannung,* bei der Oberflächenleitung oder Durchschlag erfolgt, muß höher als die Prüfspannung liegen.

Ähnlich nennt man den Höchststrom, für den ein Apparat betriebsmäßig gebraucht werden darf, *Nennstrom.* So beträgt die Nennstromstärke für Kupferdrähte bis zu 1 mm² Querschnitt 6 A. Die Magnetwicklungen von Höchststromschaltern müssen so hergestellt sein, daß sie bei einem *Auslösestrom,* der zwischen dem 1,4- bis 2-fachen Wert des Nennstroms liegt, den Stromkreis unterbrechen. *Kurzschlußstrom* ist der Strom, der bei Kurzschluß, d. h. kurzer leitender Verbindung der Leitungen von verschiedenem Spannungszustand auftreten kann. Innerhalb der ersten Sekunde eines auftretenden Kurzschlusses ist im Wechselstrombetrieb der Kurzschlußstrom besonders hoch. Er fällt alsbald auf einen Dauerwert, der durch die Widerstandsverhältnisse des Stromkreises und die Art der Stromquelle bestimmt ist. Man unterscheidet daher den *Anfangs-* und den *Dauerkurzschlußstrom.* Selbstschalter sollen auch bei Kurzschluß den Stromkreis sicher trennen. In der Zeit zwischen Auftreten des Kurzschlußstroms und der Trennung des fehlerhaften Stromkreises darf keinerlei Gefährdung eintreten. Es sind daher bestimmte Beziehungen zwischen Nennstrom, dem Dauerkurzschlußstrom, der im Stromkreis auftreten kann, und der Auslösezeit des Schalters festgelegt. Der Dauerkurzschlußstrom darf den 250-fachen Wert des Nennstroms nicht überschreiten, wenn der Schalter bei eintretendem Kurzschluß sofort ausschaltet, er darf den 150-fachen Wert des Nennstroms betragen, wenn die Auslösezeit vom Auslösestrom derart abhängig gemacht wird, daß sie mit zunehmendem Auslösestrom geringer wird. Ist die Auslösevorrichtung des Schalters so beschaffen, daß dieser unabhängig von der Stärke des auftretenden Stroms erst nach einer bestimmten Zeit t ausschaltet, so soll der Dauerkurzschlußstrom nicht größer sein als der $\frac{100}{\sqrt{t}}$fache Nennstrom.

### *Widerstand.*

Wird unter bestimmtem Druck Wasser durch eine Röhre getrieben, so fließt um so mehr Wasser durch die Röhre, je weiter und je kürzer sie ist und je weniger Hindernisse das Wasser in der Röhre durch Reibung an den Wänden oder etwa durch durchlochte Scheidewände findet, die der Strömung Widerstand entgegensetzen. Ähnliches ist bei der elektrischen Strömung der Fall. Die Stromstärke steht im geraden Verhältnis zur Spannung. In einer Formel ausgedrückt:

$$J = \frac{1}{R} \cdot E$$

wenn $J$ die Stromstärke, $E$ die Spannung bedeutet; die Größe $R$ heißt *Widerstand.* $R = \frac{E}{J}$

Die *Widerstandseinheit* ergibt sich unmittelbar aus den Einheiten für Spannung und Strom. Sie wird Ohm ($\Omega$) genannt.

Hat beispielsweise ein Heizkörper, der an ein Netz von 220 V Spannung angeschlossen ist, einen Widerstand von 50 $\Omega$, so wird er von einem Strom von 4,4 A durchflossen.

Durchfließt ein Wechselstrom, der periodisch seine Richtung wechselt, die Wicklung einer magnetisierenden Spule (Bild 4, Seite 8), so werden infolge der wechselnden Magnetisierung in der Spule Spannungen (elektromotorische Kräfte) erzeugt (induziert). Diese Spannungen setzen sich dem Stromdurchgang entgegen, sie sind Gegenspannungen, die den Strom schwächen. Der Strom befolgt nicht mehr das Gesetz nach obiger Formel, es ist vielmehr in diesem Falle

$$J = \frac{1}{\sqrt{R^2 + (2\,n\,\pi\,L)^2}} \cdot E$$

wobei $2\,n$ die Zahl ist, die angibt, wie oft in der Sekunde der Wechselstrom seine Richtung ändert. $L$ hängt von Windungszahl und Abmessungen der Spule und des Eisenkerns ab. $L$ nennt man die Selbstinduktionszahl. Die Wurzelgröße in der Formel wird zum Unterschied von dem Widerstand $R$, der als *Wirkwiderstand* bezeichnet wird, als *scheinbarer Widerstand* bezeichnet.

Ist nicht bloß Selbstinduktion (durch magnetisierende Wirkung), sondern auch Kapazität C im Stromkreis, so wird

$$J = \frac{1}{\sqrt{R^2 + \left(2n\pi L - \frac{1}{2n\pi C}\right)^2}} \cdot E$$

Für $(2n\pi)^2 LC = 1$ wird $J = \frac{E}{R}$. Man nennt diesen Zustand, bei dem der Höchstwert des Stromes auftritt, Resonanzzustand.

Elektrische Arbeit wird nur in Wirkwiderständen in Wärme umgesetzt. Der Wirkwiderstand einer Leitung ist abhängig von der Länge $l$ und dem Querschnitt $q$ des Leiters. Wird $l$ in m, $q$ in mm² angegeben, so ist

$$R = \frac{l}{\lambda q} \text{ (in Ohm)}$$

$\lambda$ nennt man die Leitfähigkeit oder den spezifischen Leitwert, der bei den verschiedenen Körpern verschieden ist. Je größer $q$ und $\lambda$, um so besser leitet der Stoff den elektrischen Strom.

**Leitfähigkeit und spez. Gewicht verschiedener Metalle.**

| | Leitfähigkeit (bei 20°) | spez. Gewicht | | Leitfähigkeit (bei 20°) | spez. Gewicht |
|---|---|---|---|---|---|
| Aluminium | 32 | 2,7 | Zink | 16 | 7,2 |
| Blei | 5 | 11,3 | Zinn | 7,7 | 7,3 |
| Eisen*) | 7—10 | 7,6 | Messingdraht | 14,3 | 8,3 |
| Kupfer | 57 | 8,9 | WiderstandIaIa | 2,1 | 8,9 |
| Elektron | 16 | 1,8 | Resistin | 2,1 | 8,3 |

*) Je nach Reinheit.

Als Leitungskupfer wird nach den Kupfernormalien des V.D.E. solches verstanden, das für 1 km Länge und 1 mm² Querschnitt bei 20° keinen höheren Widerstand hat als 17,84 $\Omega$.

Zuweilen wird der Widerstand auf einen Würfel von 1 cm Kante bezogen. Die Formel geht dann über in

$$R = \frac{l}{\lambda_1 q} = \frac{l}{\lambda\, 10^4\, q}$$

wobei $l$ in cm, $q$ in cm² einzusetzen ist.

Der umgekehrte Wert von $\lambda$ heißt der spezifische Widerstand. $\rho = \frac{1}{\lambda}$.

Schon geringe Verunreinigungen oder verschiedene Härtegrade des Metalls können die Leitfähigkeit wesentlich herabsetzen. Reines Elektrolytkupfer hat gute Leitfähigkeit, zu Drähten ausgezogen wird es geglüht und langsam abgekühlt, um ungehärtet die hohe Leitfähigkeit zu behalten. Gußkupfer hat geringere Leitfähigkeit als Leitungskupfer. Durch besondere Maßnahmen beim Gießen kann die Leitfähigkeit von Gußkupfer erhöht werden, so daß sie der des Leitungskupfers nahe kommt.
Der Widerstand ist außerdem abhängig von der Temperatur $t$. Es ist mit Rücksicht hierauf:

$$R = \frac{l}{\lambda q} (1 + \alpha t)$$

wenn $t$ die Temperatur in Celsiusgraden angegeben ist und $\alpha$ eine Zahl ist, die für verschiedene Elektrizitätsleiter verschieden ist. Für überschlägige Rechnungen kann man für Kupfer etwa $\alpha = 0{,}004$ annehmen. Der Widerstand von Kupfer nimmt demnach für $1^0$ Temperaturerhöhung um etwa 0,4 vH zu.
Nichtmetallische Leiter, z. B. Kohle, Wasser, Salzlösungen, Öle haben zumeist eine sog. negative Temperaturzahl, $\alpha$ ist negativ, d. h. mit zunehmender Erwärmung nimmt der Widerstand ab, was bei Flüssigkeitswiderständen zu berücksichtigen ist. Für Flüssigkeitsanlaßwiderstände wird meist Sodalösung verwandt.

Widerstand von 1 cm³ Wasser bei verschiedener Temperatur und verschiedener Konzentration.

| Temperatur in C° | 20° | 30° | 40° | 50° | 60° | 70° | 80° | 90° | 100° |
|---|---|---|---|---|---|---|---|---|---|
| Konzentration 0 vH *) | 1960 | 1620 | 1390 | 1230 | 1110 | 1000 | 900 | 830 | 760 |
| „ 0,1 | 880 | 720 | 600 | 510 | 430 | 380 | 330 | 300 | 280 |
| „ 0,5 | 160 | 140 | 120 | 98 | 84 | 72 | 63 | 56 | 51 |
| „ 1 | 120 | 100 | 88 | 76 | 66 | 58 | 52 | 47 | 43 |
| „ 3 | 45 | 35 | 29 | 26 | 24 | 22 | 21 | 20 | 19 |
| „ 5 | 33 | 28 | 24 | 20 | 18 | 16 | 15 | 14 | 13 |
| „ 10 | 21 | 17 | 15 | 13 | 12 | 11 | 10 | 10 | 10 |
| „ 20 | 15 | 13 | 11 | 10 | 8 | 7 | 6 | 5,5 | 5 |
| „ 25 | 12 | 11 | 9 | 8 | 7 | 6 | 5 | 4,5 | 4 |

*) Der Salzgehalt von Leitungswasser ist örtlich verschieden. Die Werte für o vH in der Tafel beziehen sich auf Leitungswasser in Charlottenburg, die als Mittelwerte in längeren Zeitabschnitten festgestellt wurden.

Für Regenwasser ist der Wert bei 20° etwa 9000. Der Widerstand von Seewasser entspricht etwa dem einer 10% Sodalösung.
Auch sog. Nichtleiter werden leitend, wenn Feuchtigkeit in sie eindringt. Die Leitfähigkeit hängt auch hierbei von dem Salzgehalt der Lösung ab,

die in die Körper eindringt. So ist feuchter Erdboden leitend. Schiefer, Marmor und dgl., die in trockenem Zustand als Nichtleiter gelten, werden leitend, wenn sie Wasser aufnehmen, wenn sie hygroskopisch sind. Wenn es darauf ankommt, vollkommene Nichtleiter zu verwenden, sind hygroskopische Körper unbrauchbar, falls es nicht gelingt, sie wasserfest zu machen. Es müssen daher alle Körper, insbesondere die künstlichen Erzeugnisse, wie Kunststeine, daraufhin untersucht werden.

Die Widerstandzunahme durch Erwärmung bietet bei Metallfadenlampen einen Selbstschutz. Der Widerstand im kalten Zustande ist etwa nur der 12. Teil von dem im glühenden Zustand. Beim Einschalten einer Metallfadenlampe ist daher der Einschaltstrom etwa 12 mal so hoch wie der Strom bei brennender Lampe. Dieser Stromstoß ist aber von so kurzer Dauer, daß keine besonderen Schutzmaßnahmen nötig sind.

Legierungen haben eine niedrigere Temperaturzahl als reine Metalle. Bei einzelnen Legierungen ist der Widerstand fast unabhängig von der Temperatur, so insbesondere bei Mangan- und Nickellegierung mit Kupfer, wie Manganin, Resistin, Ia Ia Drähte und dgl. In vielen Fällen kommt es besonders darauf an, Widerstände zu erhalten, die sich mit Erwärmung nicht wesentlich ändern, wie bei Widerständen für Meßgeräte, um einwandfrei messen zu können. Auch für Anlaßwiderstände von Motoren, Regelwiderstände für Maschinen usw. sind praktisch unveränderliche Widerstände nötig.

Sogenannte Nichtleiter können zu Leitern werden, wenn sie hoch erhitzt werden. So können Magnesiastäbchen, die bei Lufttemperatur den Strom nicht leiten, durch Anwärmen leitend gemacht werden, sodaß sie durch den elektrischen Strom in Weißglut erhalten und leuchtend werden. Solche Stäbchen wurden in der Nernstlampe benutzt.

Bei Wechselstrom werden durch Induktionswirkung (Magnetisierung) die Stromfäden im Leiter von innen nach außen gedrängt. Man nennt diesen Vorgang *Hautwirkung*. Das Abdrängen des Stromes aus dem Innern nach der Oberfläche ist um so stärker, je öfter der Strom in der Sekunde die Richtung wechselt und je größer der Querschnitt des Leiters ist. Bei hochfrequenten Strömen von vielen tausend Wechseln in der Sekunde kann der Strom fast völlig nur auf der Oberfläche verlaufen. Für Drähte von weniger als 16 $mm^2$ Querschnitt ist bei üblicher Frequenz die Hautwirkung praktisch zu vernachlässigen. Bei magnetisierbaren Stoffen wie Eisen ist die Hautwirkung stärker als z. B. bei Kupfer.

### *Belastungsfähigkeit.*

Die Belastungsfähigkeit von Maschinen, Apparaten, Leitungen usw. hängt davon ab, in welchem Maße Wärme aufgenommen und durch Wärmeleitung oder Strahlung abgegeben werden kann. Die Wärme-

abstrahlung hängt im wesentlichen von der Größe und Gestaltung der strahlenden Oberfläche, dann aber auch von der Umgebung und der Bewegung der den erwärmten Körper umgebenden Flüssigkeit oder Luft ab. Transformatoren in dünnflüssigem Öl werden besser gekühlt als im dickflüssigen, das langsamer umläuft. Anlaßwiderstände in Sand oder Öl können wegen deren Wärmeaufnahmefähigkeit (Wärmekapazität) höher belastet werden, als gleiche Widerstände in Luft, Kabel im Erdboden höher als außerhalb des Erdbodens, gut gelüftete Widerstände stärker, als solche in ruhender Luft usw.
Wird ein Körper nur kurzzeitig belastet, so kann er ohne übermäßige Erwärmung einen höheren Strom vertragen als bei Dauerlast. Bei Belastungen, die nur einen kleinen Bruchteil einer Sekunde andauern, wie dies z. B. bei dem ersten Stromstoß eines auftretenden Kurzschlusses von Wechselstromerzeugern der Fall ist, kann mit Wärmeableitung in dieser kurzen Zeit praktisch nicht gerechnet werden, die gesamte in dieser kurzen Zeit aufgewandte elektrische Arbeit dient zur Erhöhung des Wärmegrads.
Die höchsten zulässigen Wärmegrade sind durch die Vorschriften des V.D.E. festgelegt. Diese Wärmegrade werden an Maschinenteilen durch Thermometer bestimmt, indem möglichst die wärmsten Stellen für das Messen ausgesucht werden. Bei gleichstromerregten Feldspulen und ruhenden Wicklungen von Generatoren und Motoren wird die Temperaturerhöhung durch Messen der Widerstandszunahme bestimmt.
Die höchste zulässige Temperaturzunahme ist bei empfindlichen Isolierstoffen, wie unimprägnierter Baumwolle, an Maschinenwicklungen 40—50°, nach Imprägnierung der Isolierstoffe höher, bei weniger wärmeempfindlichen Stoffen, wie Glimmer, Asbest, Emaille, werden größere Temperaturzunahmen bis 80° zugelassen.
Der Querschnitt elektrischer Leitungen ist nicht bloß unter Berücksichtigung der Erwärmung, sondern auch der mechanischen Festigkeit zu bemessen. Bei Wechselströmen kommt bei großem Querschnitt noch die sog. Hautwirkung in Betracht, durch die die Belastungsfähigkeit herabgesetzt wird.
Für kurzzeitige oder aussetzende Betriebe kann die Belastung gesteigert werden unter der Voraussetzung, daß keine schädliche Übertemperatur auftritt. In Kranbetrieben, z. B. wird die 1,73-fache Strombelastung, in Anlassern mit Luftkühlung die 2,4-fache, in Anlassern mit Ölkühlung die 4,5-fache Belastung der Drähte gegenüber der regelrechten zugelassen. In kurzzeitigem Betrieb, z. B. bei Belastung eines Anlassers nur während der kurzen Anlaßzeit, wird der Beharrungszustand nicht erreicht, die Temperatur steigt nur auf einen zulässigen unschädlichen Betrag. Bei aussetzendem Betrieb wird angenommen, daß während der Pausen, in

denen der Strom abgeschaltet ist, die Abkühlung ausreicht, um übergroße Erwärmung trotz der erhöhten Belastung zu verhindern.
Die Temperatursteigerung $t$ in Leitern vom Querschnitt $q$ bei einer Belastungszeit $T$ beträgt bei kurzzeitiger Belastung:

$$t_{Kupfer} = \left(\frac{J}{q}\right)^2 \frac{T}{172}$$

$$\text{für Alumin. } t_{Al.} = \left(\frac{J}{q}\right)^2 \frac{T}{74}$$

$$\text{für Eisen } t_{Eis.} = \left(\frac{J}{q}\right)^2 \frac{T}{21}.$$

Infolge der verschiedenen Wärmeaufnahmefähigkeit (Wärmekapazität) ist für verschiedene Erzeugnisse, Maschinen, Transformatoren, Relais, Schalter und dgl. die Überlastungsmöglichkeit verschieden. Ohne Schaden zu befürchten, müssen Maschinen, Generatoren, Motoren, Umformer und Transformatoren eine Überlastung von 25 vH während einer halben Stunde, von 40 vH während 3 Minuten aushalten können. Für Ölschalter ist vorgeschrieben, daß in der oberen Ölschicht bei Schaltern bis 350 A keine Übertemperatur von mehr als 20°, bei Schaltern bis 2000 A von 30°, bei höheren Stromstärken keine Zunahme von 40° herrschen darf. Dauernd eingeschaltete Magnetwicklungen dürfen keine höhere Temperaturzunahme als 50° erreichen. Für die Temperaturzunahme von Maschinen und Apparaten mit Wärmekapazität kann die Temperaturzunahme $\tau$ in der Zeit $t$ bei bestimmter Strombelastung berechnet werden, wenn die Höchstzunahme $\tau_{max}$ bei Dauerbelastung und die sog. Zeitkonstante $T$ bekannt ist, die von der Wärmekapazität und der Wärmefortleitungsfähigkeit durch Strahlung und Leitung abhängt. Es ist

$$\tau = \tau_{max}\left(1 - e^{-t/T}\right)$$

## *Isolation*

Die Widerstandskörper werden nach ihrer Leitfähigkeit in gute Leiter, wozu insbesondere die Metalle gehören, in Halbleiter, wozu Flüssigkeiten gehören, und Nichtleiter, wie Porzellan, Glas, Gummi, Öle und dgl. geteilt. Auch die sogenannten Nichtleiter lassen, wie durch hochempfindliche Meßgeräte nachzuweisen ist, wenn auch nur geringe praktisch unschädliche Ströme hindurch. Den großen Widerstand, den die Nichtleiter dem Stromdurchgang bieten, den *Isolationswiderstand*, mißt man nach Millionen von Ohm, nach Megohm. Kabel werden auf ihre Isolierfähigkeit gemessen, indem festgestellt wird, welcher Strom $J$ zwischen dem Bleimantel und dem inneren Leiter durch die zwischenliegende

Isolierschicht hindurchgeht, wenn dazwischen eine Spannung $E$ von rd. 100—150 V angelegt wird, wobei der Wert $\frac{E}{J}$ den Isolationswiderstand angibt. In Hausanlagen darf nach den Vorschriften des V.D.E. in den einzelnen Teilstrecken, die zwischen zwei Sicherungen liegen, bei voller Betriebsspannung kein höherer Strom entweichen, als 1 mA. Das entspricht bei 120 V einem Isolationswiderstand von 120 000 Ω.

Der Isolationswiderstand hängt von der Temperatur, mehr noch vom Eindringen der Feuchtigkeit in die Isolationsschicht, ab. Marmorplatten haben nur dann gute Isolierfähigkeit, wenn sie keine porösen Adern haben, die das Eindringen von Feuchtigkeit ermöglichen. Preßspan, Holz und dgl. können durch Auskochen in Paraffin wasserdicht gemacht werden, wodurch die Isolierfähigkeit erhöht wird. Aber auch Metalladern im Gestein, z. B. im Schiefer, können die Verwendung als Isolierstoff ausschließen.

Für die Beurteilung der Isolation ist nicht nur die Stärke des durch den Isolierstoff hindurchgehenden Stroms maßgebend, es können auch durch *Oberflächenleitung* Ströme entweichen. Dies kann durch eine wenn auch dünne aufgelagerte Staub- oder Schmutzschicht, durch Feuchtigkeitsniederschlag usw. geschehen. Durch eine Lackschicht, durch Paraffinieren, durch Abreiben mit geeignetem Firnis oder dgl. kann die Oberflächenleitung vermindert werden. Infolge der Oberflächenleitung bilden sich auf der Oberfläche *Kriechwege* für den elektrischen Strom. Hierdurch wird die Oberfläche des Isolierstoffs allmählich zerstört, indem sich vertiefende Rinnen in die Oberfläche eingebrannt werden.

Wichtiger noch als die Höhe des Isolationswiderstandes ist für die Beurteilung der Brauchbarkeit eines Isolierstoffes bei Hochspannung die *Durchschlagfestigkeit.* Öl, das für das Isolieren der Spulen von Hochspannungstransformatoren verwandt wird, zeigt bei steigender Erwärmung bis zu 60—70° niedrigeren Isolationswiderstand, dafür vermehrte Durchschlagfestigkeit, ist also auch bei Erwärmung trotz verminderten Isolationswiderstandes wertvoll. Die Durchschlagfestigkeit hängt von der Art und Dicke des Isolierstoffes, aber auch von der Gestaltung der zu schützenden Metallteile ab. Bei starken Krümmungen des Metalls wird der Isolierstoff infolge ungünstiger Verteilung des elektrischen Feldes stärker beansprucht, als bei ebenen Flächen. Die Beanspruchung des Isolierstoffes auf Durchschlagfestigkeit kann dadurch vermindert werden, daß man in gewissen Abständen in die Isolierschicht Stannioleinlagen einbettet, wodurch ein gleichmäßiges Spannungsgefälle in der Isolierschicht erreicht wird, wie dies z. B. bei den aus Repelit hergestellten sogenannten Kondensator-Durchführungen der S SW der Fall ist (Bild 8).

Die Durchschlagfestigkeit bei ebenen Platten ist aus nachstehender Tafel zu ersehen:

| | |
|---|---|
| Imprägnierte Jute . . . . . . . | 10 kV/cm |
| Luft . . . . . . . . . . . . . . | 20 „ |
| Mineralöl, völlig wasserfrei . . . | 200 „ |
| „ lufttrocken . . . . . | 50—100 „ |
| „ feucht . . . . . . . | 20 „ |
| Paraffin . . . . . . . . . . . . . | 87 „ |
| Porzellan . . . . . . . . . . . . | 100 „ |
| Mikanit[1]) . . . . . . . . . . . | 160 „ |
| Glas . . . . . . . . . . . . . . | 180 „ |
| Hartpapier . . . . . . . . . . . | 200 „ |
| Hartgummi . . . . . . . . . . . | 1000 „ |

Während beispielsweise Luft in 1 cm Plattenabstand bei einer Spannung über 20 kV überschlagen wird, geschieht dies in wasserfreiem Öl erst bei 100 kV.

Da es bei Apparaten nicht immer möglich ist, die unter Spannung stehenden Flächen eben zu gestalten, so werden Abstände gewählt, die 10 bis 20 mal so groß sind, wie in obiger Tafel angegeben.

Häufig werden von den Isolierstoffen außer hoher Durchschlagfestigkeit, hohem Isolierwiderstand, Wasserfestigkeit noch Unempfindlichkeit gegen den Angriff von Ölen und Säuren, leichte Bearbeitbarkeit, mechanische Festigkeit usw. gefordert, Eigenschaften, die den Wert des Isolierstoffs für besondere Zwecke bestimmen.

Die Felddichte an dünnen unter hohe Spannung gesetzten Drähte, ferner an Spitzen und scharfen Kanten, allgemein an starken Krümmungen von Leiterteilen, kann so groß sein, daß das umgebende Dielektrikum, insbesondere Luft, für die Isolierung nicht ausreicht. Es tritt Glimmen ein, das sich in der Dunkelheit stark bemerkbar macht. Durch diese Strahlung entstehen die „Corona-Verluste". Eingeleitet wird das Glimmen durch Ionisierung der Luft infolge der großen Felddichte bei hohen Spannungen. Die Corona-Verluste werden beseitigt durch Wahl dicker Drähte, Verwendung von Röhren anstelle von Drähten, durch Vermeiden starker Krümmungen an allen Leiterteilen, die hohen Spannungen ausgesetzt werden. An Leiterteilen, die durch Vergußmasse gegen die Wirkung hoher Spannung isoliert sind, wird Vorsorge getroffen, daß keine Luftblasen in der Masse vorhanden sind, da durch das im Luftraum auftretende Glimmen der Isolierstoff zerstört werden kann.

[1]) Naturglimmer etwa 60 kV/mm.

## *Isolatoren.*

Für Niederspannungsanlagen genügen meist isolierte Leiter, die offen oder in Rohren nebeneinander verlegt werden. In besonderen Fällen, in denen die Isolierschicht leicht Schaden leiden könnte, wird auch in Niederspannungskreisen die Leitung auf Isolatoren verlegt. Bei hohen Spannungen werden die Leitungen, sofern sie nicht in Kabeln geführt werden, fast ausschließlich auf *Isolatoren* gelegt. Diese bestehen meist aus Porzellan oder Hartpapier. Sie müssen die nötige Durchschlagfestigkeit gegenüber den hohen Spannungen haben und dürfen dem Strome auch keinen Weg längs der Oberfläche bieten.

Bild 13a. Glockenisolator für Spannungen bis 1500 V.

Je nach den vielseitigen Verwendungszwecken und nach der Spannung, mit der sie beansprucht werden sollen, erhalten die Isolatoren verschiedene Größe und Gestaltung. Die hauptsächlichste Verwendung finden sie für Freileitungen, für Schalträume zum Isolieren von Leitungen und Apparaten (Stützer) und zum isolierten Durchführen durch Wände, sei es durch Gebäudeteile oder durch eiserne Kesselwandungen von Ölschaltern oder Transformatoren und dgl. Die Freileitungsisolatoren müssen auch bei Regenwetter Stromüberleitung über eine feuchte Oberfläche verhüten. Sie erhalten daher einen oder mehrere Schutzmäntel. Bild 13a zeigt einen Glockenisolator mit einfachem Mantel für Spannungen bis 1500 V, auf dem der Leitungsdraht durch Bunde oben oder an der Seite befestigt wird. Die Abmessungen sind so gewählt, daß Stromüberleitung oder Überschläge und Durchschläge mit Sicherheit vermieden werden. Die Isolatoren werden mittels gerader oder gebogener eiserner Stützen an den Masten oder anderen Stützpunkten befestigt. Die Stützen (Bild 13b und 13c) werden fest in den Isolator eingesetzt, so daß sich der Isolator nicht dreht, mit einem Bindemittel, das auch bei großen Temperaturänderungen den Isolator nicht sprengt. Um eine Verdrehung des Isolators mit gebogener Stütze durch den Zug der Leitung zu verhüten, muß die Endschraube der Stütze in gleicher Höhe wie der Leitungs-

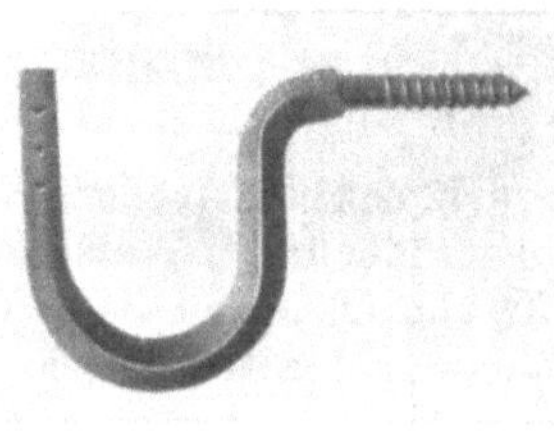

Bild 13b. Gebogene Stütze für Isolatoren.

Bild 13c. Gerade Stütze für Isolatoren.

Bild 14. Keller-Isolator.

draht liegen. Sonderzwecken entsprechend erhalten Isolatoren besondere Gestalt. So erhalten (Bild 14) Kellerisolatoren ein Porzellandach, um Wassertropfen abzufangen und so den Isolator im Innern möglichst trocken zu halten. Für trockene Räume genügen kleinere Porzellanrollen (Bild 15).

Bild 15. Isolierrolle mit Dübel.

Für höhere Spannungen werden meistens Isolatoren mit mehreren Mänteln verwandt. Bild 16 zeigt Hochspannungsisolatoren mit drei Mänteln, die ineinander gekittet sind auf Lyraträger. Größte Sorgfalt in der Herstellung, in der Wahl der Masse, Zurichtung im Brennen und in Glasur sind Bedingungen für die Brauchbarkeit. Meist werden die Isolatoren schon in der Fabrik mit etwa doppelter Gebrauchsspannung im trockenen Zustand und unter künstlicher Regentraufe geprüft, und es wird festgestellt, bei welcher Spannung sich Glimmladung oder Überschläge zeigen.

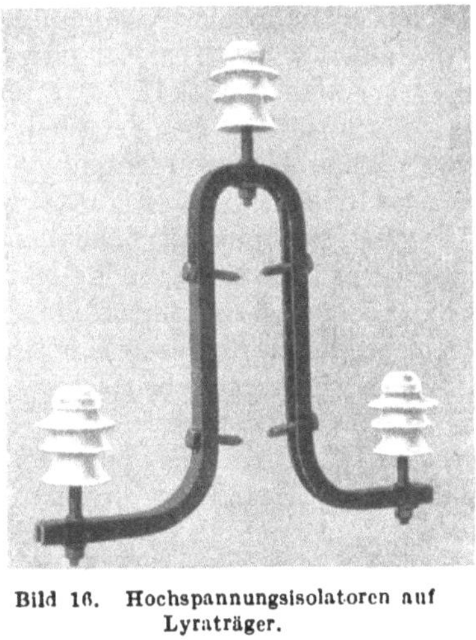

Bild 16. Hochspannungsisolatoren auf Lyraträger.

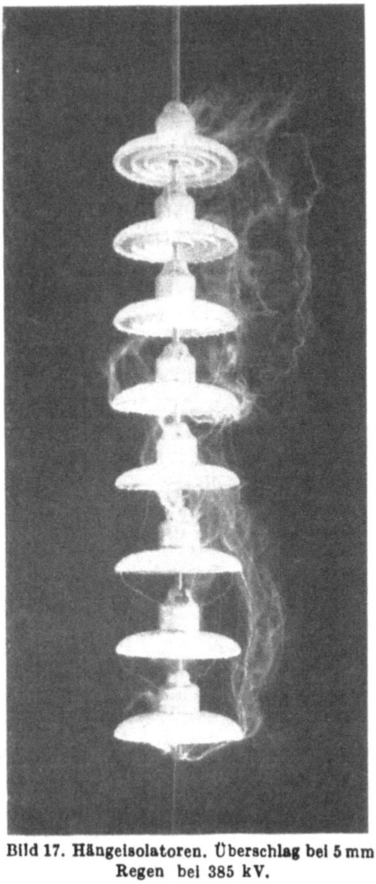

Bild 17. Hängeisolatoren. Überschlag bei 5 mm Regen bei 385 kV.

Bei Wahl eines einzigen Isolators ist es schwierig, eine solche Verteilung des elektrischen Feldes zu erreichen, daß das Porzellan innen gleichmäßig beansprucht wird. Innen ist das Spannungsgefälle geringer als in der Nähe der Mantelflächen, mit zunehmender Dicke der Isolierschicht und Vergrößerung des Isolators wird daher nicht sehr viel gewonnen. Für höhere Spannungen, etwa über 70000 V werden, um genügende elektrische Sicherheit zu erlangen. mit Vorteil *Hänge- oder Kettenisolatoren* verwendet, die den Anforderungen bis zu den höchsten praktisch vorkommenden Spannungen genügen. Bei diesen wird eine Anzahl von Isolatoren kettenartig hintereinander gereiht (Bild 17). Damit sie im Betriebe auch der hohen mechanischen Beanspruchung genügen, werden sie mit rd. 3000 kg auf Zugfestigkeit geprüft. Die Spannungen verteilen sich nicht ganz gleichmäßig auf die einzelnen Glieder, die Endglieder erhalten etwas höhere Spannung. Während beispielsweise an den Endgliedern rd. 20 000 V auftreten, ist an den mittleren Gliedern die Spannung im Mittel 16 000 V. In den Prüfständen der Porzellanfabriken für Hochspannungserzeugnisse werden diese Isolatoren gewöhnlich mit 2--3 facher Spannung geprüft. Im Betriebe würden bei Bruch oder Überleitung eines Isolators die übrigen zu hoch beansprucht werden, so daß diese gleichfalls Schaden leiden könnten. Um die einzelnen Glieder während des Betriebes auf Unversehrtheit prüfen zu können, ist von den SSW

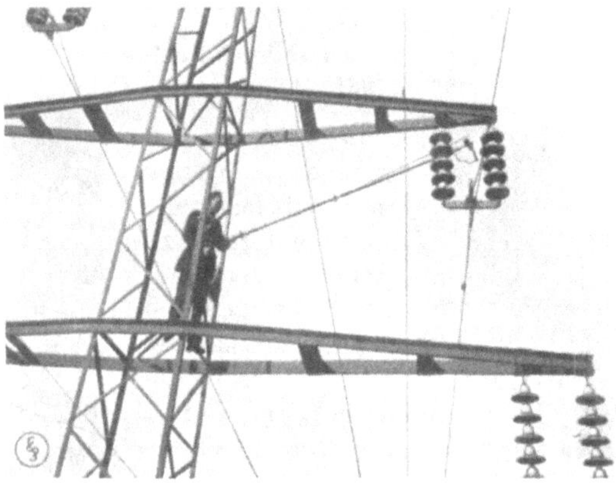

Bild 18. Spannungsmeßstange für Hängeisolatoren.

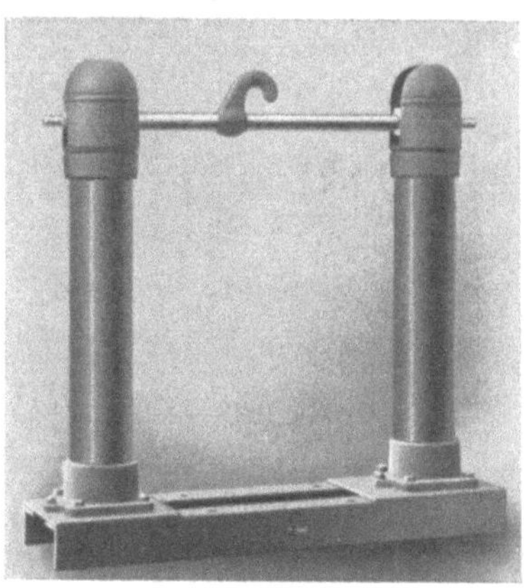

Bild 19. Hochspannungs-Trennschalter für 65 kV auf Stützer mit Strahlungskappen.

eine Schaltstange (Bild 18) hergestellt worden, mit der die Spannung der einzelnen Glieder abgetastet wird. Die Spannung an den einzelnen Gliedern wird an einer einstellbaren Funkenstrecke gemessen. Die Hängeisolatoren werden auch als Abspannisolatoren in geneigter Lage verwendet.

Die *Stützisolatoren*, Stützer, werden in Innenräumen aus Porzellan oder Faserstoff (Repelit) mit Rillen versehen oder glatt zum Isolieren von Leitungen und Apparateteilen benutzt. Rillenisolatoren haben eine größere Oberfläche, also für Kriechströme einen weiteren Weg, geben aber mehr zum Staubablagern Veranlassung. Glatte Stützer haben eine gefälligere ruhigere Form. Am Kopf tragen die Stützer Metallteile zur Befestigung der Leiter. Um an scharfen Kanten und Spitzen Strahlung zu vermeiden, die Verluste bringen und durch Ionisierung der Luft Überschläge einleiten können, tragen sie Strahlungskappen aus Blech, die keine scharfen Krümmungen haben (Bild 19).

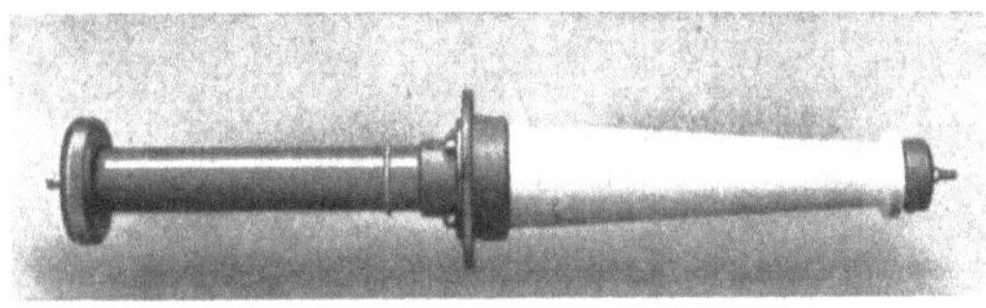

Bild 20. Hochspannungs-Wanddurchführung für 110 kV, eine Seite mit Porzellanüberwurf, andere Seite mit Strahlungskappe.

*Durchführungen* (Bild 20) werden gebraucht, um Ströme gut isoliert von den Außenleitungen aus dem Freien durch Wände in Schalträume zu führen, in das Innere von Ölschaltern, Ölwiderständen oder Transformatoren durch die Kesselwand. Tauchen die unteren Teile in Öl, so kann dieser Teil, da in dem gut isolierenden Öl die Abstände geringer gehalten werden können, kürzer ausgeführt werden.

Um bei Stützern und Durchführungen eine günstige Feldverteilung und so gute Ausnutzung des Isolierstoffes und daher kleine Abmessungen des Isolators zu erhalten, werden in die Repelitschichten leitende Belege, z. B. Stanniol eingefügt (vgl. S. 13).

## *Induktion und Kapazität.*

Wirkt ein Wechselstrom von der Stärke $J$ magnetisierend auf eine Spule, so folgt die magnetische Strömung $M$ dem erregenden Strom, d. h. der Magnetismus wechselt im gleichen Takt wie der Strom die Richtung und Stärke, Magnetismus und erregender Strom stimmen zeitlich überein. Die Spannung, die in der Spule erzeugt wird, ist in Phase um $90^0$ gegen die magnetische Strömung verschoben, da zu dem Zeitpunkt, zu dem diese den Höchstwert erreicht, die magnetische Strömung weder zu- noch abnimmt, also keine Änderung erfährt, demnach zu dieser Zeit die erzeugte (induzierte) Spannung Null ist (Bild 21). Der Strom ist hierbei nacheilend, d. h. der Strom geht später vom Nullwert auf den positiven Wert über als die Spannung. Die Höhe der Spannung ist

$$E = 2\,n\,\pi\,L\,J.$$

Die Zahl $L$ nennt man die Induktivität, die in Henry (H) gemessen wird. Die Spannung ist um so größer, je höher die Frequenz ($n$) ist. Umgekehrt ist der Strom $J$ bei feststehender Spannung $E$ um so kleiner, je höher die Frequenz ist

$$J = \frac{E}{2\,n\,\pi\,L}$$

Wird eine Wechselstromspannung $E$ an einen Kondensator gelegt, so fließt dauernd ein Wechselstrom $J$ diesem zu. Ist die Kapazität (Aufnahmevermögen) des Kondensators in Mikrofarad ($\mu$F) gemessen $C$, so ist der Strom

$$J = 2\,n\,\pi\,C\,E\,10^{-6}.$$

Der Kapazitätsstrom ist demnach im Gegensatz zum Strom bei induktiver Belastung um so stärker, je größer die Frequenz $n$ ist. Der Kapazitätsstrom ist gleichfalls im Gegensatz zum Induktionsstrom gegenüber der Spannung um 90° verschoben, jedoch im voreilenden Sinne. Es ist demnach möglich, induktive Ströme durch kapazitive auszugleichen. Kapazität besitzen Fernleitungen, sowohl gegeneinander, als auch gegen Erde. Die Induktivität einer aus unmagnetischem Metall bestehenden Freileitung wird, wenn $a$ den Abstand der Leitungen, $r$ den Drahthalbmesser bedeutet, bestimmt durch die Formeln

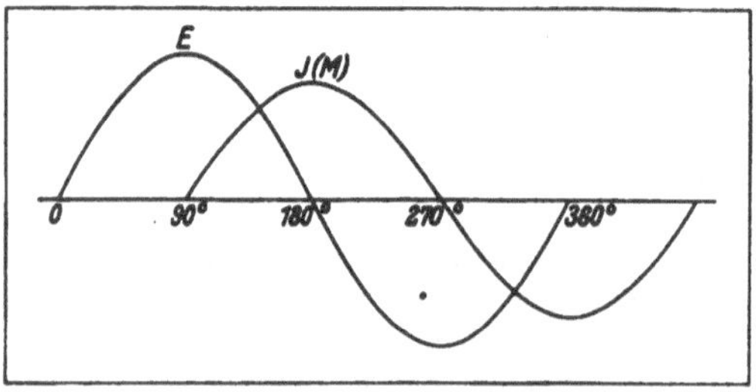

Bild 21. Magnetisierungsstrom und induzierte Spannung. Strom gegenüber der Spannung um 90° im nacheilenden Sinne verschoben.

$$L = \left(1 + 9{,}2 \log \frac{a}{r}\right) 10^{-4}\ \mathit{Henry/km}.$$

Die entsprechende Kapazität ist

$$C = \frac{1}{15{,}6 \log \frac{a}{r}}\ \mu F/km$$

Es fließt infolge der Kapazität der Leitungen auch bei unbelasteten Leitungen in Wechselstrombetrieben dauernd ein Strom von den Stromerzeugern ins Freileitungs- oder Kabelnetz, der bei letzterem unter sonst gleichen Verhältnissen stärker als bei ersterem ist. Ein solcher Kapazitätsstrom fließt bei einpoligem Erdschluß zur Erde ab. Dieser in die Erde fließende Strom $i_e$ ist angenähert

$$i_e = k\,l\,\frac{E}{1000}\ \textit{Ampere}.$$

$l$ ist in km, $E$ in V auszudrücken. $k$ ist eine Zahl, für die bei Frequenz 50 für Freileitung von gewöhnlicher Ausführung rd. 0,0021 zu setzen ist. Für Drehstromkabel verschiedener Querschnitte und für verschiedene Spannung gibt die nachstehende Tafel Werte für $k$.

| mm² | 5000 | 10000 | 20000 V |
|---|---|---|---|
| 25 | 0,080 | 0,058 | 0,045 |
| 50 | 0,093 | 0,068 | 0,051 |
| 70 | 0,106 | 0,076 | 0,057 |
| 95 | 0,117 | 0,083 | 0,062 |
| 120 | 0,127 | 0,089 | 0,066 |

Ist das Netz verzweigt, so sind die Kapazitätsströme für die einzelnen Teilstrecken zu berechnen.

Aus den obigen Formeln für die Berechnung der Stromstärke bei kapazitiver und induktiver Belastung ergibt sich, daß mit steigender Frequenz der Strom im ersten Falle steigt, im letzteren fällt. Ist die Spannung nicht sinusförmig ($E = E_0 \sin \varphi$), sondern sind über der Grundspannung noch Glieder von höherer (ungerader) Ordnung übergelagert (Bild 10), etwa:

$$E = E_1 \sin \varphi + E_3 \sin 3\,\varphi + E_5 \sin 5\,\varphi + \ldots\ldots$$

so werden hiernach bei induktiver Last die Glieder höherer Ordnung geschwächt, d. h. die Stromkurven werden der reinen Sinusform mehr genähert, bei kapazitiver Belastung werden die Glieder höherer Ordnung verstärkt, d. h. die Stromkurve wird noch mehr verzerrt.

Infolge der Kapazität zwischen Leitung und Erde fließen bei Wechselstrombetrieb dauernd Kapazitätsströme von den Leitungen zur Erde, während bei Gleichstrom eine nur einmalige Ladung beim Einschalten stattfindet. Dies macht den Wechselstrom gefährlicher gegen etwaige Berührung als den Gleichstrom, da auch bei gut isolierten Wechselstromleitungen bei Berührung nur einer Leitung durch den Körper starke Ströme gehen können.

Statt der gebräuchlichen Einheit $\mu$F für die Kapazität wird bei sehr kleinen Kapazitäten, z. B. Kondensatordurchführungen (Seite 13) zuweilen nach cm gerechnet. Es ist

$$1\ cm = \frac{1}{9}\,10^{-5}\ \mu F$$

$$1\ \mu F = 9 \cdot 10^5\ cm.$$

### *Elektrische Leistung.*

Ein Wasserfall von kleinem Gefälle kann so viel wie einer von großem Gefälle leisten, wenn bei ersterem die in der Sekunde herabfallende Wassermenge entsprechend größer ist. Das Produkt von nutzbarer Fallhöhe und sekundlich fallender Wassermenge bestimmt die Leistungsfähigkeit. In ähnlicher Weise wird die *elektrische Leistung* $N$ durch das Produkt Spannung mal Strom oder $N = E . J$ bestimmt. Die Einheit hierfür heißt Watt. In der Starkstromtechnik wird meist mit dem 1000 fachen Werte, dem Kilowatt (kW), gerechnet.

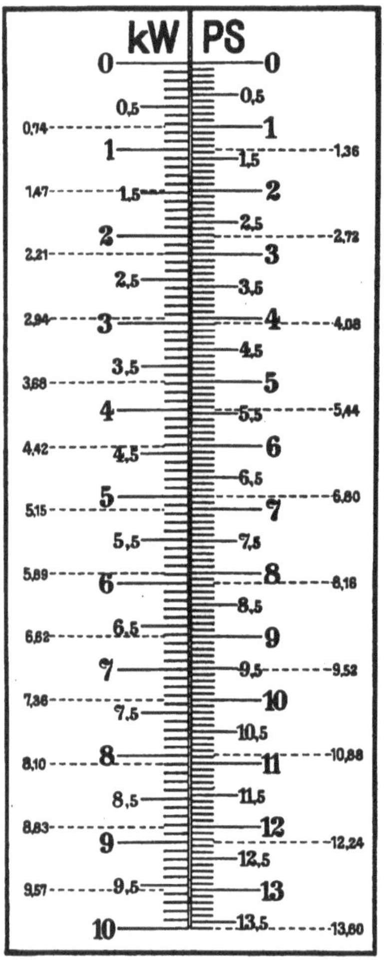


Bild 22. Umrechnungstafel für kW und PS. 1 kW = 1,36 PS, 1 PS = 0,736 kW.

In einem (induktionsfreien) Stromkreis mit dem Widerstand $R$ findet ein Verbrauch statt, für den eine Leistung $N = E\,J$ aufzuwenden ist, wenn $E$ die Spannung zwischen den Endstellen (Klemmen) des Widerstandes ist. Da $E = J\,R$ ist, ist der errechnete Verbrauch $N = J^2 R$. Geht man von der mechanischen Arbeit 1 kgm (Seite 6) aus, so ist es nicht gleichgültig, in welcher Zeit diese Arbeit vollbracht wird. Es muß eine um so größere Leistung aufgebracht werden, in je kürzerer Zeit die Arbeit geleistet wird. Die wirkliche Leistung (Wirkleistung) erhält man daher durch Division der Arbeit durch die Zeit $t$ oder $\frac{kgm.}{t}$ Dies ergibt die „Kilogrammeter in der Sekunde" (kgm/s) als Einheit. Gewöhnlich wurde mit dem 75 fachen Wert (75 kgm/s) gerechnet, der als *Pferdestärke* (PS) bezeichnet wurde. Pferdestärke und Kilowatt sind gleichartige Einheiten etwa wie Zoll und Zentimeter. Es ist 1 PS = 736 W = 0,736 kW. Man ist übereingekommen, nur nach einer Ein-

heit, dem Kilowatt, zu rechnen, doch ist diese Einheit noch nicht genügend durchgedrungen. Die Leistung von Motoren, Dampf- und Wassermaschinen und dgl. werden häufig noch nach Pferdestärken angegeben, so daß in der Übergangszeit Umrechnungen erforderlich sind (Bild 22). Ein Elektromotor nimmt elektrische Leistung auf und gibt mechanische Leistung ab, ein Stromerzeuger nimmt mechanische Leistung auf und gibt elektrische ab. Werden beide Leistungen in Kilowatt ausgedrückt, so gibt der Quotient „*Abgabe*" durch „*Aufnahme*" den Wirkungsgrad. An Stelle des Wortes Aufnahme wird zuweilen die Bezeichnung „Verbrauch" gewählt, z. B. der Verbrauch einer gasgefüllten Metalldrahtlampe von 50 HK (Hefnerkerzen) beträgt 40 W.
Sind, wie beim Dreileitersystem, zwei Stromkreise mit verschiedener Belastung vorhanden, so sind die Belastungen getrennt zu ermitteln. Sind $J_1$ und $J_2$ die Ströme in den Außenleitern, $E_1$ und $E_2$ die Spannungen in den beiden Stromkreisen, so ist die Gesamtleistung $N = J_1 E_1 + J_2 E_2$. Ist, wie dies fast stets zutrifft, $E_1 = E_2 = E$, so ist die Gesamtleistung $N = (J_1 + J_2) E$.
Schwieriger wird die Berechnung in Wechselstromkreisen, wenn induktive oder kapazitive Belastung vorhanden ist. Werden z. B. infolge von magnetisierender Wirkung elektrische Gegenspannungen induziert, so muß für die wirksame Leistung diese Gegenspannung in Abzug gebracht werden. Das Produkt $E J$ gibt daher einen zu hohen Wert an, man muß ihn mit einer Zahl, die kleiner als 1 ist und *Leistungsfaktor* heißt, multiplizieren, um die wahre Leistung zu erhalten. Dieser Leistungsfaktor hängt ab von der Phasenverschiebung $\varphi$, den der Strom $J$ gegen die Spannung $E$ besitzt. Der Leistungsfaktor ist gleich $\cos \varphi$. Es ist für Wechselstrom mit nur einem Stromkreis (Einphasenstrom):

$$N = E J \cos \varphi$$

$N$ nennt man die *wahre Leistung* oder Wirkleistung, die in Watt (W) gemessen wird. Das Produkt $E J$ heißt die *Scheinleistung*, die in Voltampere (VA) angegeben wird. Bei $\cos \varphi = 1$ (also $\varphi = 0$) findet keine Phasenverschiebung statt. In diesem Falle ist auch bei Wechselstrom, wie allgemein bei Gleichstrom, die wahre Leistung $N_{(\cos \varphi = 1)} = E J$ in Watt. Letzteres trifft z. B. zu, wenn nur Wärmearbeit (Anschluß von Heizkörpern) oder Lichtarbeit (Anschluß von Lampen) geleistet wird.
Eine Wechselstrommaschine für eine Leistung von 1000 kW bei $\cos \varphi = 0{,}8$ hat hiernach eine scheinbare Leistung von $\frac{1000}{0{,}8} = 1250\ kVA$. Bei Drehstrom (verkettetem Dreiphasenstrom) kommen drei Stromkreise in Betracht. Sind diese verschieden belastet, so müssen die drei Teilleistungen einzeln berechnet werden. Sind die Belastungen gleich, so daß auch die Ströme gleich sind, so läßt sich die gesamte Drehstrom-

leistung nach der Formel $N = J\,E\,\sqrt{3}\,\cos\varphi$ berechnen, wenn $\varphi$ der Phasenverschiebungswinkel ist. Ein Drehstromgenerator mit der Klemmenspannung von 10 000 V liefert bei einer Stromstärke von 108 A bei einem Leistungsfaktor $\cos\varphi = 0{,}8$ 1500 kW. Die scheinbare Leistung beträgt 1870 kVA.

Zeichnerisch wird die wahre und scheinbare Leistung dargestellt, wenn die Leistungen durch Strecken in bestimmter Richtung gezeichnet werden.

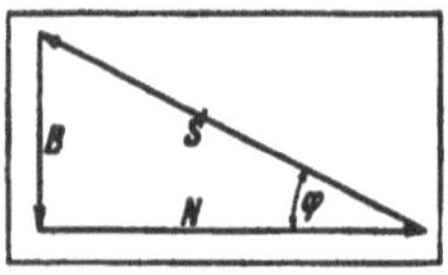

Bild 23. Beziehung zwischen Wirkleistung N, Scheinleistung S und Blindleistung B.

Es sei ein rechtwinkliges Dreieck, aus den beiden Katheten $N$ und $B$ und der Hypotenuse $S$ gebildet (Bild 23). $N$ sei die Nutzleistung (der Größe und Richtung nach), dann ist $S$ die Scheinleistung. $B$ wird mit *Blindleistung* bezeichnet, $\varphi$ ist die Phasenverschiebung im Stromkreis (Verschiebung des Stroms gegenüber der Spannung).

Es ist
$$N = S\cos\varphi$$
$$B = S\sin\varphi$$

Verständlich wird die Einführung des Leistungsfaktors, wenn die Augenblickswerte beim zeitlichen Verlauf des Stromes und der Spannung eingesetzt werden. Es sei (Bild 24) $E$ der sinusförmige Verlauf der Spannung, der bei A positiv ansteigt, bei $B$ zum Nullwert sinkt, um bis $C$ negativen Wert zu erhalten. Der Strom $J$ sei gegen die Spannung $E$ um 40° verschoben ($\cos\varphi = 0{,}766$), so daß er zu späterer Zeit bei $D$ in positiver Richtung ansteigt, bei $F$ den Nullwert erreicht und dann bis $G$ negativ bleibt. Um die wahre Leistung zu erhalten, müssen für jeden Augenblick Strom und Spannung multipliziert werden. Es ergibt dies die gestrichelte Linie. Auf der Strecke $AD$ ist $E$ positiv, $J$ negativ, das Produkt $EJ$ negativ (unterhalb der Nullinie $AG$), von $D$ bis $B$ sind $E$ und $J$ positiv, $N$ ist positiv (oberhalb der Nullinie). Auf der Strecke von $B$ bis $F$ ist $N$ wieder negativ, dann von $F$ bis $C$ wieder positiv. Es wechseln also positive Leistungen (Abgabe) mit negativen Leistungen (Aufnahme). Werden von den durch die Nullinie $AG$ und die gestrichelte Linie eingeschlossenen Flächen die Flächen unterhalb der Nullinie von den oberhalb der Nullinie befindlichen abgezogen, erhält man ein Maß für die Wirkleistung $N$.

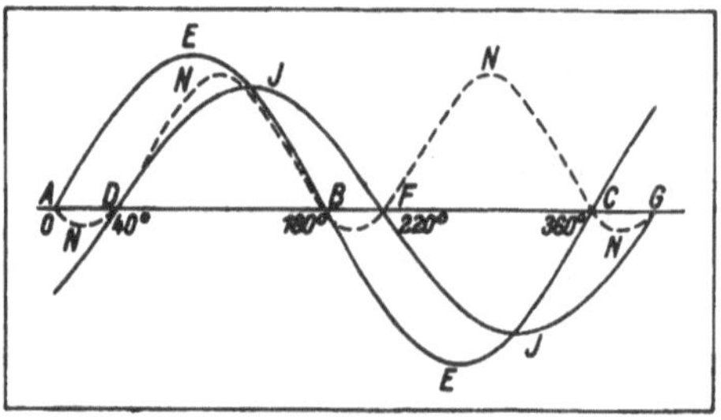

Bild 24. Strom-, Spannung-Leistungslinie bei phasenverschobenem Strom.

Die Flächen unterhalb der Nullinie werden um so größer, je größer die Phasenverschiebung ist. Ist die Phasenverschiebung 90° ($\cos\varphi = 0$),

d. h. setzt $J$ zu positivem Anstieg erst ein, wenn $E$ seinen Höchstwert erreicht hat, so wird Abgabe = Aufnahme, die Flächen unterhalb der Nullinie (negative Werte) werden gleich den Flächen oberhalb der Nulllinie (positive Werte), d. h. die Summe wird *0*. Für 90° Phasenverschiebung ist $N_{\varphi = 90^0} = EJ \cos 90^0 = 0$.

Bildlich kann man sich die Vorgänge etwa in folgender Weise vorstellen. Man denke sich einen Fluß mit Strömung in der Pfeilrichtung (Bild 25). Ein Boot will quer über den Fluß setzen. Die Nutzleistung entspricht daher der Strecke $AB$. Es wird demgemäß gerudert in Richtung nach dem gegenüberliegenden Ufer. Das Boot kommt, da es durch die Strömung abgetrieben wird, nicht in $B$, sondern in $C$ an. Es wird daher nicht die Strecke $AB$, sondern $AC$ zurückgelegt, die größer als die der Wirkleistung entsprechende Strecke $AB$ ist. $AB$ entspricht der Wirkleistung, $BC$ der Blindleistung, $AC$ der Scheinleistung. Der Winkel zwischen $AB$ und $AC$ ist der Phasenverschiebungswinkel $\varphi$

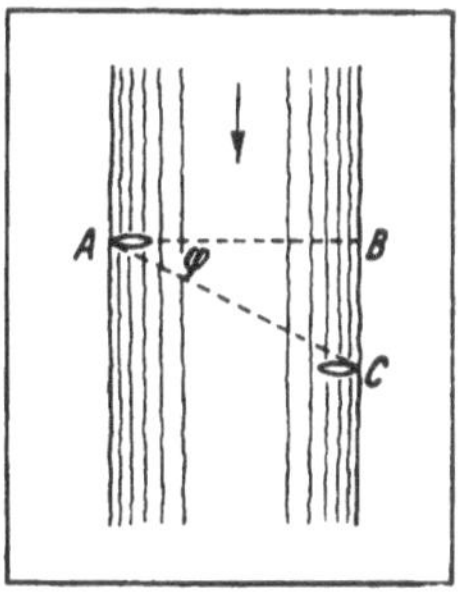


Bild 25. Bildliche Darstellung von Wirkleistung, Blindleistung und Scheinleistung.

$$AB = AC \cos \varphi .$$

Für $\varphi = 90^0$, d. h. läßt man sich vom Strome treiben, vollbringt also keine Nutzleistung, wird die Scheinleistung beliebig groß, während die Nutzleistung Null ist.

Bei einer Wechselstrommaschine für eine Scheinleistung 1000 kVA bei $\cos \varphi = 0{,}8$ beträgt die Wirkleistung 800 kW, die Blindleistung 600 kVA. Die Leistung der Antriebmaschine, z. B. der Dampfturbine braucht nur für die Wirkleistung von 800 kW bemessen zu sein, da für die Blindleistung keine Antriebleistung erforderlich ist. Der Stromerzeuger muß einen der Scheinleistung entsprechenden Strom erzeugen, er muß daher für die volle Scheinleistung bemessen werden.

## *Elektrische Arbeit.*

Die elektrische *Arbeit* ergibt sich nach den vorausgegangenen Ausführungen durch Multiplikation der Leistung $N$ mit der Zeit $t$. Sie ist demnach $N.t$. Man erhält für Gleichstrom und für Wechselstrom ohne Phasenverschiebung die Arbeit $= E\,J\,t$, für Wechselstrom mit Phasenverschiebung zwischen Strom und Spannung (induktive oder kapazitive Belastung)

$$\text{Arbeit} = E\,J\,t \cos \varphi .$$

Für Drehstromkreise ist (bei gleicher und gleichartiger Belastung der drei Stromkreise) bei nicht induktivem Stromkreis die Arbeit $E\,J\,t\,\sqrt{3}$, bei induktivem Stromkreis $E\,J\,t\,\sqrt{3} \cos \varphi$. Einheiten hierfür sind die

Wattsekunde (Joule), Kilowattsekunde (Kilojoule) oder die Kilowattstunde (kWh).

Nach Kilowattstunden wird gewöhnlich die elektrische Arbeit bezahlt, die durch elektrische Arbeitmesser, die *Zähler*, gemessen wird.

Ein Vergleich der elektrischen Arbeit mit anderen Arbeitsformen ist aus der Zusammenstellung (Seite 6) zu ersehen.

Um rd. 20 l Wasser für Kochzwecke von 20° C auf Siedehitze zu bringen, sind rd. 1600 cal erforderlich. Dies entspricht nach der Tafel $1600 \cdot 0{,}00116\ kWh = 1{,}86\ kWh$. Wenn durch Wärmeabstrahlung 10 vH verloren gehen, sind 2,05 kWh erforderlich. Ist der Heizkörper für 220 V gebaut und verbraucht er 20 A, so beträgt

die Zeit des Anheizens $\dfrac{2050 \cdot 60}{220 \cdot 20} = 28\ min.$

Werden 10 000 $m^3$ Wasser aus einer Talsperre bei einem Gefälle von 20 m zur Nutzleistung herangezogen, so entspricht dies einer Arbeit von

$$10\,000 \cdot 1000 \cdot 20\ kgm = 544\ kWh$$

Fließen dem Becken in jeder Stunde diese 10 000 $m^3$ zu, so daß sie in einer Stunde für die Wasserturbine entnommen werden können, so ist die Leistung 544 kW. Gehen bei der Umwandlung in elektrische Arbeit 20 vH verloren, so ist die Nutzarbeit 435 kWh, d. h. 1 Stunde lang können 435 kW abgegeben werden.

Wird elektrische Arbeit von einem Gleichstromnetz (oder von einem Einphasen-Wechselstromnetz für Beleuchtungszwecke, also nicht induktiv) abgenommen, so genügt es, falls die Spannung des Netzes annähernd gleich bleibt, in den Zählern den Wert $J\,t$ zu messen, woraus sich die entnommene Arbeit bestimmen läßt, da nur $J$ und $t$ sich ändern. Den Wert $J\,t$ bezeichnet man als *Elektrizitätsmenge*, die Einheit ist die Amperestunde (Ah). Statt der Kilowattstundenzähler können also in Gleichstromanlagen mit feststehender Spannung einfache Amperestundenzähler verwendet werden.

### *Lichteinheiten.*

Während die elektrischen Einheiten auf den Einheiten von Länge, Masse und Zeit (cm, g, s) aufgebaut sind, können die Lichtstärken, bei denen die Empfindung in unseren Augen mitbestimmend ist, nur durch Vergleich mit einer zweckmäßig gewählten Lichteinheit festgestellt werden. Als solche Lichteinheit ist in Deutschland die *Hefnerkerze* (HK) festgelegt worden, d. i. eine in ruhiger, reiner Luft brennende *Amylacetatflamme* von 40 mm Länge. Für die Lampe sind genaue Abmessungen und Herstellungsart vorgeschrieben. Eine solche Lampe erfüllt die Bedingung, die an eine allgemein verwendbare Einheit zu stellen ist, daß sie nach den festgelegten Vorschriften stets in gleicher Beschaffenheit

ausführbar ist und bei dem gewählten, stets in gleicher Beschaffenheit erhältlichen Leuchtstoff (Amylacetat) die gleiche Lichtstärke abgibt. Eine Glühlampe hat in bestimmter Richtung eine Lichtstärke von 25 HK, wenn sie in dieser Richtung eine 25 fach stärkere Beleuchtung erzeugt, als eine Hefnerkerze in horizontaler Richtung. Die Lichtstärke der Lampen ist gewöhnlich in den einzelnen Richtungen verschieden. Der Mittelwert wird durch Vergleich mit einer allseitig in gleicher Lichtstärke strahlenden Lichtquelle bestimmt.
Wird eine ebene Fläche in der Entfernung $r$ senkrecht bestrahlt, so ist die *Beleuchtung* der Fläche $\frac{J}{r^2}$. Wird $J$ in Hefnerkerzen, $r$ in $m$ in die Formel eingesetzt, so erhält man die Beleuchtung in *Lux*. Fällt das Licht unter einem Winkel $\varphi$ gegen die Lotrechte auf die Fläche, so ist die Beleuchtung $\frac{J \cos \varphi}{r^2}$. Bestrahlt eine Lichtquelle mit einer Stärke von 25 HK senkrecht eine Fläche in der Entfernung von $^1/_2$ m, so ist die Beleuchtung der Fläche 100 Lux. Wird die Lichtstärke von 25 HK unter einem Winkel von $45^0$ auf diese Fläche geworfen, so ist die Beleuchtung *100* cos $45^0$ = *72 Lux.* Die *Helligkeit* der Fläche hängt von ihrem Rückstrahlungsvermögen ab. Je weniger von dem auf die Fläche fallenden Licht verschluckt wird, um so heller ist die Fläche. Die Rückstrahlungszahl (Albedo, Weiße), die angibt, wieviel von dem auffallenden Licht wieder zurückgeworfen wird, beträgt für eine mit Zinkweiß gestrichene Fläche 0,76, d. h. es wird von dem auffallenden Licht 76 vH zurückgeworfen, 24 vH wird verschluckt. Für Schlemmkreideanstrich ist die Zahl rd. 0,66, für weißes Papier 0,70.
Das gesamte auf eine Fläche $S$ fallende Licht wird durch den *Lichtstrom* ($\Phi$) bestimmt, der gleich der Lichtstärke $J$ vermehrt mit dem räumlichen Winkel $\omega$ ist; $\Phi = J\,\omega$. Dieser Winkel ist bei senkrechter Bestrahlung gleich $\frac{S}{r^2}$, wenn $r$ die Entfernung der Fläche $S$ von der Lichtquelle ist. Wird $J$ in Hefnerkerzen, $S$ in Quadratmetern, $r$ in Metern eingesetzt, erhält man den Lichtstrom $\Phi$ in *Lumen* (Lm).

***Zusammenstellung der in der Elektrotechnik benutzten Einheiten.***

1. *Stromstärke* Ampere (A) (*Formelzeichen* = $J$)
   1 Milli-Ampere = 1 mA = 0,001 Ampere.
2. *Widerstand* Ohm ($\Omega$) (Formelzeichen = $R$)
   1 Mikrohm ($\mu\Omega$) = 0,000 001 $\Omega$ = $10^{-6}\,\Omega$
   1 Megohm ($M\Omega$) = 1 000 000 $\Omega$ = $10^6\,\Omega$
   1 Nanohm = $10^{-9}\,\Omega$
   1 Gigaohm = $10^9\,\Omega$.

2a. *Leitwert* $= \frac{1}{R}$ Einheit Siemens ($S$).

2b. *Spezifischer Widerstand* (Formelzeichen $\varrho$), Widerstand eines Leiters von der Längeneinheit und Querschnittseinheit, gewöhnlich angenommen 1 m Länge und 1 mm² Querschnitt.

2c. *Leitfähigkeit* (Formelzeichen $\lambda = \frac{1}{\varrho}$).

3. *Elektromotorische Kraft, Spannung,* Volt (V) (Formelzeichen $E$)
 1 Milli-Volt = 1 mV = 0,001 V
 1 Kilo-Volt = 1 kV = 1000 V.

4. *Kapazität* Farad (F) (Formelzeichen $C$).
 1 Mikrofarad ($\mu$F) = 0,000 001 F.

*Induktivität* Henry (H) (Formelzeichen $L$).

6. *Leistung* Watt (W) (Formelzeichen $N$)
 1 Watt = 1 Voltampere (VA) bei Gleichstrom oder induktions freier Wechselstrombelastung, z. B. Lichtbelastung.
 1 Watt = 1 VA cos $\varphi$ (bei induktiver Wechselstrombelastung).
 1 Kilowatt (kW) = 1000 W.
 1 Pferdekraft (PS) = 736 W = 0,736 kW.

7. *Leistungfaktor* $= \cos\varphi = \frac{\text{Watt}}{\text{Voltampere}}$ bei induktiver Wechselstrombelastung.

8. *Arbeit* Wattsekunden (Ws)
 1 Kilowattsekunde (kWs) = 1000 Ws
 1 Kilowattstunde (kWh) = 3 600 000 Ws.

*Elektrizitätsmenge* Coulomb (C) (Formelzeichen $Q$) oder Amperesekunde (As).
 1 Amperestunde (Ah) = 3 600 As.

10. *Lichtstärke* Hefnerkerze (HK) (Formelzeichen $J$).

11. *Lichtstrom* Lumen (Lm) (Formelzeichen $\Phi$) $= J\,\omega = \frac{J\,S}{r^2}$ (wenn $\omega$ der räumliche Winkel, $S$ die belichtete Fläche in Quadratmetern senkrecht zur Strahlenrichtung, $r$ die Entfernung in Metern ist).

12. *Beleuchtung* Lux (Hefnerlux) (Lx) (Formelzeichen $E$) $= \frac{J}{r^2}$ ($r$ = Entfernung in Metern).

*Bemerkung.* Die Vorsilbe Kilo (k) bezeichnet den tausendfachen, Mega, Meg (M) den millionfachen, Milli (m) den 0,001 fachen, Mikro ($\mu$) den 0,000001 fachen Wert.

### *Schaltvorgänge. Stromverteilung.*

Der elektrische Strom bevorzugt bei mehreren Stromwegen die widerstandslosen Wege in der Weise, daß die zur Überwindung der Widerstände erforderliche Leistung den geringsten Wert hat. Er verteilt sich entsprechend den Leitfähigkeiten auf den einzelnen Stromwegen. Für einen einzelnen Stromweg, dessen Widerstand $R$ ist, ist die *Leitfähigkeit* gleich dem umgekehrten Werte des Widerstands, also $\frac{1}{R}$. Die Einheit der Leitfähigkeit wird mit „Siemens" bezeichnet. Sind mehrere Stromwege vorhanden (Parallelschaltung) (Bild 26) mit den Wiedrständen $R_1\, R_2\, R_3\, R_4$, also mit den Leitfähigkeiten $\frac{1}{R_1}, \frac{1}{R_2}, \frac{1}{R_3}, \frac{1}{R_4}$, so ist die gesamte Leitfähigkeit $\frac{1}{R_1} + \frac{1}{R_2} + \frac{1}{R_3} + \frac{1}{R_4} + \ldots$ Der sich bei Parallelschaltung ergebende Widerstand ist demnach

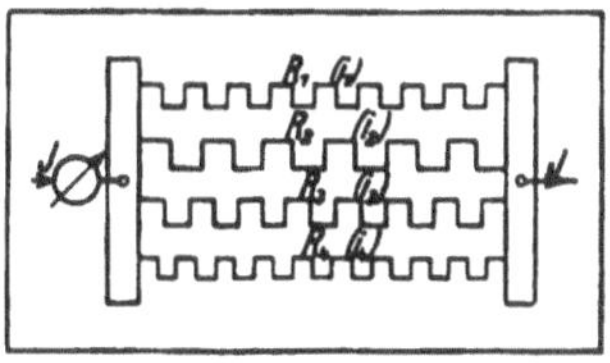

Bild 26. Parallel geschaltete Widerstände.

$$\frac{1}{1/R_1 + 1/R_2 + 1/R_3 + 1/R_4 + \ldots}$$

Ist z. B. zu einem Widerstand von $R_1 = 10\,\Omega$ ein solcher von $R_2 = 6\,\Omega$ parallel geschaltet, so ist der sich ergebende Widerstand

$$\frac{1}{1/R_1 + 1/R_2} = \frac{R_1\, R_2}{R_1 + R_2} = \frac{60}{16} = 3{,}75\,\Omega.$$

Der Strom verteilt sich in der Schaltung (Bild 26) in den einzelnen Zweigen $i_1 : i_2 : i_3 : i_4 \ldots = \frac{1}{R_1} : \frac{1}{R_2} : \frac{1}{R_3} : \frac{1}{R_4} \ldots$ Die Summe der Teilströme ist gleich dem Hauptstrom $i_1 + i_2 + i_3 + i_4 \ldots = J$.

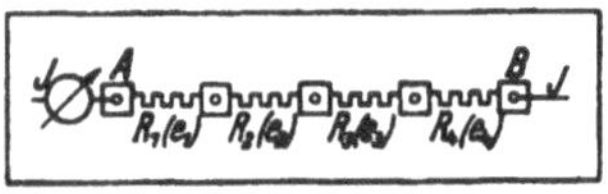

Bild 27. Hintereinander geschaltete Widerstände.

Werden Widerstände $R_1$, $R_2$, $R_3$, $R_4 \ldots$ hintereinander geschaltet (Bild 27), so ist der Gesamtwiderstand

$$R = R_1 + R_2 + R_3 + R_4 + \ldots$$

Der Strom $J$ bleibt im ganzen Stromkreis unverändert. Die Gesamtspannung $E$, die zwischen den Klemmen $AB$ auftritt, ist gleich der Summe der Teilspannungen, die an den einzelnen Widerständen auftreten,

$$E = e_1 + e_2 + e_3 + e_4.$$

Werden Widerstände teilweise parallel, teilweise hintereinander geschaltet (Bild 28), so ist der Gesamtwiderstand

$$\frac{1}{\frac{1}{R_1 + R_3} + \frac{1}{R_2 + R_4}}.$$

Die Teilströme $i_1$ und $i_2$ verhalten sich wie $R_2 + R_4 : R_1 + R_3$, die an den Widerständen auftretenden Spannungen sind $i_1 R_1$, $i_1 R_3$ auf dem einen, $i_2 R_2$, $i_2 R_4$ auf dem anderen Stromwege. Es ist also $i_1 R_1 + i_1 R_3 = i_2 R_2 + i_2 R_4$. Ist $i_1 R_1 = i_2 R_2$, also auch $i_1 R_3 = i_2 R_4$, so haben $A$ und $B$ gleichen Spannungszustand. Es kann zwischen $A$ und $B$ kein Strom fließen. Zwischen den Widerständen $R_1$, $R_2$, $R_3$, $R_4$ herrscht in diesem Falle die Beziehung:

$$R_1 : R_3 = R_2 : R_4.$$

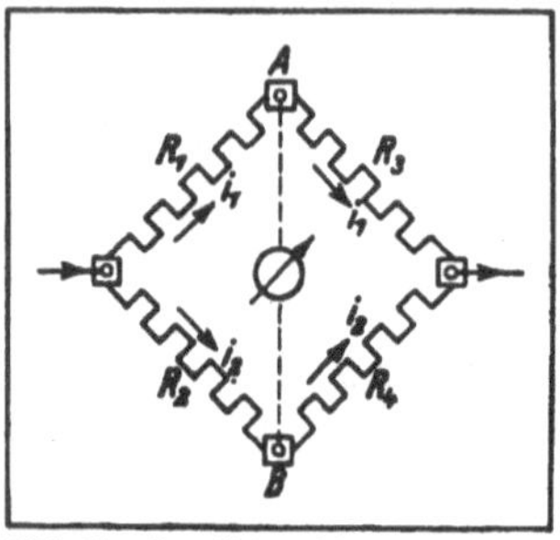

Bild 28. Parallel und hintereinander geschaltete Widerstände (Meßbrücke).

Aus einem stromlosen Zustand in einer Verbindungleitung zwischen $A$ und $B$, den man durch Meßgeräte genau ermitteln kann, ist zu schließen, daß dieses Verhältnis zwischen den Widerständen bestehen muß. Diese Brückenschaltung (Bild 28) im Widerstandsviereck wird zu genauen Widerstandmessungen benutzt. Ist beispielsweise $R_4$ unbekannt, so werden ein oder zwei der bekannten Widerstände $R_1$ $R_2$ $R_3$ so lange verändert, bis in der Diagonalleitung $AB$ kein Strom mehr von einem eingeschalteten Strommesser angezeigt wird. Es ist dann der zu ermittelnde Widerstand $R_4 = \frac{R_2 R_3}{R_1}$. Sind die Widerstände nicht, wie bei den vorliegenden Überlegungen angenommen, induktionsfrei, sondern induktiv (durch Magnetisierung elektromotorische Gegenkräfte hervorrufend), so haben die Formeln für die Stromverteilung, für die Spannungen usw. nicht solche einfache Form wie oben angegeben. Am einfachsten verschafft man sich in solchen Fällen durch zeichnerisches Verfahren Klarheit (Diagramm).

### *Schaltungen.*

Die gebräuchlichste Schaltung von Maschinen und Elektrizitätsverbrauchern ist die *Parallelschaltung*. Jeder Stromerzeuger kann in dieser Schaltung unabhängig von dem andern in der Leistungsabgabe geregelt werden, die Verbraucher können unabhängig voneinander angeschlossen werden, wie in Bild 29 dargestellt, in dem zwei Generatoren G parallel auf zwei Sammelschienen arbeiten, von denen Glühlampen g und ein Motor M parallel gespeist werden. Alles, was parallel an ein Netz angeschlossen werden soll, muß für gleiche Spannung hergestellt sein.
Weniger oft kommt die *Hintereinanderschaltung* vor, bei der in dem gleichen Stromkreis die Maschinen oder Apparate hintereinander geschaltet werden. Der gleiche Strom durchfließt alle hintereinandergeschalteten Erzeuger

oder Verbraucher. Diese müssen für gleiche Stromstärke hergestellt sein. Bogenlampen, die hintereinandergeschaltet werden, müssen jede für sich selbstregelnd sein. Hintereinander geschaltete Glühlampen müssen für genau gleiche Stromstärke hergestellt sein. In Bahnbetrieben mit rd. 600 V Betriebsspannung werden fünf Glühlampen (Bild 30) von je 120 V hintereinander geschaltet. Mittels des doppelpoligen Schalters werden alle fünf Lampen gleichzeitig ein- oder ausgeschaltet. Die Leuchtstärke der einzelnen Lampen kann verschieden gewählt werden. Man kann beispielsweise eine 10kerzige Lampe von 120 V und eine 16kerzige für 190 V hintereinander schalten, doch wird man meist vorziehen, gleichkerzige Lampen hintereinander zu schalten, die als „Serienlampen" von der Fabrik gekennzeichnet werden. Erlischt eine Lampe, so erlöschen sämtliche Lampen des gleichen Stromkreises. Zuweilen werden Gleichstrommaschinen zum Betrieb mit hochgespanntem Gleichstrom bei gleichbleibendem Strom hintereinander geschaltet. Durch Zu- oder Abschalten einer Maschine aus dem Stromkreis wird die Leistung geändert. Das Hintereinanderschalten von zwei Gleichstromerzeugern wird häufig in Dreileiteranlagen verwandt. Notwendig ist das Hintereinanderschalten einer Reihe von Akkumulatorenzellen, von denen jede Zelle nur eine Spannung von rd. 2 V hat, um eine Gebrauchspannung von 110 oder 220 V zu erhalten.

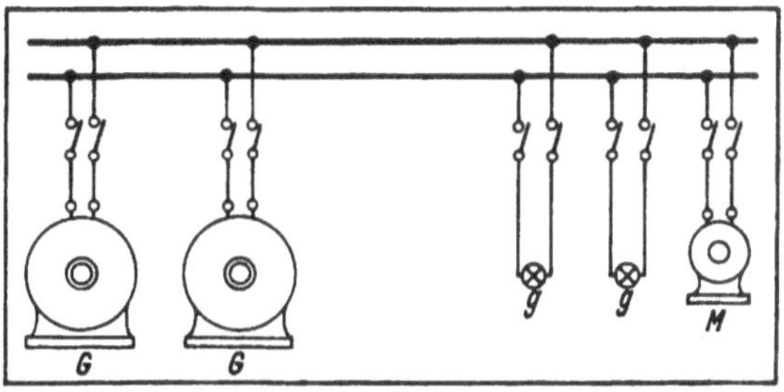


Bild 29. Parallelschaltung von Generatoren und Stromverbrauchern.

Für die Verteilung elektrischer Arbeit ist die einfachste Schaltung die *Zweileiterschaltung* mit einer Hin- und einer Rückleitung. An die beiden Leitungen werden die Verbraucher angeschlossen. Sie entspricht der ältesten Schaltungsanordnung, die für das Telegraphieren gebraucht wurde. Die Telegraphierschaltung wurde vereinfacht, indem die Erde als Rückleitung gewählt wurde. Dieser Weg ist für die Starkstromtechnik wenigstens für Gleichstrom nicht ohne weiteres gangbar, da starke Ströme in der Erde Schaden an Metallteilen wie Gas- und Wasserleitungen anrichten können. Geerdete Gleichstrom-Zweileiternetze benutzt aus wirtschaftlichen Gründen die Straßenbahn, indem sie die mit dem Erdboden in Verbindung stehenden Gleise zur Rückleitung des

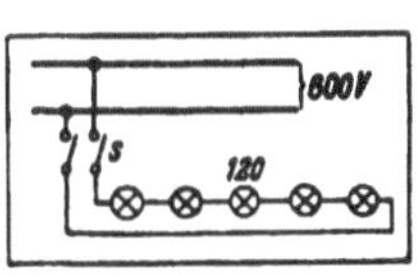


Bild 30. Hintereinander geschaltete Glühlampen.

Stroms benutzt, wobei Vorsichtsmaßnahmen getroffen werden, um das Entweichen von Strömen in den Erdboden möglichst zu verringern. Die Leistung wird durch das Produkt von Stromstärke und Spannung bestimmt. Um nicht gezwungen zu sein, zur Vermeidung von großen Verlusten bei hohen Stromstärken unwirtschaftlich starke Stromleitungen zu verwenden, wird die Spannung erhöht. Aus Sicherheitsgründen geht man für die Stromverbraucher, bei denen eine unwillkürliche Berührung nicht völlig ausgeschlossen ist, im allgemeinen nicht über Spannungen von 250 V hinaus. Die *Dreileiterschaltung* gestattet höhere Spannung für die Fernleitung des Stromes zu wählen, während die Stromverbraucher an niedere ungefährliche Spannung angeschlossen werden können. Bei der einfachsten Anordnung einer Dreileiterschaltung werden (Bild 31) zwei Gleichstrommaschinen hintereinander geschaltet. Die Stromkreise der beiden Maschinen werden so verkettet, daß die Rückleitung des einen Stromkreises mit der Hinleitung des anderen zu einer gemeinsamen Leitung vereint wird. Man erhält so drei Leitungen, von denen die beiden Außenleitungen *P* und *N* den positiven und den negativen Strom führen.

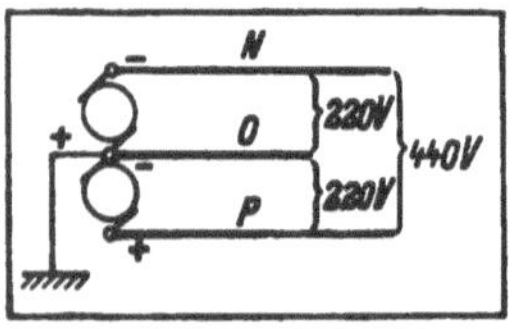

Bild 31. Dreileiterschaltung (Gleichstrom).

Die mittlere Leitung *O* führt den Unterschied der beiden Außenströme. Sind die Ströme in den beiden Außenleitungen gleich, die Belastung der beiden Netzhälften also gleich stark, so ist der Strom in dem Mittelleiter *O* null, der Leiter wird daher auch als Nulleiter bezeichnet. Da der Nulleiter im Verhältnis zu den Strömen in den Außenleitern gewöhnlich nur schwache Ströme führt, wird er schwächer, als die Außenleiter etwa von halbem Querschnitt der Außenleiter ausgeführt. Ist die Spannung zwischen den Außenleitern *N* und *P* 440 V, so ist sie zwischen *O* und *P* und zwischen *N* und *O* 220 V. Bogenlampen, Glühlampen, Heizapparate für Kochzwecke, Fächer und dgl. werden zwischen die Leitungen *O* und *P* oder O und N geschaltet. Größere Motoren, die nur von fachkundigen Leuten bedient werden, werden an die Außenleiter angeschlossen. Ist der Nulleiter durch Erdung (Bild 31) mit dem Erdboden in gut leitende Verbindung gebracht, so kann eine auf dem Erdboden stehende Person, die mit einer der Leitungen in Verbindung kommt, im regelrechten Betriebe keine höhere Spannung als 220 V erhalten, die im allgemeinen nicht für lebensgefährlich gehalten wird. Solche Anlagen dürfen als Niederspannungsanlagen behandelt werden, obwohl zwischen den Außenleitungen die als gefährlich angesehene Spannung 440 V vorhanden ist. Zuweilen wird als geerdeter Mittelleiter blanke Kupferleitung gewählt. Für Dreileiteranlagen genügt eine einzige Gleichstrommaschine, wenn durch Akkumulatoren oder besondere Spannungsteiler die Spannung geteilt wird.

Die Dreileiterschaltung läßt sich auch bei Wechselstrombetrieb verwenden, wenngleich sie hierfür seltener vorkommt, als bei Gleichstrombetrieb. Es genügt, an einem Transformator *Tr* (oder an einer Drosselspule) von der Mitte der Wicklung (Bild 32) den Nulleiter abzuzweigen.

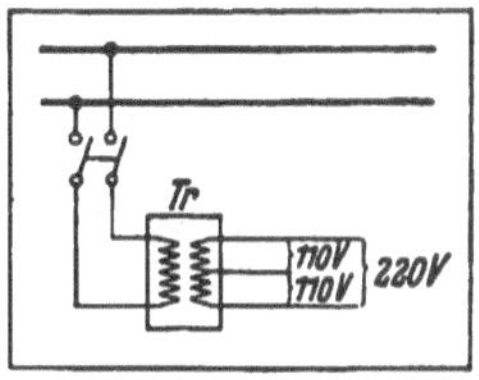

Bild 32. Dreileiterschaltung (Einphasenstrom).

Wesentlich verschieden von den beschriebenen Schaltungen, die für Gleich- und Einphasen-Wechselstrom verwendbar sind, ist die *Drehstromschaltung*. Die Drehstrommaschinen liefern (siehe Seite 17) drei Wechselstromkreise, in denen die Spannung eines jeden Kreises gegen die des anderen in Phase um 120° verschoben ist. Die drei Stromkreise können in sogenannter Dreieck- (△) oder Stern- (⅄) Schaltung verkettet werden. In Bild 33 sind drei Widerstände $R_1$ $R_2$ $R_3$ das eine Mal in △-Schaltung, das andere Mal in ⅄-Schaltung verbunden. Werden die so verbundenen Widerstände mit den Klemmen *A B C* an die drei Leitungen eines Drehstromnetzes mit der Spannung *E* angeschlossen, so werden bei △-Schaltung die Widerstände mit der vollen Spannung *E* bei ⅄-Schaltung mit einer Teilspannung $\frac{E}{\sqrt{3}}$ beansprucht. In ähnlicher Weise wie die drei Widerstände können die Wicklungen von Stromerzeugern, Transformatoren und dgl. in △- oder ⅄-Schaltung verbunden sein.

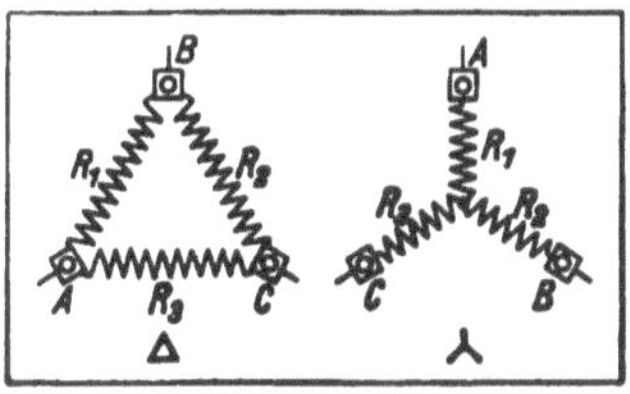

Bild 33. Dreieck- und Sternschaltung.

Eine Drehstromschaltung zeigt Bild 34. Vom Hochspannungsgenerator *G* gehen drei Leitungen zu den Schaltschienen *R S T*, an die der Transformator Tr mit den Oberspannungsklemmen *U V W* angeschlossen ist. Der Transformator ist in der Oberspannung in ⅄, in der Unterspannung, die die Gebrauchspannung ist, in △ geschaltet. Die Unterspannungsklemmen *u v w* sind in Verbindung mit den Niederspannungschienen *r s t*. An diese sind die Stromverbraucher, ein Drehstrom-

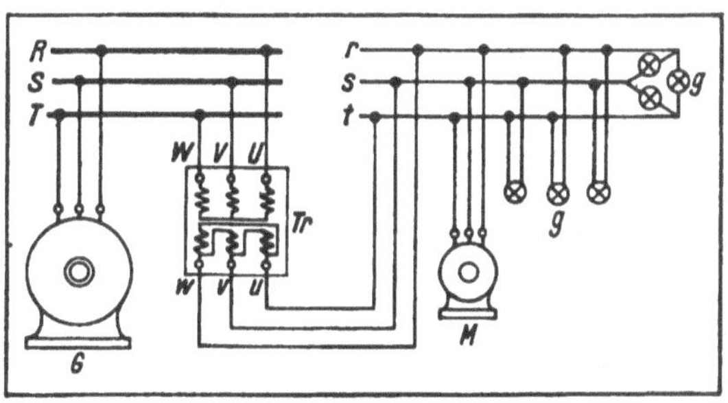

Bild 34. Drehstromschaltung.

motor *M* mit drei Leitungen und Glühlampen *g* einphasig in △-Schaltung angeschlossen.

Von der Dreileiterschaltung (Bild 31) unterscheidet sich die Drehstromschaltung wesentlich dadurch, daß keine der Leitungen eine Sonderstellung einnimmt. Die Spannung zwischen *r* und *t* ist die gleiche wie zwischen *t* und *s* und zwischen *s* und *r*. Die zwischen diese Leitungen geschalteten Glühlampen g werden mit gleicher Spannung beansprucht. Bei der Dreileiterschaltung hingegen ist die Spannung zwischen den zwei Außenleitern doppelt so hoch, wie zwischen einem Außen- und dem Mittelleiter. Sind die von den drei Drehstromleitungen *r s t* abgezweigten drei Stromkreise (gleicher Spannung) gleich belastet, so sind auch die Ströme in den Leitungen *r s t* gleich groß. Nennt man den Gesamtstrom in den von den Leitungen *r s* abgezweigten Leitungen $i_{rs}$, die übrigen entsprechend $i_{st}$ und $i_{tr}$ die Ströme in den Hauptleitungen $J_r$ $J_s$ $J_t$, so ist, bei gleich belasteten Zweigen, wenn $i_{rs} = i_{st} = i_{tr} = i$ ist, auch $J_r = J_s = J_t = J$. Zwischen *J* und *i* herrscht die Beziehung $J = i\sqrt{3}$. Eine solche Anlage gilt als Niederspannung, wenn die Spannungen im Unterspannungskreis also zwischen *r* und *s*, *s* und *t*, *t* und *r* 250 V nicht übersteigen.

Zuweilen, insbesondere bei Überlandwerken, wird ein Drehstromvierleitersystem (Bild 35) verwandt. Vom Nullpunkt *O* des in ⅄ geschalteten Generators *G* ist ein vierter Leiter, der Nulleiter, abgezweigt. Die Lampen *g* sind zwischen *O* und *r*, *O* und *s*, *O* und *t* geschaltet. Es entspricht dies der ⅄-Schaltung. Die Lampen erhalten so nicht die volle Netzspannung (Phasenspannung) *E*, die zwischen *r* und *s*, *s* und *t*, *t* und *r* herrscht, sondern nur die Teilspannung (Sternspannung) $\frac{E}{\sqrt{3}}$. Ist die Phasenspannung 380 V, so ist die Sternspannung der Lampen $\frac{380}{1,73}$ d. i. rd. 220 V. Wird der Nullpunkt *O*, wie in Bild 35 dargestellt, an Erde gelegt, so erhält keine der Leitungen eine 250 V übersteigende Spannung gegen Erde. Die Anlage gilt daher als Niederspannungsanlage. Motoren werden an die drei Leitungen *r s t* angeschlossen.

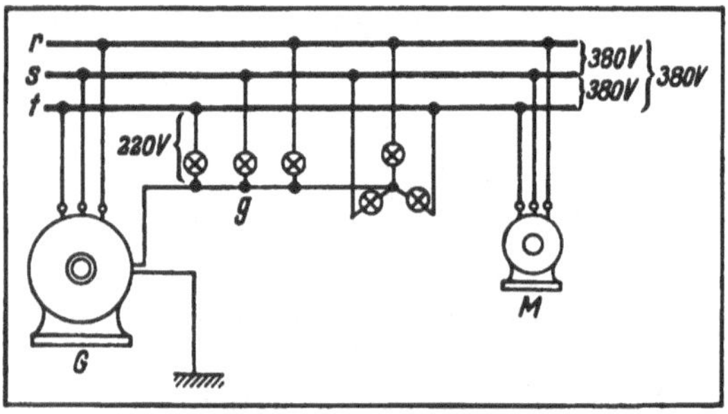


Bild 35. Drehstrom-Vierleiterschaltung.

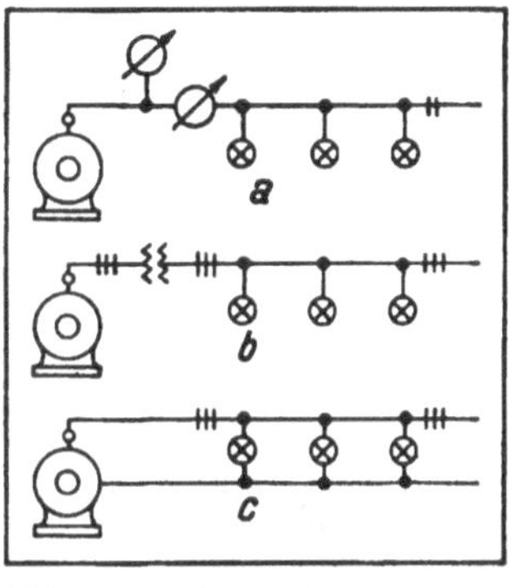


Bild 36. Einphasige Darstellung einer Drehstromschaltanlage.

In der Nulleitung (Bild 35) fließt kein Strom, wenn die Abzweigströme zwischen $O$ und den drei Leitungen $r\ s\ t$ untereinander gleich groß und phasengleich sind. Sind die gesamten Abzweigströme von den drei Leitungen $i_r,\ i_s,\ i_t$ gleich groß, $i_r = i_s = i_t = i$, so sind auch die Ströme in den Leitungen $r\ s\ t$: $J_r,\ J_s,\ J_t$ untereinander gleich $J_r = J_s = J_t = J$.

Der Einfachheit wegen werden in Schaltbildern die Doppel- oder Dreifachleitungen häufig nur einfach gezeichnet. Es bedeutet (Bild 36 a) eine Zweileiteranlage mit Strom- und Spannungszeiger und Anschluß von Glühlampen, b) ein Drehstromgenerator mit Transformator (entspr. Bild 34) und drei Netzleitungen und Anschluß von Glühlampen. c) zeigt einen Drehstromgenerator mit viertem Leiter entspr. Bild 35.

### *Spannungsverlust.*

Die Leitungen, durch die der Strom den Verbrauchern zugeführt wird, verlieren beim Stromdurchgang einen Teil der Spannung. Die Spannung zwischen den Leitungen von der Erzeugungsstelle gerechnet ist am Ende der Leitung geringer als am Anfang. Dieser Spannungsverlust muß in Rechnung gezogen werden, damit am Verbrauchsort die Spannung nicht unzulässig niedrig wird. Er hängt von der Stromstärke, dem Widerstand der Leitungen, bei Wechselstrom auch von der Art der Belastung (induktiv oder induktionsfrei) und von der Induktivität (magnetisierenden Wirkung) der Leitung ab. Für Wechselstromfreileitungen kommt letzterer insbesondere bei dem großen Abstand, den die Hochspannungsleitungen voneinander haben, in Betracht. Bei Leitungen in Innenräumen kann die Induktivität der Leitungen meist vernachlässigt werden.

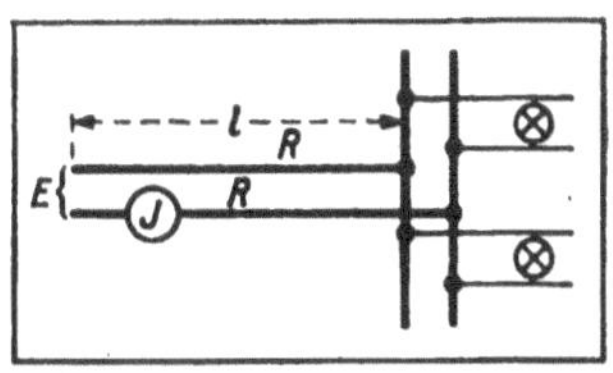


Bild 37. Schaltbild für Berechnung des Spannungsverlustes bei zwei Leitungen.

Für Gleichstrom und einphasigen Wechselstrom mit induktionsfreier Belastung ist der Unterschied der Spannungen am Anfang und Ende der Leitung im Zweileitersystem (Bild 37)

$$2\,J\,R = \frac{2\,J\,l}{\lambda\,q},$$

wenn $R$ der Widerstand einer Leitung von dem Querschnitt $q$ und der

Länge l, $J$ die Stromstärke und $\lambda$ die Leitfähigkeit (Seite 25) (für Kupfer $\lambda = 57$) ist.

Für Dreileiteranlagen treten bei gleicher Belastung der beiden Stromkreise (kein Strom in der Nulleitung) Spannungsverluste nur in den Außenleitungen auf. Er ist in diesen wie bei Zweileiteranlagen zu berechnen. Bei ungleicher Belastung der beiden Stromkreise, $J_1 \lesseqgtr J_2$, müssen die Spannungverluste für beide Stromkreise getrennt berechnet werden. Die Richtung des Stromes im Mittelleiter hängt bei ungleichen Strömen in den Außenleitern von deren Unterschied ab. Ist (Bild 38) $J_1 > J_2$, so hat der Strom im Mittelleiter gleiche Richtung mit $J_2$, ist $J_2 > J_1$, hat er gleiche Richtung mit $J_1$. Die Spannungsverluste in den beiden Leitungkreisen sind, wenn $R_1$ und $R_2$ die Widerstände der Außenleiter, $R_3$ der des Mittelleiters sind:

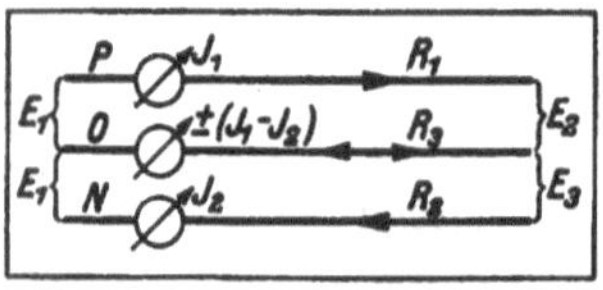


Bild 38. Schaltbild für die Berechnung des Spannungsverlustes in Dreileiteranlagen.

$$E_1 - E_2 = J_1 R_1 + (J_1 - J_2) R_3$$
$$E_1 - E_3 = J_2 R_2 + (J_2 - J_1) R_3$$

Es ergibt sich so der eigenartige Fall, daß bei sehr großer Ungleichheit der Ströme $J_1$ und $J_2$ sogar eine Spannungserhöhung an dem einen Ende der Netzhälfte auftreten kann. Man kann nämlich schreiben

$$E_1 - E_2 = J_1 (R_1 + R_3) - J_2 R_3$$
$$E_1 - E_3 = J_2 (R_2 + R_3) - J_1 R_3$$

Setzt man beispielsweise $R_1 = R_2 = R$ und $R_3 = 2 R$, so tritt für $E_3$ eine Spannungserhöhung ein, wenn $2 J_1 > 3 J_2$ ist. Wird, wie dies zuweilen geschieht, der Mittelleiter mit dem Außenleiter gleich stark gewählt, so tritt erst Spannungserhöhung für $E_3$ auf, wenn $J_1 > 2 J_2$ ist. Die Spannungserhöhung in der einen Netzhälfte (bei entsprechender Erniedrigung in der anderen Netzhälfte) ist also bei ungleichen Strömen in den Außenleitern um so größer, je größer der Widerstand in dem Mittelleiter ist.

Für Wechselstrom mit induktiver Belastung (Phasenverschiebung zwischen Strom und Spannung) ist bei Einphasenstrom (ein Stromkreis Bild 37) $E_1 - E_2 = 2 J R \cos \varphi = \frac{2 J l}{\lambda q} \cos \varphi$. Für Drehstrom ist bei *induktionsfreier Belastung*, wenn diese gleichmäßig über die drei Zweige verteilt ist:

$$E_1 - E_2 = J R \sqrt{3} = \frac{J l \cdot \sqrt{3}}{\lambda q}.$$

Wenn die drei Zweige ungleich belastet sind, so können ähnliche Verhältnisse wie bei Gleichstrom-Dreileiterschaltung auftreten.

Ist die Belastung der drei *Drehstromzweige induktiv* (z. B. Belastung mit asynchronen Motoren), so ist:

$$E_1 - E_2 = JR\sqrt{3}\cos\varphi = \frac{J\,l\,\sqrt{3}\cos\varphi}{\lambda q}.$$

Ein zu hoher Spannungsverlust macht sich in den Verbrauchern störend bemerkbar. Die Lampen brennen dunkler, die Motoren ziehen weniger kräftig an und verlieren an Leistungsfähigkeit. Es wird daher meist vorgeschrieben, daß der Spannungsverlust eine bestimmte Größe nicht überschreiten darf. Zuweilen wird diese Grenze in Prozenten der Netzspannung $E_1 - E_2 = \frac{p}{100} E_1$ angegeben, zuweilen wird vorgeschrieben, daß der Verbrauch in den Leitungen einen bestimmten Prozentsatz der abzunehmenden Leistung nicht überschreiten darf (bei Einphasenstrom z. B. $J^2R = \frac{p}{100} J\,E\cos\varphi$). Der Mindestquerschnitt der Kupferleitung, bei dem die Leitungen den an den Spannungsverlust gestellten Forderungen genugen, kann nach obigen Formeln errechnet werden. In nachstehender Tafel sind die Mindestquerschnitte für die einzelnen Forderungen errechnet.

Mindestquerschnitte der Leitungen bei gegebenem Spannungsverlust.

| Stromart | Spannungsverlust $E_1—E_2$ zwischen Anfang und Ende der Leitung | Mindestquerschnitte q der Leitungen bei gegebenem höchstzulässigen Spannungsverlust $E_1—E_2$ | Spannungsverlust $E_1—E_2 = \frac{p}{100} E_1$ | Prozentsatz p des Leistungsverlustes in den Leitungen |
|---|---|---|---|---|
| Gleichstrom | 2 J R | $\frac{2\,J\cdot l}{\lambda\,(E_1—E_2)}$ | $\frac{200\,J\cdot l}{\lambda\,p\,E_1}$ | $\frac{200\,J\cdot l}{\lambda\,p\,E_1}$ |
| Einphasenstrom a) induktionsfreie Belastung | 2 J R | $\frac{2\,J\cdot l}{\lambda\,(E_1—E_2)}$ | $\frac{200\,J\cdot l}{\lambda\,p\,E_1}$ | $\frac{200\,J\cdot l}{\lambda\,p\,E_1}$ |
| b) induktive Belastung | 2 J R cos φ | $\frac{2\,J\cdot l\cos\varphi}{\lambda\,(E_1—E_2)}$ | $\frac{200\,J\cdot l\cdot\cos\varphi}{\lambda\,p\,E_1}$ | $\frac{200\,J\cdot l}{\lambda\,p\,E_1\cos\varphi}$ |
| Drehstrom a) induktionsfrei | J R 1,73 | $\frac{J\cdot l\cdot 1{,}73}{\lambda\,(E_1—E_2)}$ | $\frac{J\cdot l\cdot 173}{\lambda\,p\,E_1}$ | $\frac{173\,J\cdot l}{\lambda\,p\,E_1}$ |
| b) induktive Belastung | J R 1,73 cos φ | $\frac{J\cdot l\cdot 1{,}73\cos\varphi}{\lambda\,(E_1—E_2)}$ | $\frac{J\cdot l\cdot 173\cos\varphi}{\lambda\,p\,E_1}$ | $\frac{173\,J\cdot l}{\lambda\,p\,E_1\cos\varphi}$ |

(Bei Verwendung von Kupferleitungen ist $\lambda = 57$, bei Aluminium $\lambda = 32$, bei Eisen $\lambda = 7$ zu setzen.) Die Kupferquerschnitte müssen, damit die Erwärmung nicht zu hoch steigt, den an die Belastbarkeit gestellten Vorschriften und den Vorschriften über mechanische Festigkeit genügen.

### *Diagramm.*

Die Berechnung von Strömen, Spannungen, Leistungen, Phasenverschiebungen usw. können in Wechselstrombetrieben wegen der umständlichen Rechnungen zuweilen große Schwierigkeiten machen. Alle Vorgänge in der Natur, die sinusförmig verlaufen, lassen sich durch ein Diagramm darstellen. Wechselstrommaschinen werden, um unangenehme Nebenwirkung bei abweichender Kurvenform zu vermeiden, so hergestellt, daß sie sinusförmigen Verlauf der Spannung geben (Seite 14). Spannungen und Ströme können daher durch gerichtete Strecken, Vektoren, die in Länge und Richtung, Größe der Spannungen oder der Ströme und deren Phasenunterschiede angeben, dargestellt werden.

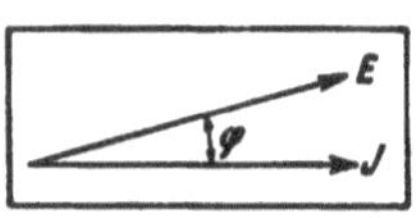

Bild 39. Spannung und Strom im Diagramm dargestellt.

Die Zeit, die während einer Periode des sinusförmigen Wechselstroms verläuft (also bei Frequenz 50 in $^1/_{50}$ Sekunde), kann man statt in Bruchteilen von Sekunden zu messen, in Winkelgrade teilen und eine Periode durch 360 Grade ersetzen. (Ist die Frequenz $n$, so ist die Zeitdauer einer Periode $T = \frac{1}{n}$, diese Zeitdauer wird in $360^0 = 2\,\pi$ geteilt. Wird ein Augenblick herausgegriffen, in dem gegen den Nullwert die Verschiebung $\varphi$ vorhanden ist, und wird der Bruchteil von $T$, der vergangen ist, bis die Phase $\varphi$ erreicht ist, mit $t$ bezeichnet, so ist $\varphi : 2\,\pi = t : T$ oder $\varphi = 2\,\pi \frac{t}{T} = 2\,n\,\pi\,t$).

In Bild 11 sind eine Spannung $E$ und ein nacheilender Strom $J$ entsprechend ihrem sinusförmigen Verlauf dargestellt. Die gleichen Größen gibt in anderer Darstellung das Diagramm Bild 39. Sind zwei Spannungen oder zwei Ströme der Größe und Richtung nach zu addieren, so kann dies wie bei Summierung von Kräften geschehen (Parallelogramm der Kräfte). Die Summe der beiden Spannungen $e_1$ und $e_2$ (Bild 40) ergibt die Spannung $OC = E$. Es genügt, $e_2$ der Größe und Richtung nach (d. h. $\parallel e_2$) an $e_1$ d. h. $OB$ an $OA$ anzutragen. $AC$ gleich und parallel $OB$. Entsprechend findet man, daß Spannung $AB = e_2 - e_1$ ist. Die Spannungen $AB$ und $AD$

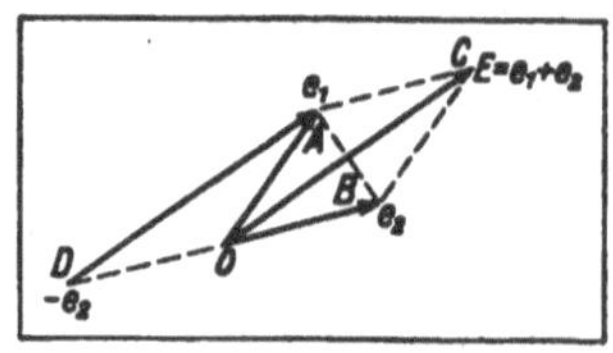

Bild 40. Zusammensetzen von Spannungen im Diagramm.

stehen, wenn $e_1 = e_2$ ist, senkrecht aufeinander (Phasenverschiebung 90°). In ähnlicher Weise können beliebig Spannungen oder Ströme verschiedener Richtung (phasenverschoben) zusammengesetzt werden.

Für die drei um 120 Phasengrade verschobenen Drehstromspannungen $e_1$, $e_2$, $e_3$ lassen sich die Spannungsgrößen (Vektoren) der Größe und Richtung nach durch das Diagramm Bild 41 veranschaulichen. Es ist der Größe nach $OA = OB = OC = e_1 = e_2 = e_3 = e$. Durch Parallelverschiebung der Spannungsvektoren erhält man (Bild 41a) das Diagramm in Dreieckform. Da die aneinandergefügten Vektoren ein geschlossenes Dreieck bilden, ist zu folgern, daß die Summe der drei Drehstromspannungen (Sinusform vorausgesetzt) Null ist. Die Verbindungsstrecke

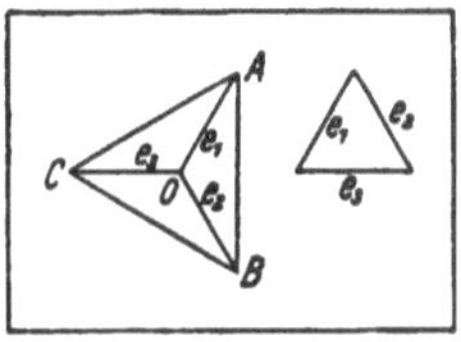


Bild 41. Drehstromdiagramme.

$AB$ stellt die Differenz der Spannungsvektoren $e_2$ und $e_1$ (unter Berücksichtigung von deren Phasenverschiebung) dar, $BC$ die Differenz von $e_3$ und $e_2$, $CA$ die von $e_1$ und $e_3$. Wie eine einfache Rechnung ergibt, ist $AB = OA\sqrt{3} = e\sqrt{3}$. $OA = OB = OC$ sind die Sternspannungen, $AB = BC = CA = E$ die Phasenspannungen. Es ist also $E = e\sqrt{3}$, $e = \frac{E}{\sqrt{3}}$.

### *Meßgeräte.*

Die Elektrotechnik verfügt über Meßeinrichtungen, die an Mannigfaltigkeit und Genauigkeit kaum von einem anderen Zweige der Technik übertroffen werden. Die Wandelbarkeit elektrischer Arbeit in Bewegungs-, Licht-, Wärmearbeit ließ vielgestaltige Geräte schaffen, um alle Vorgänge leicht erkennbar zu machen und je nach Bedürfnis mit mehr oder weniger Genauigkeit zu messen. Infolge der leichten Fortführung des elektrischen Stromes lassen sich die Meßgeräte in handlicher Ausführung an jedem gewünschten passenden Ort aufstellen. Meßgeräte werden hergestellt, die sowohl die feinsten weniger als ein Millionstel Ampere betragenden Ströme in wissenschaftlichen Meßgeräten als auch die nach Tausenden von Ampere zählenden Ströme und hunderttausende Volt genau angeben. Die Entwicklung der elektrischen Meßtechnik, mit der man allen Verlusten nachspüren und Fehler aufdecken kann, hat wesentlich zur Vervollkommnung aller elektrischen Einrichtungen beigetragen. Um den Ausbau der Meßgeräte für wissenschaftliche und technische Zwecke in der Schwachstrom- und Starkstromtechnik hat sich in hervorragender Weise die Siemens & Halske A.-G. verdient gemacht.

Die Forderungen, die an brauchbare Meßgeräte gestellt werden, sind je nach den Verhältnissen verschieden. Sind die Ansprüche im einzelnen nicht hoch, so ist es zwecklos, teure Meßgeräte zu nehmen, die den höchsten Ansprüchen genügen. Bestimmte Forderungen sind jedoch an alle Meßgeräte zu stellen, da von ihnen vielfach die Sicherheit der Anlage abhängt. Handelt es sich um Haftpflichtmessungen, um bei einer neuen Anlage festzustellen, ob die Lieferungen voll den gestellten Forderungen genügen oder um eingehende Messungen in Versuchsfeldern, so dürfen die Genauigkeitsangaben der Meßgeräte nicht unter rd. 1 vH Abweichungen gehen, bei Spannungsmessern im Betrieb sind *Genauigkeitsgrenzen* von 2 vH zu fordern, um hiernach die Netzspannung zu regeln, die insbesondere bei Lichtanschluß vom regelrechten Werte nicht zu stark abweichen darf. Bei Betrieb von Motoren, wobei man sich durch die Meßgeräte überzeugen will, ob der Motor in Ordnung ist und wie hoch angenähert die Belastung ist, genügt eine Genauigkeitsangabe von rd. 5 vH.

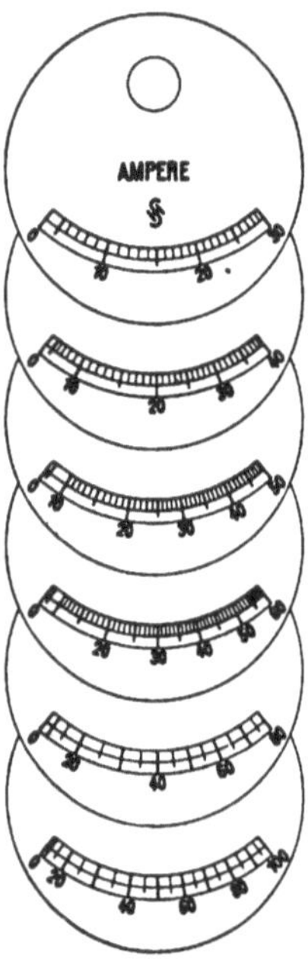


Bild 42. Skalenmuster für Strommesser.

Die Zeiger der Meßgeräte sollen sich schnell und sicher ohne viel Schwingungen einstellen, was durch magnetische, elektrische oder mechanische *Dämpfung* erreicht wird. Trotz der guten Dämpfung muß die Einstellung auf den richtigen Wert sicher sein, das Meßgerät darf keine Reibung haben. Bei Reibung in den Lagern würde sich das Gerät erst nach Beklopfen richtig einstellen. Bei stark schwankendem Betrieb werden stark gedämpfte Meßgeräte verwendet.

Die *Skala* für die Zeigerablesung muß so hergestellt oder ausgewählt werden, daß in dem Bereich, in dem gemessen wird, die Ablesung genügend genau ist (Bild 42). Bei Hitzdrahtmeßgeräten stimmen die Skalen für Wechselstrom- und Gleichstrombetrieb überein. Auch Weicheisenmeßgeräte der Siemens & Halske A.-G. geben für beide Stromarten praktisch übereinstimmende Angaben. Einzelne Meßgeräte wie die Drehspulgeräte sind nur für Gleichstrom, sog. Ferrarismeßgeräte sind nur für Wechselstrom geeignet.

Die Meßgeräte müssen ferner genügend *isoliert* sein, um elektrische Überschläge im Betrieb zu verhindern. In den Meßgeräten der Siemens & Halske A.-G. wird zwischen Stellen, die die volle Spannung führen, der Luftabstand nicht unter 3 mm, auf Kriechstrecken wird der Abstand nicht unter 7 mm gewählt. Die Meßgeräte selbst werden mit 2000 V auf Durchschlag zwischen Klemmen und Gehäuse geprüft. Nur wasserfeste Isolierstoffe dürfen verwandt werden, die unveränderlich ihre

Form behalten. Die Geräte dürfen sich im Betrieb nicht überstark erwärmen, durch zulässige Erwärmung dürfen die Angaben nicht wesentlich beeinflußt werden.

Bei festem Einbau der Meßgeräte z. B. in die Schalttafeln ist es selbstverständlich, daß die einzelnen Meßwerte, Zeigerausschläge am Gerät unmittelbar abzulesen sind. Auch für veränderliche Aufstellung, z. B. zum Prüfen von Motoren, zum Nacheichen der Schalttafelmeßgeräte u. dgl. werden die erforderlichen Meßgeräte jetzt allgemein so gebaut, daß man, ohne die Meßgeräte berühren zu müssen, die Werte ablesen kann. Solche Berührung während der Messung verbietet sich unbedingt bei Hochspannungsmeßgeräten.

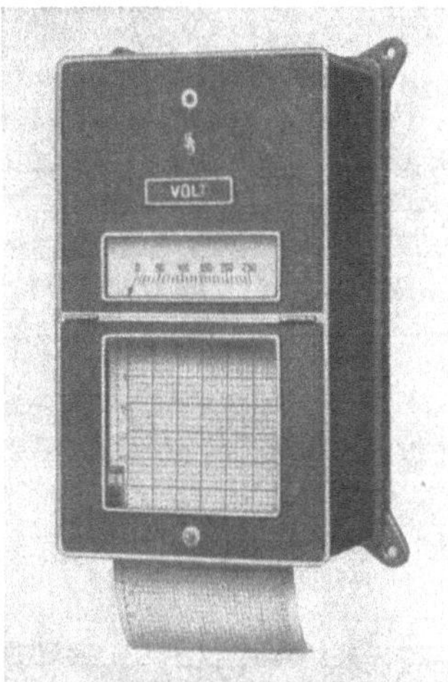

Bild 43. Registrierender Spannungsmesser.

Zuweilen wird verlangt, daß durch die Meßgeräte nicht bloß vorübergehend die Größe des Stroms, der Spannung, der Leistung usw. angezeigt wird, sondern daß die Werte mit allen ihren zeitlich auftretenden Änderungen aufgezeichnet werden. Hierfür dienen die *registrierenden Meßgeräte* (Bild 43). Schreibfedern zeichnen langsam veränderliche Vorgänge in geraden Koordinaten auf Registriertrommeln oder ablaufende Streifen oder für schnell veränderliche Vorgänge mit Funkenregistrierung auf.

Für besondere Zwecke, z. B. zur Aufstellung in feuchten Räumen, für Schiffe, Gruben, chemische Betriebe usw. werden die Meßgeräte *wasserdicht* abgeschlossen. Für die Tropen wird dem tropischen feuchtwarmen Klima Rechnung getragen.

Der *Eigenverbrauch* der Meßgeräte soll gering sein. Die Form soll gefällig, das Aussehen für eine Anlage einheitlich durchgeführt sein. Vielgestaltig ist dementsprechend die Formgebung, z. B. runde Meßgeräte, Profilmeßgeräte, Meßgeräte in Sektorform usw.

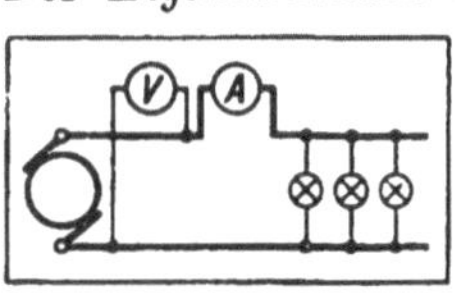

Bild 44. Schaltung von Strom- und Spannungszeiger.

*Strommesser* A und *Spannungsmesser* V bilden in der einfachsten Schaltung (in Bild 44 dargestellt) die wichtigsten und verbreitetsten Meßgeräte zur Regelung einer Anlage. In Gleichstromanlagen genügen sie auch, um die Leistung der Stromerzeuger oder Verbraucher festzustellen. Die Strommesser werden entweder unmittelbar in den Stromkreis oder im Nebenschluß zu einem Meßwiderstand (Bild 45) geschaltet. Im letzteren Falle ist es unter Verwendung eines geeigneten Umschalters (Bild 46) möglich, mit einem Strommesser der Reihe nach die Stromstärken in verschiedenen Stromkreisen zu messen. Durch die Verwendung der Nebenschlußwiderstände, wobei nur ein Teilstrom durch das Meßgerät geht, ist es möglich, den Strommesser an beliebiger geeigneter Stelle unbeeinflußt von schädlichen Fernwirkungen der Starkstromschienen an der Schalttafel aufzustellen. Der Verwendungsbereich der Strommesser wird durch Verwendung der Nebenschlüsse bedeutend erhöht. Ströme von Tausenden von Ampere können gemessen werden, ohne daß der starke Strom in die Meßgeräte eingeführt wird. Für Wechselströme tritt an Stelle der Nebenschlußwiderstände der Stromwandler (Bild 47), bei dem der Strommesser im gesonderten Stromkreis liegt. Transformatorisch werden im geschlossenen Stromkreis des Strommessers Ströme erzeugt, die dem Strom in der Hauptleitung proportional sind. Bei entsprechender Bemessung des Stromwandlers und der Meßleitungen zwischen Wandler und Meßgeräten können außer dem Strommesser noch die Stromspulen der Leistungsmesser und Zähler angeschlossen werden. Der sekundäre Stromkreis, in dem das Meßgerät liegt, wird in Hochspannungsbetrieben geerdet, wie dies den Vorschriften des V.D.E. entspricht, so daß ein solches geerdetes Meßgerät ungefährdet berührt werden kann. Zum Schutz gegen Wanderwellen kann hochspannungsseitig parallel zur primären Wicklung ein Widerstand oder eine Schutzfunkenstrecke gelegt werden. Wird das Meßgerät abgenommen, so wird sekundär der Wandler kurzgeschlossen, um eine Drosselwirkung durch die primäre Wicklung im Betriebe zu verhindern. Mit Hilfe von Stromwandlern können beliebig

Bild 45. Stromzeiger im Nebenschluß zu einem Meßwiderstand.

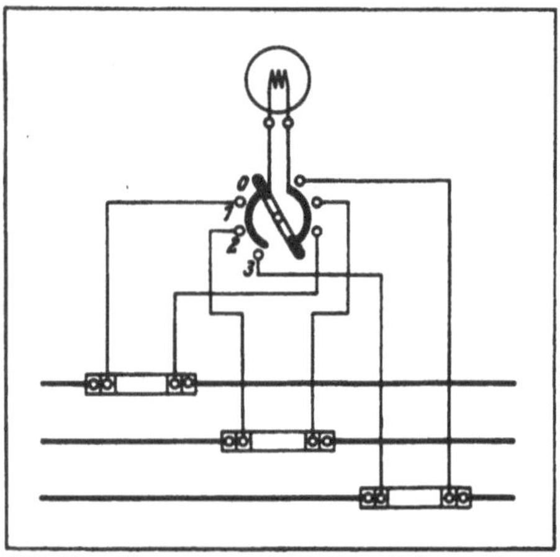


Bild 46. Stromzeiger mittels Umschalter auf verschiedene Stromkreise schaltbar.

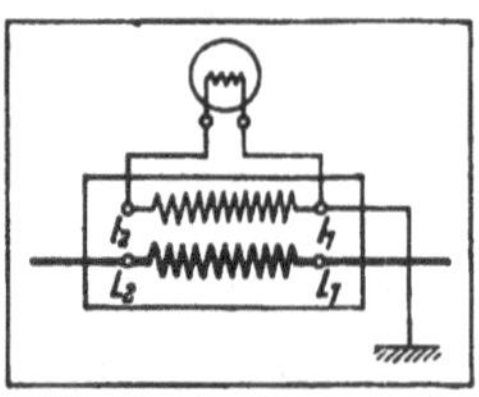

Bild 47. An Stromwandler angeschlossener geerdeter Strommesser.

hohe Ströme bei den höchsten vorkommenden Spannungen gefahrlos gemessen werden. Die Klemmenbezeichnungen der Wandler $L_1$ $L_2$ im Netzstromkreis, $l_1$ $l_2$ im Meßstromkreis werden so gewählt, daß $L_1$ in der Richtung zum Stromerzeuger, $L_2$ in Richtung zum Stromverbraucher liegt.

*Spannungsmesser* sind überall dort erforderlich, wo Spannungen genau einzuhalten oder zu prüfen sind. Erforderliche Vorschaltwiderstände sind in das Meßgerät eingebaut, oder sie werden getrennt angebracht. Durch verschiedene Vorschaltwiderstände kann der Meßbereich der Spannungsmesser geändert werden. In Wechselstrombetrieben werden bei hohen Spannungen diese durch Spannungswandler auf geringe Spannung herabtransformiert, wie dies in dem Schaltbild (Bild 48) dargestellt ist. Der Stromkreis des Meßgeräts ist so von dem Hochspannungskreise getrennt und kann den Verbandsvorschriften entsprechend geerdet werden. In die Leitungen des Meßwandlers werden Sicherungen s eingeschaltet, um Wandler und das Netz bei etwaigem Kurzschluß zu schützen. Spannungswandler können für die höchsten vorkommenden Spannungen hergestellt werden. Es können bei dem geringen Eigenverbrauch der Meßgeräte mehrere Meßgeräte gleichzeitig an den gleichen Spannungswandler angeschlossen werden. Für verschiedene Frequenzen werden sie verschieden ausgeführt, doch sind die etwa für die Frequenz 50 hergestellten Wandler noch für Frequenzen 40—60 verwendbar. In der Oberspannung werden die Klemmen mit UV, in der Unterspannung mit uv bezeichnet. Die Erdungsleitung wird an Klemme v angeschlossen.

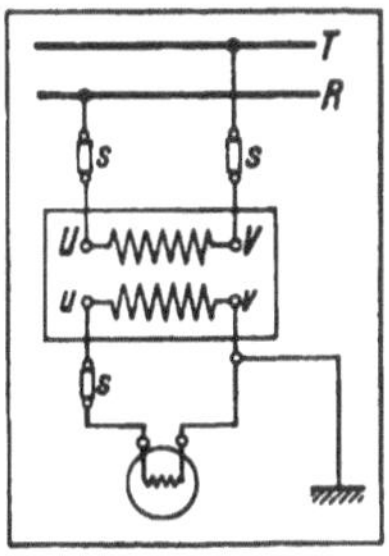


Bild 48. Geerdeter Spannungsmesser im Anschluß an einen Spannungswandler.

Strom- und Spannungszeiger, wie sie auf Schalttafeln gebräuchlich sind, zeigen die Bilder 49 und 50. Bild 51 zeigt ein Meßgerät in Profil-

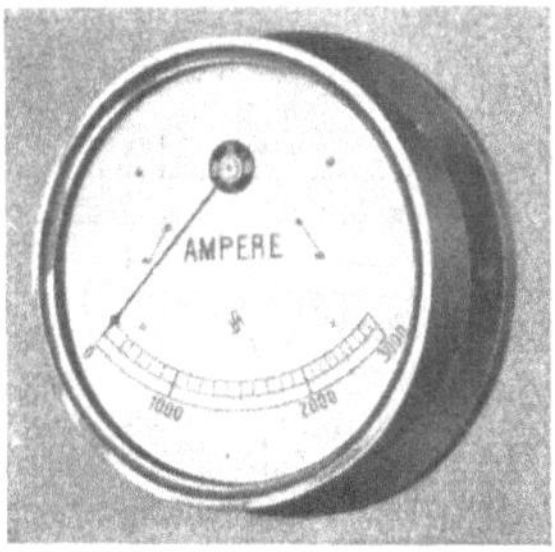


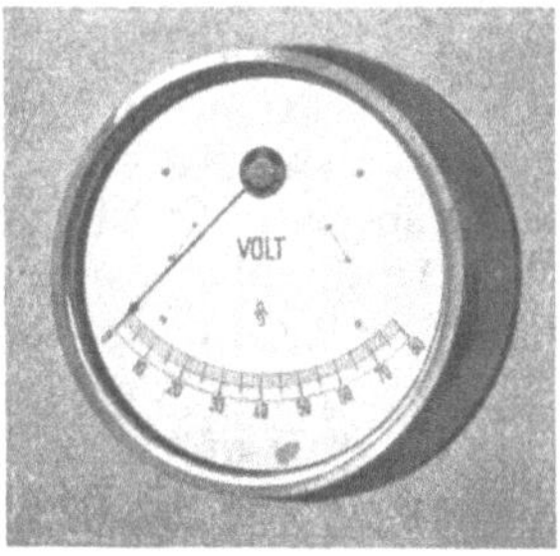


Bild 49 und 50. Strom- und Spannungsmesser (Schalttafelgeräte).

Bild 51. Profilform von Strom- u. Spannungszeigern.

form, wie es für Sonderzwecke, insbesondere bei Platzmangel, Verwendung findet. Einen Stromwandler für Stromkreise von 5000 V bei einer Stromstärke von 100—350 A zeigt Bild 52. Die Anschlußklemmen für den Hochspannungskreis sind von denen für den zu erdenden Meßstromkreis durch einen Porzellanisolator getrennt. Einen Spannungswandler für Einphasenstrom zeigt Bild 53.

Bild 52. Stromwandler für 100—350 A bei 5000 V.

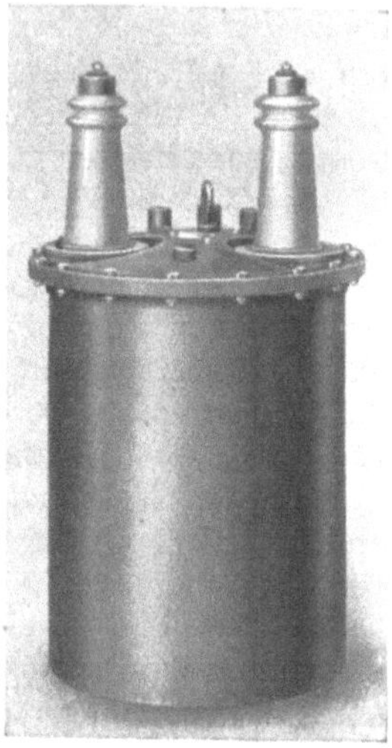

Bild 53. Spannungswandler für 10000 V.

*Hitzdrahtmeßgeräte* für Strom- und Spannungsmessungen zeigen bei Gleich- und Wechselstrom übereinstimmende Angaben, sind von der Frequenz des Wechselstroms nahezu unabhängig und werden von elektrischen oder magnetischen Feldern nicht beeinflußt. Die Hitzdrahtmeßgeräte haben einen gespannten Draht, dessen durch die Wärmewirkung des Stroms veränderte Durchbiegung für die Anzeigevorrichtung benutzt wird. In Gleichstrombetrieben kann aus Spannung und Strom durch Multiplikation ($E \times J$) unmittelbar die Leistung errechnet werden. In Wechselstrombetrieben bei Auftreten von Blindleistungen (Seite 40) erhält man durch solche Multiplikation nur die Scheinleistung. Die Nutzleistung ist in Einphasenbetrieben $J\ E \cos \varphi$, in Drehstrombetrieben $J\,E \cos \varphi \sqrt{3}$. Diese Nutzleistung wird durch *Leistungsmesser* angezeigt. Die Schaltung eines Leistungsmessers für Einphasenstrom ist aus Bild 54 zu ersehen. Der Leistungsmesser erhält eine Stromspule, die vom sekundären Strom des Stromwandlers durchflossen wird und eine Spannungsspule, an die unter Vorschalten eines Widerstandes $R$ die Spannung gelegt wird. Die Schaltung für die Drehstromleistungsmesser ist verschieden, je nachdem die Leistung bei gleichmäßiger Belastung der drei

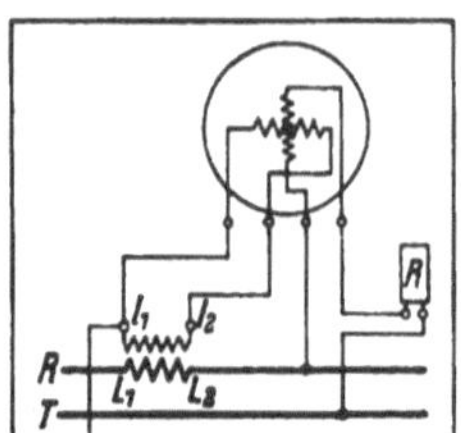


Bild 54. Schaltbild für einen Einphasen-Leistungsmesser mit Stromwandler.

Zweige oder bei ungleich belasteten Zweigen gemessen werden soll. Bei ungleicher Belastung der drei Drehstromzweige kann man die Leistung der drei Zweige einzeln messen und die Teilleistungen addieren. Es genügt, zwei Messungen auszuführen, die bei entsprechender Schaltung zusammen die Gesamtleistung ergeben (Bild 55). Die Leistungsmesser erhalten Strom- und Spannungswicklung. Das eine Gerät wird vom Strom $J_1$ durchflossen, die Spannungsspule unter Vorschalten von Widerstand $R$ an den Spannungskreis von $E_2$ gelegt, das zweite Gerät liegt im Stromkreis von $J_2$, die Spannungsspule erhält die Spannung $E_1$. Soll gleich die Gesamtleistung abgelesen werden, so werden die beiden Geräte vereint in einem Gehäuse untergebracht. Bei gleich belasteten Drehstromzweigen genügt ein einziges Gerät zur Angabe der gesamten Drehstromleistung. Eine Schaltung hierfür ist aus Bild 56 ersichtlich. Die drei Widerstände $R_1$, $R_2$, $R_3$, von denen ersterer mit der Spannungsspule des Leistungsmessers hintereinandergeschaltet ist, werden an die Drehstromleitungen angeschlossen. Steht für Prüfungen nur ein Leistungsmesser zur Verfügung, so werden zwei Messungen nacheinander vorgenommen, indem das Meßgerät durch passende Umschalter ohne Stromunterbrechung der Leistungsmesser auf die beiden Stromleitungen geschaltet wird. Bild 57 zeigt einen Leistungsmesser für Schalttafeln. Die Skala ist links über die Nullstellung erweitert, um bei parallel arbeitenden Stromerzeugern zu ersehen, ob etwa Leistungsaufnahme stattfindet.

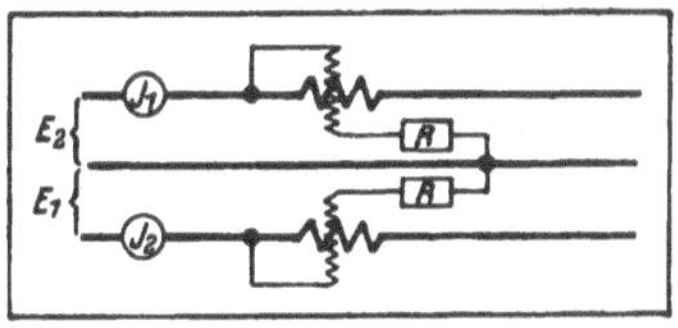


Bild 55. Schaltung zum Messen der Drehstromleistung bei ungleicher Belastung der drei Drehstromzweige.

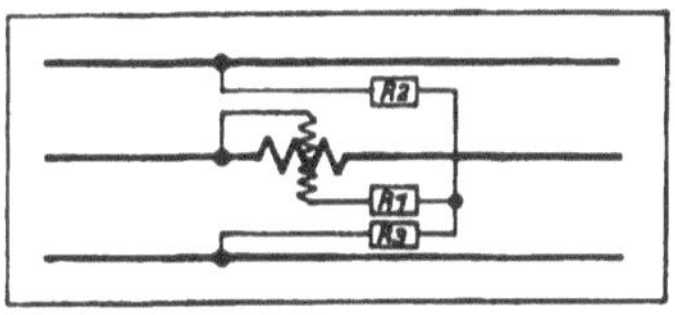


Bild 56. Schaltung für Drehstromleistung bei gleicher Belastung der drei Drehstromzweige.

Bei parallel an das gleiche Netz angeschlossenen Maschinen kann nach den Angaben der Leistungsmesser die Last der einzelnen Maschinen geregelt und verteilt werden. Aus der Höhe des Stroms, der Spannung und der Leistung kann der Leistungsfaktor (cos $\varphi$) errechnet werden. Bei parallel laufenden Maschinen ist die Kenntnis des Leistungsfaktors der einzelnen Maschinen von Wert. Sollen nutzlose Ausgleichströme zwischen den Wechselstromerzeugern vermieden

Bild 57. Leistungsmesser.

werden, so sind deren Gleichstromerregungen so zu regeln, daß die Maschinen mit gleichem Leistungsfaktor arbeiten.
Wenngleich rechnerisch aus Leistung, Strom und Spannung sowohl bei Einphasen- als auch bei Drehstromanlagen der Leistungsfaktor ($\cos \varphi$) berechnet werden kann, wird der leichteren Übersicht wegen zuweilen ein *Phasenmesser* eingebaut, an dem unmittelbar der $\cos \varphi$ abgelesen werden kann. Die Schaltung ähnelt der der Leistungszeiger, indem Strom- und Spannungsleitungen nötigenfalls unter Verwendung von Wandlern in das Meßgerät eingeführt werden. Ähnlich den sonstigen Meßgeräten werden die Phasenzeiger in runder Ausführung oder als Profilmeßgeräte hergestellt.
Bezahlt wird von den Verbrauchern die elektrische Arbeit $E\,J\,T \cos \varphi$, bei Drehstrom $E\,J\,T \cos \varphi \sqrt{3}$. in $kWh$. Diese Arbeit wird durch die *Elektrizitätszähler* gemessen. Bei der großen Anzahl verschiedener Verbraucher, denen die elektrische Arbeit zugemessen werden muß, ist der Zähler das verbreitetste Meßgerät, das in mannigfaltiger Form den Bedürfnissen entsprechend gebaut wird.
Die Zähler werden gewöhnlich so hergestellt, daß sie bei rd. 1 vH der Nennlast sicher anlaufen und bei einer durchlaufenden Last von 10 bis 100 vH der Nennlast höchstens 4 vH Abweichung haben, was den behördlichen Vorschriften entspricht, daß sie ferner nur geringen Eigenverbrauch aufweisen, der bei kleineren Zählern rd. 1,5 W, aber selbst beispielsweise bei Drehstromdreileiterzählern für 3 × 100 A einschließlich Nebenschlußwiderstand insgesamt nur rd. 7,5 W beträgt. Abgelesen wird die verbrauchte Arbeit in der Regel unmittelbar in Kilowattstunden (kWh), springende Zahlen geben den Verbrauch ziffernmäßig an. Bei Beleuchtungsanlagen ist erfahrungsgemäß in der Regel nur ein Bruchteil der Lampen gleichzeitig eingeschaltet. Es brauchen in solchen Fällen nicht Zähler für den gesamten Anschlußwert der Lampen aufgestellt werden. Die SSW-Zähler vertragen Überlastungen, so daß sie auch für den seltenen Fall, daß alle Lampen eingeschaltet sind, nicht versagen und Schaden leiden. Wird der Verbrauch pauschal verrechnet, während Überlastungen zwar zugelassen, aber besonders berechnet werden sollen, so werden *Spitzenzähler* verwandt, die nur den eine bestimmte Belastungsgrenze überschreitenden Verbrauch messen. Wird die elektrische Arbeit zu verschiedenen Zeiten verschieden bewertet, höher zur Zeit der Höchstbelastung des Werks, niedriger in der Zeit, in der das Werk nur gering belastet ist, so werden *Doppeltarifzähler* mit zwei Zählwerken verwendet, die zu bestimmten festgelegten Zeiten abwechselnd mittels einer getrennt aufgestellten Uhr mit der Achse des Zählers gekuppelt werden. Um die Belastung in zeitlicher Folge etwa alle Viertelstunden festzulegen, verwendet man *Maximumzähler*. Bei diesen wird ein über ein Zifferblatt gleitender Zeiger durch einen mit dem Zählwerk verbundenen Mitnehmer

fortbewegt und viertelstündlich entkuppelt. Wird die elektrische Arbeit pauschal berechnet, ist es aber nicht gestattet, eine bestimmte Grenze in der Abnahme zu überschreiten, so genügt es, *Strombegrenzer* einzubauen. Diese unterbrechen bei Überschreiten der eingestellten Belastungsgrenze die Stromlieferung periodisch, und zwar mittels eines Hauptstrommagneten oder durch Hitzdraht und Nebenschlußmagnet. Bei großer Überlastung wird die Anlage abgeschaltet. Durch Drücken auf einen Knopf kann nach Beseitigung der Überlastung der regelrechte Betriebszustand des Strombegrenzers wieder hergestellt werden.

In Gleichstrombetrieben mit gleichbleibender Netzspannung wird der Verbrauch schon durch $J\,t$, also die Amperestunden bestimmt. Es

Bild 58. Amperestundenzähler, offen und geschlossen.

genügen einfache *Amperestundenzähler*. In Bild 58 ist ein solcher, als Magnetmotorzähler ausgeführt, dargestellt. In der offenen Darstellung sind die Magnetspulen und die Dämpfungsscheibe sichtbar, deren farbige Marke auch nach Abschluß des Zählers sichtbar ist, so daß an der Bewegung der Marke der Lauf des Zählers zu prüfen ist. Bei veränderlicher Spannung sind auch bei Gleichstrombetrieb *Wattstundenzähler* erforderlich, wobei Strom- und Spannungsleitungen in den Zähler eingeführt werden. Bei Dreileiterbetrieb werden die beiden Außenströme in den Zähler eingeführt und für den Spannungsstromkreis entweder die Außenspannung oder eine der Spannungen zwischen dem Nullleiter und einer Außenleitung benutzt.

Wechselstromzähler für Einphasenstrom und Drehstrom für induktive (Motor-) Belastung sind stets als Wattzähler ausgebildet. *Drehstromzähler* für Drehstrom ohne Nulleiter (drei Drehstromleitungen) werden in der Zweiwattmeterschaltung verwendet. Die Stromkreise dürfen hierbei ungleich belastet sein. Bei höheren Stromstärken werden Stromwandler benutzt, bei Spannungen etwa über 650 V auch Spannungswandler. Bild 59 gibt hierfür die Schaltung. Stromwandler sind in die Leitungen R und S mit den primären Wicklungen $L_1$ $L_2$ und den sekundären geerdeten Wicklungen $l_1$ $l_2$ eingebaut. Die Spannungswandler mit den Klemmen UV in der Oberspannung, uv in der Unterspannung, von denen die Klemmen v geerdet sind, sind unter Zwischenschalten von Schmelzsicherungen an die Leitungen R, S und T angeschlossen. Für Drehstrom mit Nulleiter (Vierleitersystem) wird eine Dreiwattmeterschaltung verwandt, die gleichfalls auch für ungleichbelastete Stromkreise brauchbar ist. Bild 60 zeigt offen und geschlossen einen Drehstromzähler, für den die drei Stromkreise verschieden belastet sein dürfen.

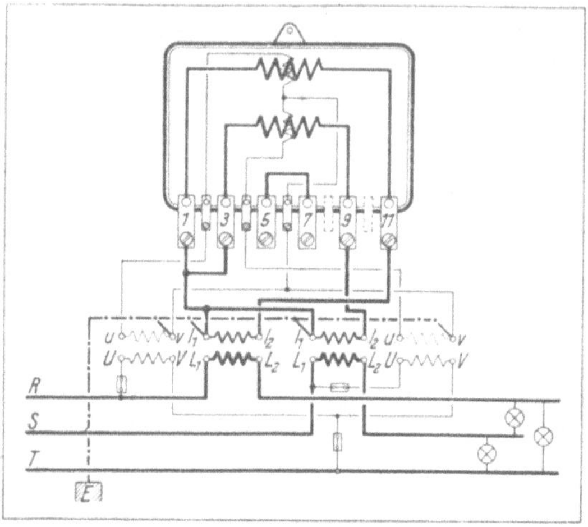


Bild 59. Schaltung für Drehstromzähler (mit Strom- und Spannungswandlern).

Wer die Abrechnung nicht in bestimmten Zeitabschnitten, etwa vierteljährlich wünscht, sondern immer nur für kleinere Beträge Elektrizität kaufen will, verwendet *Elektrizitäts-Selbstverkäufer*, Münzzähler, die nach Einwurf von Münzen oder Marken die Entnahme einer bestimmten Menge elektrischer Arbeit gestatten. Bei diesen Zählern kann an einem Zeiger abgelesen werden, wieviel elektrische Arbeit schon im voraus bezahlt ist. Ein Zählwerk gibt an, wieviel Münzen bereits eingeworfen sind. Nach Verbrauch der vorausbezahlten elektrischen Arbeit schaltet der Apparat den Anschluß ab.

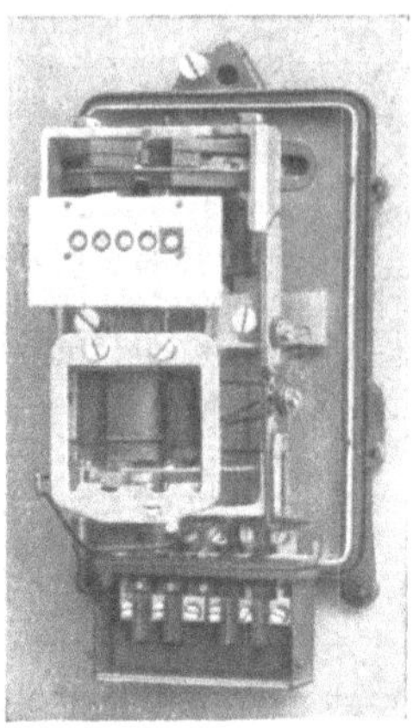

Bild 60. Drehstromzähler (Zweiwattmeterschaltung) für induktionsfreie und induktive Belastung.

Die beschriebenen Zähler messen die Nutzarbeit EJ $t$ cos $\varphi$, die an der Verbrauchsstelle in nutzbare Arbeitsform, Licht, Wärme, mechanische Arbeit und dgl. umgewandelt wird. Bei niedrigem Leistungsfaktor (cos $\varphi$) ist die *Scheinarbeit* EJ $t$, die sich rechnerisch aus *Nutzarbeit* und *Blindarbeit* (Seite 40) zusammensetzt, der Nutzarbeit gegenüber hoch. Große Blindarbeit erfordert hohen Strom (zusätzlichen Blindstrom), wodurch Maschinen und Leitungen unnütz belastet werden, die Stromerzeuger müssen ohne entsprechende Nutzleistung groß sein, nötigenfalls müssen, nur um den hohen Strom aufzubringen, noch Maschinensätze zugeschaltet werden, während die Antriebsmaschinen nicht voll belastet sind, bei niedrigem cos $\varphi$ muß, um die richtige Spannung zu halten, der Erregerstrom für die Stromerzeuger gesteigert werden usw. Es treten daher mancherlei Zusatzverluste auf, die in Rechnung zu ziehen sind. Von einzelnen Elektrizitätswerken wird daher noch Bezahlung eines Teils der Blindarbeit EJ $t$ sin $\varphi$ gefordert, die durch besondere Zähler gemessen wird.

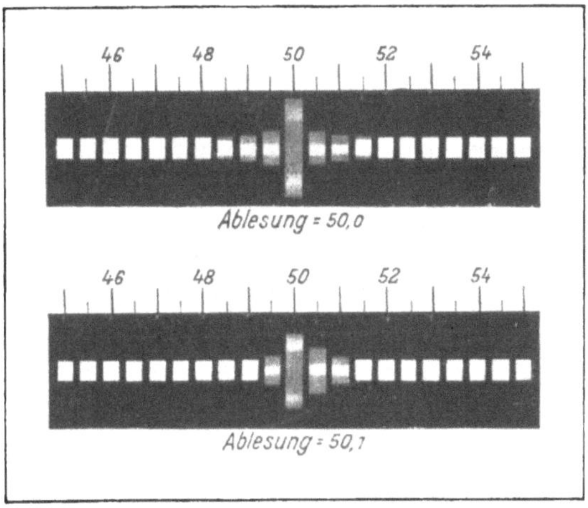


Bild 61. Schwingungsbilder für einen Zungenfrequenzmesser bei Frequenz 50 und 50,1.

*Frequenzmesser* werden meist als Zungenmeßgeräte ausgeführt. Ihre Wirksamkeit beruht darauf, daß Stahlfedern, Zungen, bei periodischer Erschütterung dann in Schwingungen geraten, wenn die Stoßzahl der Erschütterung mit der Eigenschwingungszahl der Feder übereinstimmt, d. h. wenn Resonanz besteht. Die Stöße werden durch einen Elektromagneten hervorgerufen, der durch den Wechselstrom gespeist wird, dessen Frequenz zu messen ist. Die Stahlfedern, die am Kopfe weiß emaillierte Fähnchen tragen, werden an ihrem Fußende in einer Reihe nebeneinander auf einem Stegkamm befestigt. Die Feder führt Schwingungen aus, deren Eigenschwingungszahl mit der Frequenz des Wechselstroms übereinstimmt. Dieses Schwingen ist leicht an der Bewegung des Fähnchens zu erkennen. Bild 61 zeigt den Schwingungszustand der Fähnchen bei geringem Frequenzunterschied von 50,0 und 50,1. *Synchronisierungszeiger* geben beim Parallelschalten von Wechselstrommaschinen durch den Drehsinn des Zeigers an, ob die an das Netz anzuschließende Maschine zu schnell oder zu langsam läuft. — Mittels kleiner Stromerzeuger die an die Maschinen angeschlossen werden, kann man die *Drehzahl* der Maschine (Umdrehungen in der Sekunde) ermitteln. Diese kann an Meßgeräten, die ähnlich den Spannungsmessern sind, abgelesen werden. Die Drehzahlen werden zuweilen mit Meßgeräten, ähnlich den beschriebenen Frequenzzeigern hergestellt, gemessen. Die erforderlichen periodischen Stöße werden hierbei an der Welle der Maschine erzeugt.

*Isolationsmesser* zeigen den Isolationszustand einer Anlage an. Es sind dies z. B. Spannungsmesser, die zwischen Leitung und Erde geschaltet sind, in Hochspannungsanlagen nötigenfalls unter Verwendung von Spannungswandlern. Hat eine Leitung Erdschluß, so zeigt der entsprechende Spannungsmesser die Spannung Null an. Die Meßgeräte werden zuweilen unter Verwendung von elektromagnetisch wirkenden Vermittlerrelais benutzt, um optische oder akustische Warnungszeichen zu geben.

Es würde zu weit führen, alle die vielerlei Meßgeräte aufzuführen, die in elektrischen Betrieben vorkommen. Es läßt sich z. B. die Erwärmung des Öls von Transformatoren, Widerständen, Schaltern durch geeignete Meßgeräte überwachen. Die vielfache Verwendungsart des elektrischen Stromes zeigt sich bei den Meßeinrichtungen in hohem Maße. An beliebigen Stellen lassen sich elektrische Anzeigevorrichtungen anbringen, wonach man sich über den Zustand der Anlage vergewissern kann.

### *Stromerzeuger und Motoren. Begriffserklärungen.*

Unter elektrischen *Maschinen* werden allgemein umlaufende Stromerzeuger, Stromverbraucher (Motoren) und Umformer (Einankerumformer oder Motorgeneratoren) verstanden. *Generator* (Stromerzeuger) oder *Dynamo* wird jede umlaufende Maschine genannt, die mechanische Leistung in elektrische umwandelt. Der Antrieb kann hierbei beliebig durch langsam laufende Dampfmaschine oder schnell laufende Dampfturbine, oder durch Ölmotor, Gasmotor, Wassermotor (Turbine oder Wasserrad) oder Windmotor erfolgen.

Das für die Stromerzeugung erforderliche magnetische Feld wird durch den Strom in der Magnetwicklung der Schenkelpole erzeugt. Der *Magnetstern* mit den wechselnden Magnetpolen steht bei Gleichstromerzeugern gewöhnlich still, während er bei Wechselstromerzeugern gewöhnlich umläuft. Dementsprechend ist der *Anker*, in dem die elektrische Spannung erzeugt wird, bei Gleichstromerzeugern umlaufend, bei Wechselstromerzeugern stillstehend. Gleichstromerzeuger erhalten einen *Kommutator* (Kollektor, Stromwender), von dem der Strom abgenommen wird. Wechselstromgeneratoren wird der für die Magneterregung erforderliche Gleichstrom gewöhnlich über Schleifringe, auf denen Stromabnehmerbürsten schleifen, zugeführt.

*Motor* ist jede umlaufende Maschine, die elektrische Leistung in mechanische umwandelt. Den feststehenden Teil des Motors nennt man *Ständer* (Stator) den umlaufenden *Läufer* (Rotor). Üblich ist sowohl bei Gleichstrom- als auch bei Wechselstrommotoren, daß der Anker umläuft. Gleichstrommotoren sind wie Gleichstromgeneratoren mit Kommutatoranker gebaut. Wechselstrommotoren werden entweder als *Induktionsmotoren* (Asynchronmotoren) oder *Kommutatormotoren* gebaut. Die Läufer der asynchronen Motoren erhalten entweder drei Schleifringe zum Anschluß eines dreiteiligen Anlaßwiderstandes oder sie haben eine in sich kurz geschlossene Wicklung (Kurzschlußläufer, Käfiganker). Nach Art der Gleichstrommotoren mit Kommutator versehene Wechselstrommotoren (Kommutatormotoren) werden als *Repulsionsmotoren* oder als *Reihenschlußmotoren* hergestellt.

*Motorgenerator* ist eine Doppelmaschine, bestehend aus einem Elektromotor mit unmittelbar gekuppeltem (auf gleicher Welle sitzendem) Generator. Motorgeneratoren können verwandt werden, um z. B. Gleichstrom höherer Spannung in solchen niederer Spannung zu verwandeln. Gewöhnlich werden Motorgeneratoren verwandt, um Drehstromleistung in Gleichstromleistung umzuformen oder umgekehrt.

*Umformer* dienen dem gleichen Zweck wie die Motorgeneratoren. Die Umformung geschieht hierbei aber nicht in getrennten Maschinen, sondern in *einem* Anker (Einankerumformer). Umformer, die Gleichstromleistung in solche anderer Spannung umformen, erhalten zwei Kommutatoren, die zu beiden Seiten des Ankers angeordnet sind. Drehstromgleichstrom-Umformer erhalten einen Kommutator und drei oder sechs Schleifringe.

Der *Transformator* dient zur Umformung von Wechselstromleistung niederer Spannung in solche hoher Spannung oder umgekehrt. Er enthält im Gegensatz zu dem Umformer nur ruhende Teile. Er hat ein Magnetgestell und gewöhnlich zwei Arten von Bewicklungen, eine für niedrigere Spannung (*Unterspannung*) und eine für höhere Spannung (*Oberspannung*). Umschließt der magnetische Stromkreis nicht allseitig den elektrischen, so heißt der Transformator *Kerntransformator*, werden die elektrischen Spulen allseitig von dem Magneteisen mantelförmig umschlossen, so heißt der Transformator *Manteltransformator*.

*Drehtransformator* ist ein nach Art der Asynchronmotoren gebauter Transformator, bei dem durch Verdrehen des Ankers die Größe und Phase der Sekundärspannung geändert werden kann. Gewöhnlich werden die Drehtransformatoren auf einer Unterstation dazu benutzt, um die Spannungsverluste in den Leitungen auszugleichen.

*Wandler* nennt man für Meßzwecke (Meßwandler) bestimmte Transformatoren. Als *Stromwandler* dienen sie dazu, bei Hochstrom einen für Wechselstrommeßgeräte geeigneten Stromkreis von geringerer Stromstärke zu schaffen, beim Messen von Strömen in Hochspannungsleitungen, den Stromkreis des Meßgerätes völlig von dem Hochspannungskreis zu trennen, das Erden des Meßgeräts zu ermöglichen und so das Messen ungefährlich zu machen. Ähnlichen Zwecken dienen die *Spannungswandler*. *Gleichrichter* sind ruhende Apparate, die Wechselstrom in Gleichstrom umwandeln. Sie vermögen jedoch nicht wie Motorgeneratoren und Umformer auch Gleichstrom in Wechselstrom umzuformen.

### *Elektrische Maschinen.*

Sowohl Stromerzeuger, die mechanische Arbeit in elektrische, als auch Motoren, die elektrische Arbeit in mechanische umformen, lassen sich vorzüglich den äußeren Verhältnissen und Anforderungen anpassen. Gerade hierin sind die elektrischen Maschinen allen andersartigen bedeutend überlegen. Geringes Gewicht, stoßfreier, geräuschloser Gang, Einfachheit des Ingangsetzens, übersichtlicher Betrieb, stete Arbeitsbereitschaft ohne Verbrauch während der Bereitschaft, hoher Wirkungsgrad und Sicherheit gegen Unfälle sind besondere Eigenschaften elektrischer Maschinen. In Räumen, die trocken und staubfrei und ohne

Bild 62. Offene Ausführung der Gleichstrommaschine.

Bild 63. Ventiliert gekapselte Ausführung der Maschine.

schädliche Gase sind, erhalten sie *offene Bauart* (Bild 62), so daß die kühlende Luft leicht alle Teile der Maschine bestreichen kann. In *ventiliert gekapselter Bauart* (Bild 63) werden sie gegen mechanische Verletzungen und gegen Tropf- und Spritzwasser geschützt. Ein auf die Welle aufgesetzter Ventilator saugt durch eine Saugöffnung Frischluft an, die nötigenfalls noch durch Filter staubfrei gemacht wird und stößt die warme Luft durch eine Abluftleitung heraus. Solche Maschinen lassen sich in Kohlenbetrieben, Mühlenbetrieben, Betrieben mit explosiblen Staubteilchen, Räumen mit alkalischen oder sauren Dämpfen wie Sodafabriken, Salinenwerken, im Kalibergbau ungefährdet aufstellen. Nötigenfalls wird die Maschine völlig durch das Gehäuse von der Außenluft abgeschlossen. Die innerhalb der Maschine erzeugte Wärme wird durch die Gehäusewand nach außen geleitet. Um die Wärmeabgabe zu erhöhen und so die Leistung zu steigern, wird die Luft bei einzelnen Ausführungen durch ein Umlaufrohr geleitet und so gekühlt (Bild 64). Allgemein wird eine gute Kühlwirkung der Luft dadurch erhalten, daß der Luft durch die innere Bauart Wege gewiesen werden, auf denen alle sich erwärmenden Teile bestrichen werden. In Umrissen ist in Bild 65 die offene, ventiliert gekapselte und geschlossene Ausführung von Motoren dargestellt.

Bild 64. Motor mit Umlaufkühlung.

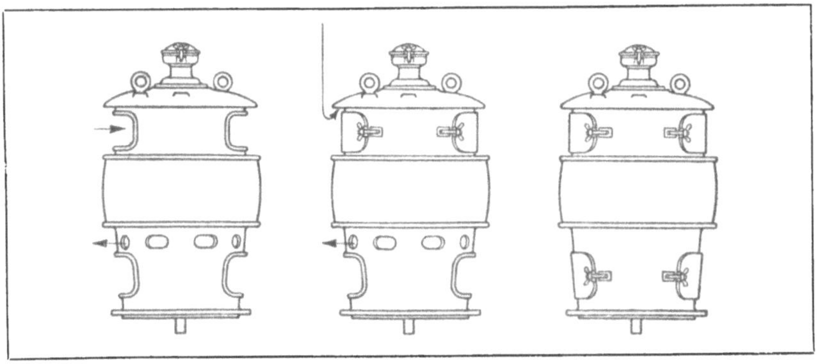

Bild 65. Offene, ventiliert gekapselte und geschlossene Ausführung von Motoren.

Sind Maschinen Erschütterungen im Betriebe ausgesetzt, so werden sie besonders stark gebaut, z.B. für Hobelmaschinenantriebe, für Baggerbetriebe usw. Für Räume, die Schlagwetterschutz erfordern, werden Kommutator oder

Schleifringe, an denen Funken auftreten können, eingeschlossen, der Motor wird mit erhöhter Sicherheit in elektrischer und mechanischer Beziehung ausgeführt.

Für die Maschinen wird meist das bewährte Ringschmierlager verwandt, bei kleineren Motoren Kugellager oder Fettschmierlager. Bei den Turbomaschinen werden die Lager durch Preßöl geschmiert. Maschinen erhalten gewöhnlich zwei Lager, erforderlichenfalls ein drittes für eine hochbeanspruchte Riemenscheibe.

Maschinen für Kupplung durch Riemen werden so auf Gleitschienen gesetzt, daß sich nachträglich, um den Riemen in richtiger Spannung zu halten, die Maschinen etwas verrücken lassen. Die Riemenscheibe wird dem Riemenzug und der Riemengeschwindigkeit angepaßt. Für Riemengeschwindigkeiten unter rd. 30 m/s wird die Riemenscheibe aus Gußeisen, bei höherer Geschwindigkeit aus Schmiedeeisen hergestellt. Ist die Lagerentfernung von treibender und getriebener Maschine nicht genügend groß, so daß der Riemen die Scheibe nicht genügend umfaßt, so wird durch eine Lenixrolle nachgeholfen. Motoren zum Antrieb von Arbeitsmaschinen werden häufig in gedrängter Ausführung auf eine Wippe gesetzt, so daß durch das Eigengewicht des Motors, etwa noch verstärkt durch das des Vorgeleges, dem Riemen die nötige Spannung gegeben wird. Für Motoren, die ein geringes Anlaufmoment haben, z. B. Einphasenstromkurzschlußmotoren läßt man nötigenfalls den Motor auf Los- und Festscheibe einer Transmission arbeiten. Beim Anlauf des Motors läuft der Riemen über die lose auf der Transmissionswelle sitzende Losscheibe. Der Motor selbst erhält eine doppelt breite zylindrisch gedrehte Riemenscheibe. Statt dieser Einrichtung wird zuweilen eine Fliehkraftkupplung eingebaut, durch die der Motor erst, nachdem er eine bestimmte Drehzahl erreicht hat, mit der anzutreibenden Maschine gekuppelt wird.

Bei unmittelbarer Kupplung wird diese starr oder elastisch ausgeführt. Statt der Riemenkupplung wird bei großen Maschinen Seilübertragung gewählt. Einen gedrängten Zusammenbau auch bei großer Übersetzung gibt der Zusammenbau eines schnellaufenden Motors mit einer Zahnradübersetzung (Bild 66), um eine langsam laufende Welle zu erhalten.

Die Umfangsgeschwindigkeit des umlaufenden Teils ist bei elektrischen Maschinen gewöhnlich groß. Dies gibt bei kleineren und mittleren Maschinen hohe Drehzahl, bei langsam laufenden Maschinen großen Durchmesser. Besonders hohe Umfangsgeschwindigkeit und entsprechend hohe Drehzahl haben die Turbomaschinen. Gleichstrommaschinen sind an bestimmte Drehzahlen nicht gebunden, während bei Wechselstrom Drehzahl und Frequenz in fester Beziehung stehen. Mit wechselnder Frequenz ändert sich die Drehzahl. Es ändert sich bei gleichbleibender Spannung mit der Frequenz auch die Feldstärke in den Motoren, die sich mit zunehmender Frequenz vermindert. Es sind daher für Motoren, die für eine bestimmte Frequenz gebaut sind, nur rd. 25 vH Abweichungen der Frequenz statthaft, falls nicht gleichzeitig mit der Frequenz die Spannung geändert wird.

Gleichstrommaschinen werden gewöhnlich für einen bestimmten Drehsinn geschaltet, der als Rechts- oder Linkslauf bezeichnet wird. Als Rechtslauf wird der Drehsinn der Uhrzeigerbewegung betrachtet, bei Kommutatormaschinen von der Riemenscheibenseite (also entgegengesetzt der Kommutatorseite) aus gesehen.

Bild 66. Gleichstrommotor mit Zahnradvorgelege.

Der die *Magnete* tragende Teil, bei Gleichstrommaschinen und Einankerumformern feststehend, bei Drehstrommaschinen gewöhnlich umlaufend, wird je nach Größe und den vorliegenden Verhältnissen aus Gußeisen oder Stahlguß ein- oder mehrteilig ausgeführt. Bei kleineren Maschinen besteht das Magnetgehäuse mit den Schenkelstücken und Polschuhen aus einem Stück, bei großen Maschinen bestehen Schenkel mit Polschuhen aus gestanzten Blechen, die zusammengenietet und am Magnetgehäuse befestigt werden. Die Schenkel tragen die Spulenkästen mit der Magnetwicklung.

Der wirksame Eisenkern des *Ankers* besteht aus schwachen, durch eine dünne Isolierschicht getrennten Eisenblechen, in die am Umfang Nuten gestanzt sind. Je nach den Verhältnissen sind die Nuten offen oder halb geschlossen. Offene Nuten haben den Vorteil, daß die auf Schablonen als Formwicklung ausgeführten Spulen in der Fabrik fertig hergestellt und bei etwa erforderlicher Auswechslung leicht in die Nuten eingelegt werden können. Die halbgeschlossenen Nuten haben den Vorteil günstigerer magnetischer Verhältnisse, auch wird hierbei in der laufenden Maschine das Geräusch, soweit es von magnetischen Einflüssen herrührt, vermindert.

Der *Luftspalt* zwischen Ständer und Läufer wird so gewählt, daß ein dauernd sicherer Betrieb gewährleistet ist. Bei Drehstrommotoren wird er klein gehalten, um günstigen $\cos \varphi$ zu erhalten, nur bei besonderen

Betriebsrücksichten wird er auch bei diesen Motoren etwas vergrößert, wodurch allerdings der Magnetisierungsstrom steigt, was den Wirkungsgrad etwas beeinträchtigt.

Die *Schleifringe* der Wechselstrommaschinen werden aus Kupfer hergestellt, dann schleifen Kohlenbürsten auf ihnen, oder aus Bronze mit Bronze-Kupferbürsten, die bei funkenfreiem Lauf geringen elektrischen Widerstand haben.

Der *Kommutator* hat prismatische Segmente, die auf der Kommutatorbuchse isoliert befestigt sind. Die Segmente sind gegeneinander in der Regel durch Glimmerzwischenlagen isoliert.

Die *Anschlußleitungen* werden durch ein Klemmengehäuse zur Einführung der isolierten Leitungen oder des Kabels geführt, so daß alle unter Spannung stehenden Teile der unmittelbaren Berührung unzugänglich sind. Die *Isolation* der Wicklung schützt gegen gewöhnliche Luftfeuchtigkeit. Bei Aufstellung in besonders feuchten Räumen, oder, wenn ätzende Gase die Isolation angreifen könnten, oder, wenn die Luft besonders staubig ist, z. B. in Brauereien, Färbereien, Waschanstalten, Plättereien, Brunnenschächten, Kohlenwäschen, in Berg- und Hüttenwerken, Gasanstalten, wo fein verteilte Kohle oder Asphaltstaub vorhanden, in Viehställen, Kalibergwerken usw. wird besonders widerstandsfähige Sonderisolation gewählt. Die Maschinen halten so auch unter ungünstigen Betriebsverhältnissen die im Betrieb etwa vorkommenden Überspannungen ohne Schaden aus.

**Bild 67. Drehstrommotor mit angebauter Öl-Anlaßwalze.**

Die *Zubehörteile*, wie Anlasser, Schalter usw. werden zuweilen unmittelbar an den Motor angebaut. Der Betrieb ist dann äußerst einfach, durch Drehen eines Handrades werden die erforderlichen Handhabungen in richtiger Reihenfolge ausgeführt, z. B. (Bild 67) bei der angebauten Ölanlaßwalze für Wechselstrommotoren wird erst durch den Ständerschalter der Motor eingeschaltet und durch Abschalten der Anlaßwiderstände angelassen, am Schluß werden die Schleifringe kurz geschlossen und die Bürsten abgehoben. Am Strommesser kann abgelesen werden, ob nicht etwa durch zu rasches Einschalten der Motorstrom zu hoch ansteigt.

Für die zulässige Erwärmung der einzelnen Maschinenteile sind die Vorschriften des V.D.E. maßgebend nach Normalien für Bewertung und

Prüfung von elektrischen Maschinen, die für Bewicklung, Eisen, Kommutator, Lager usw. bestimmte Höchstwerte der Temperaturerhöhung vorschreiben. Die zulässige Leistung mit Angabe, ob diese für dauernden oder aussetzenden Betrieb gilt, ist an dem Leistungsschild zu ersehen.

### *Gleichstromerzeuger.*

Die Gleichstromerzeuger, auch kurz Dynamos genannt, haben ein fest stehendes Magnetgestell und einen vor dessen Polen umlaufenden Anker. In den Bewicklungen des Ankers werden Wechselstromspannungen erzeugt, die durch den Kommutator (Kollektor, Stromwender) gerichtet werden, so daß mittels der auf den Kommutatorlamellen schleifenden feststehenden Bürsten Strom von gleichbleibender Richtung, Gleichstrom abgenommen werden kann. Die Bewicklung der Polkerne (Schenkel) erhält Strom für Erregung der Magnete von dem Anker. Ist eine Maschine z. B. durch eine Dampfmaschine in Gang gesetzt, so wird durch den schwachen Magnetismus, der auch nach dem Abschalten der Maschine (remanent) in den Schenkelpolen zurückbleibt, eine geringe Spannung im Anker induziert, die einen schwachen Strom erzeugt. Wird dieser durch die Windungen der Schenkelbewicklung in der Weise gesandt, daß der Magnetismus verstärkt wird, so steigt auch die Ankerspannung, die rückwirkend den Schenkelstrom verstärkt. Die gegenseitige Verstärkung dauert an, bis der regelrechte Zustand in der Erregung der Schenkelpole erreicht ist (Dynamoelektrisches Prinzip von Werner Siemens). Die Maschinen können sich daher infolge des schwachen, auch nach Stillstand der Maschinen im Schenkeleisen zurückbleibenden Magnetismus von selbst erregen. Die Spannung der Maschinen hängt von der Stärke der Schenkelerregung und der Drehzahl ab. Gewöhnlich wird die Drehzahl der Maschine durch Regler der Antriebsmaschine gleichbleibend gehalten. Die Spannung wird bei gleichbleibender Drehzahl durch Änderung des Erregerstroms geändert.

Als Stromabnehmerbürsten benutzt man Kohleplatten oder Kohleklötze, deren Härtegrad dem für den Kommutator verwendeten Metall angepaßt ist, oder Bronzebürsten. Die Kohleklötze stecken in Haltern, von denen der Strom nach außen geführt wird. Von jeder Bürste kann nur eine bestimmte Stromstärke abgenommen werden, die von der Bürstenbeschaffenheit abhängt. Harte Kohlebürsten können rd. 5—7 A, für 1 cm² Schleiffläche, leicht graphitische Kohlebürsten können rd. 8—9 A, hochgraphitische 10—12, metallische aus fein verteiltem Kupfer oder Bronze hergestellte Bürsten 15—35 A/cm² abnehmen. Um hohe Stromstärken von dem Kommutator abzunehmen, werden mehrere Bürsten parallel geschaltet. Damit sie funkenfrei den Strom vom umlaufenden Kommutator abnehmen, müssen sie in der sogenannten neutralen Zone stehen, in der die durch die Bürsten kurz geschlossenen Ankerspulen ohne Spannung sind. Bei Belastung kann sich infolge Rückwirkung des Ankerfeldes auf das Magnetfeld die neutrale Lage verschieben (bei Generatoren im Drehsinne des Ankers, bei Motoren in entgegengesetzter Richtung). Die Bürstenhalter sind daher auf einen Tragstern aufgesetzt, der drehbar ist, so daß die Bürstenauflagestellung verschoben werden kann. Bei mehrpoligen Maschinen ist die Anzahl der Bürstenabnahmestellen gleich der Polzahl, falls nicht durch besondere Schaltung des Ankers die Anzahl der Abnahmestellungen vermindert wird. Die Bürstengruppen, die positiven Strom abnehmen, ebenso die, die negativen Strom abnehmen, sind unter sich leitend verbunden. Einen Bürstenhalter für Gleichstrommaschinen zeigt Bild 68. Die Bürste wird federnd durch den Bügel B auf den Kommutator angedrückt. Durch biegsame Kabel K wird die Bürste gut leitend mit dem Halter verbunden. Die Maße a, b des Halters und c, d, e der Bürste sind je nach Art des Kommutators verschieden. Um ohne Bürstenverschiebung bei allen Belastungen funkenfreien Gang zu erhalten, werden zwischen die Hauptpole, wie sie das vierpolige Magnetgestell (siehe Bild 8, S. 8) zeigt, noch Wendepole eingebaut, deren Bewicklungen vom Ankerstrom umflossen werden. Bei den raschlaufenden Turbogeneratoren mit den hohen Belastungen wird, um die Bürsten völlig funkenfrei zu halten, noch eine besondere Kompensationswicklung benutzt (Bild 69), sie wird in Nuten, die in die Polschuhe eingefräst sind, eingelegt. Der Anker kann die Polschuhe umfassen, so daß die Pole innerhalb des Ankers liegen. Solche als Innenpolmaschinen bezeichnete Maschinen

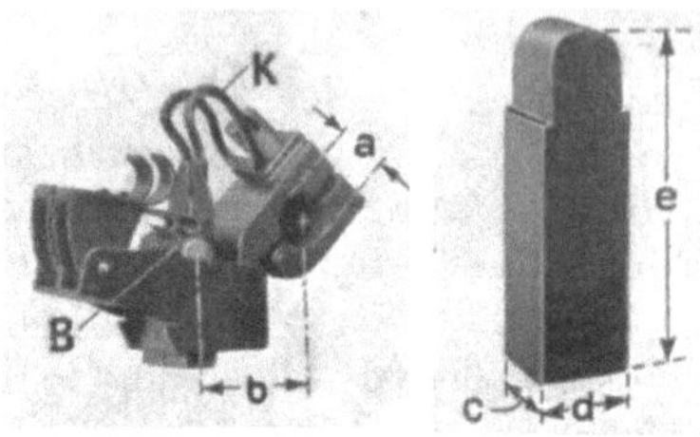

Bild 68. Bürstenhalter und Bürste für Gleichstrommaschine.

Bild 69. Vierpol-Magnetgestell einer Turbodynamo mit Wendepolen und Kompensationswicklung.

haben schon bei geringer Umlaufzahl verhältnismäßig hohe Umfangsgeschwindigkeit. Sie wurden früher gebaut, um die langsam laufenden Dampfmaschinen unmittelbar mit den Gleichstromerzeugern kuppeln zu können. Allgemein werden jetzt Außenpolmaschinen gebaut, bei denen der Anker innerhalb des Magnetgehäuses umläuft (Bild 70). Die Ankerwicklung wird in Nuten des Eisenkörpers isoliert eingebettet. Durch Keile werden die Nutenöffnungen verschlossen, so daß auch bei hoher Drehzahl die Wicklung nicht herausgeschleudert wird. Die Wicklung wird außerdem noch durch Drahtbandagen zusammengehalten. Der

Bild 70. Gleichstrommaschine mit Wendepolen und Doppelkommutator.

Eisenkörper des Ankers wird aus Eisenblechen zusammengesetzt, die durch einseitig aufgeklebtes Seidenpapier voneinander isoliert sind, um Wirbelströme im Ankereisen zu vermeiden, die den Anker erwärmen würden. Kleinere Maschinen, aber auch raschlaufende größere werden zweipolig gebaut, sonst mehrpolig, wobei die Hauptpole abwechselnd Nord- und Südpole sind.

Das Magnetgestell wird je nach der Größe einteilig oder mehrteilig hergestellt, um den Versand nicht zu erschweren. Der Anker mit Kommutator wird einteilig hergestellt.

Die Erregung der Schenkelpole kann auf zweierlei Weise erfolgen. Entweder wird der gesamte Ankerstrom um die Schenkelkerne geführt, wobei Anker- und Schenkelstromkreis AB und EF hintereinander in Reihe geschaltet sind (Bild 71 a), oder es wird ein Zweigstrom des Ankers für die Schenkelerregung benutzt, wobei (b) die Schenkelwicklung CD im Nebenschluß zur Ankerwicklung AB liegt. Erstere Maschinen heißen Reihenschlußmaschinen, letztere Nebenschlußmaschinen. Beide Maschinen zeigen verschiedenes Verhalten bei Belastung. Eine Verbindung beider Bewicklungsarten stellt (c) die Doppelschluß-(Kompound-)Maschine dar, die Nebenschluß-und Hauptstrombewicklung hat. Eine unbelastete Reihenschlußmaschine gibt keinen Strom, sie hat daher keine Erregung, kann also keine Spannung geben. Erst mit der Belastung steigt die Spannung.

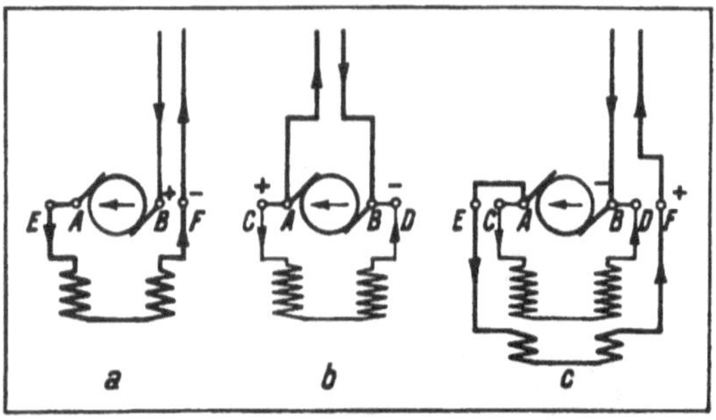


Bild 71. Schaltungsweisen der Stromerzeuger.

Zeichnet man die Spannung in Abhängigkeit von Belastungsstrom auf, so erhält man die in Bild 72 gezeichnete Schaulinie a. Die Nebenschlußmaschine gibt unbelastet die volle Klemmenspannung, die bei Belastung sinkt, wenn an der Erregung nichts geändert wird. Wird die äußere Belastung immer mehr gesteigert, so steigt der Strom bis zu einem Höchstwert $J_{max}$ und nimmt dann wieder ab (Linie b). Bei unmittelbarem Kurzschluß wird die Klemmenspannung Null, der Strom sinkt auf den Wert $J_0$. Um bei verschiedenen Belastungen die Spannung auf gleicher Höhe zu halten, muß der Erregerstrom bei steigender Belastung verstärkt werden. Da bei der einen Schaltungsart die Spannung mit zunehmendem Belastungsstrom wächst (Linie a), bei der anderen abnimmt (Linie b), kann durch Verbindung beider, durch Doppelschlußwicklung, eine Maschine erhalten werden, bei der die Spannung bei veränderter Belastung nahezu unverändert bleibt.

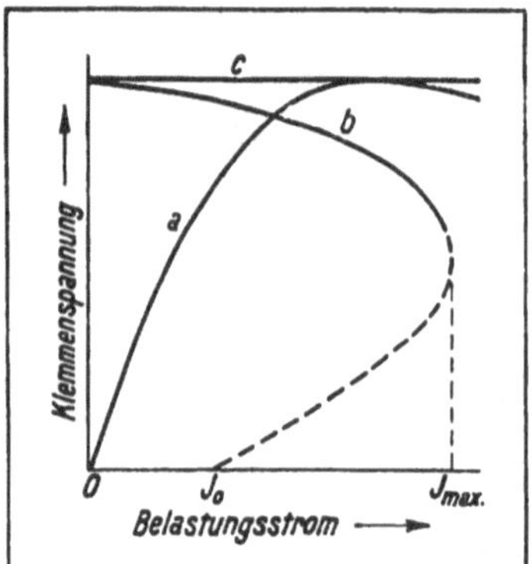


Bild 72. Belastungscharakteristiken von Gleichstrommaschinen.

Tritt bei Gleichstrommaschinen der Fall ein, daß sie Spannung von falscher Polarität ergeben, so müssen sie umpolarisiert werden, z. B. durch

Fremderregung. Es bleibt im allgemeinen die Polarität des remanenten Magnetismus richtig gerichtet. Soll auf jeden Fall verhütet werden, daß die Maschinen bei Inbetriebsetzung falsche Polarität haben, so wird nicht Selbsterregung, sondern Fremderregung gewählt, indem die Erregerwicklung CD (Bild 71 b) nicht unmittelbar an die Ankerklemmen, sondern an eine fremde Gleichstromquelle, in der Regel an die Netzleitungen angeschlossen wird.

Bei Herstellung von Gleichstrommaschinen ist man nicht, wie dies bei Wechselstrommaschinen der Fall ist, genau an bestimmte Drehzahlen gebunden. Vielpolige Maschinen haben eine geringe, wenigpolige eine hohe Umlaufzahl. Für große Leistungen von rd. 1000 kW und höher geschieht der Antrieb vielfach durch Dampfturbinen, die unmittelbar mit der Gleichstrommaschine gekuppelt werden. Der hohen Umfangsgeschwindigkeit entsprechend wird der Anker so gebaut, daß er den hohen auftretenden Fliehkräften standhält, und er wird, um Stöße im Lauf zu vermeiden, genauestens ausgewuchtet. Ist die Drehzahl der Antriebsmaschine (Dampfmaschine, Wasserturbine, Dieselmotor, Gasmotor oder dgl.) von der des Stromerzeugers verschieden, so wird bei Unterschieden der Drehzahl bis etwa im Verhältnis 1 : 5 gewöhnlich Riemenübertragung gewählt. Ist es aus räumlichen Rücksichten erforderlich, antreibende und getriebene Maschine nahe aneinander aufzustellen, so wird eine Lenixspannrolle so angeordnet, daß die Riemenscheibe, um ein Gleiten zu verhindern, möglichst weit umfaßt wird. Bei größeren Unterschieden in der Drehzahl wird als Zwischenglied ein Vorgelege eingebaut.

Gewöhnlich wird die Welle wagerecht gelagert, zuweilen erhalten die Maschinen senkrechte Welle. Letzteres ist z. B. vielfach bei Antrieb von Wasserturbinen der Fall. Die Generatoren erhalten zumeist Ringschmierlager, bei denen auf der umlaufenden Welle Metallringe hängen, die unten in dünnflüssiges Öl tauchen. Das an den Ringen haftende Öl wird oben an die Welle abgegeben und kommt so zur Schmierung der Welle. Bei Turbogeneratoren wird das Öl mittels Pumpe in die Lager gepreßt, von denen es wieder in die Pumpe zurückfließt. Auf dem Umlauf wird das Öl gekühlt. Wirksamer noch geschieht dies durch Wasserkühlung, wobei dafür gesorgt ist, daß kein Wasser zu dem Öl gelangt.

Nebenschlußgeneratoren und Generatoren mit Doppelschlußwicklung sind vorwiegend in Parallelschaltung in Gebrauch oder in Hintereinanderschaltung für Dreileiternetze. Nur in Sonderfällen werden Reihenschlußmaschinen verwendet als Einzelmaschinen oder hintereinander geschaltet für Arbeitsübertragung mit hochgespanntem Gleichstrom bei gleichbleibender Stromstärke.

Die Verluste, die bei der Stromerzeugung im Innern der Maschine entstehen und den Wirkungsgrad beeinflussen, sind Wärmeverluste in den

Wicklungen, Verluste im Ankereisen, Verluste durch den für die Magnetisierung erforderlichen Strom, ferner durch Luftbewegung und Lagerreibung.

Völlig abweichend von den beschriebenen Gleichstrommaschinen mit Kommutatoranker sind die *Unipolarmaschinen*, bei denen der Strom von Schleifringen abgenommen wird. Bei hoher Umlaufzahl der Maschinen, z. B. bei Antrieb durch Dampfturbine, erreicht man Spannungen bis zu rd. 500 V bei hohen Stromstärken. Trotz Einfachheit der Maschine werden Unipolarmaschinen wenig gebaut, da die vielen Stromabnehmerbürsten mit deren Reibungsverlusten und starken Abnutzung von Nachteil sind.

### *Reglung der Gleichstromspannung.*

Meist wird verlangt, daß die Gleichstromgeneratoren unveränderlich gleiche Spannung geben, da die Stromverbraucher, Motoren, Lampen und dgl., die an das von den Generatoren gespeiste Netz angeschlossen werden, gleichbleibende Spannung verlangen. Um dies zu ermöglichen, wird bei Nebenschluß- und Doppelschlußmaschinen ein Regelwiderstand (Bild 73) in den Stromkreis der Nebenschlußwicklung geschaltet. Sinkt die Spannung, so wird ein Teil des Widerstandes ausgeschaltet und so der Erregerstrom und daher auch die Magnetisierung erhöht.

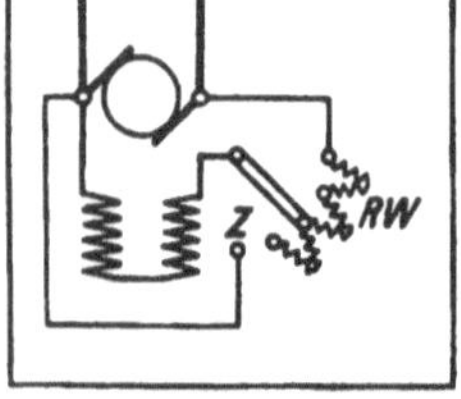


Bild 73. Reglung der Gleichstromspannung.

Die einzelnen Stufen des Regelwiderstandes RW werden so bemessen, daß beim Übergang von einer Stufe zur nächsten nur eine geringe Änderung der Spannung entsteht, die sich im Licht der angeschlossenen Lampen nicht unangenehm bemerkbar macht. Soll die Maschine nach Abtrennung vom Netz spannungslos gemacht werden, so wird erst sämtlicher Reglerwiderstand in den Erregerkreis eingeschaltet, alsdann der Kontakthebel auf den Kurzschlußkontakt K geschaltet, wodurch die Erregerwicklung kurzgeschlossen und die Maschine spannungslos wird. Würde man den Erregerstromkreis unterbrechen, so könnte beim Verschwinden des Magnetismus in den Schenkeln durch Induktion eine höhere Spannung auftreten, die die Wicklung gefährden kann und großen Ausschaltelichtbogen gibt. Um zu verhindern, daß während des Betriebes durch Unachtsamkeit der Kontaktarm auf den Kurzschlußkontakt gestellt wird, was die Maschine gefährden könnte, wird eine Sperrung vorgesehen, die erst beseitigt werden muß, bevor der Kontakthebel auf den Kurzschlußkontakt gestellt werden kann. Jeder Generator erhält seinen eigenen Regler. Sind mehrere Generatoren auf ein gemeinsames Netz geschaltet, so werden die Regler entweder einzeln oder gemeinsam verstellt. Dies

geschieht entweder von Hand oder selbsttätig. Bei selbsttätiger Reglung wird bei dem sogenannten *Trägregler* ein Vermittlergerät, Spannungsrelais, benutzt, das auf die Spannung anspricht. Dieses hat eine Kontaktzunge, die bei richtiger Spannung in einer Mittellage spielt, je nachdem die Spannung zu niedrig oder zu hoch ist, nach links oder rechts ausschlägt. Hierdurch wird der eine von zwei Stromkreisen geschlossen, wodurch ein Hilfsmotor gesteuert wird, der durch Bewegung der Kontaktbürste im Erregerkreis Widerstand ab- oder zuschaltet. Die Verstelldauer der Kontaktbürsten von einer Endlage zur anderen dauert bei dem Trägregler rd. 45 s. Durch Endschalter in geeigneter Schaltung wird dafür gesorgt, daß nicht über die Endstellung hinaus die Kontaktbürste bewegt, die Bewegung in entgegengesetzter Richtung aber freigegeben wird. Soll die Reglung schneller erfolgen, als dies bei dem Trägregler der Fall ist, so wird ein *Eilregler* verwandt, bei dem die Verstelldauer der Kontaktbürste auf 6 bis 9 Sekunden verkürzt wird. Selbstverständlich können die Regler die Spannung nur auf der vorgeschriebenen Höhe halten, wenn nicht etwa durch Riemenrutsch die Drehzahl des Stromerzeugers zu stark abfällt oder der Dampfdruck für die Antriebsmaschine zu gering ist, und wenn der Spannungsabfall nicht von zu großer Überlast der Maschine oder Schadhaftigkeit herrührt.
Um parallel laufende Gleichstrommaschinen zu regeln, müssen die parallellaufenden Gleichstromerzeuger sämtlich gleichzeitig geregelt werden. Auf Erfordernis können die selbsttätigen Regler auch benutzt werden, um die Maschine auf gleichbleibende Leistung oder Stromstärke zu regeln.

### *Spannungsteiler.*

Eine Gleichstrom-Dreileiteranlage besteht aus zwei hintereinander geschalteten Einleiteranlagen mit gemeinsamem Mittelleiter. Am einfachsten wird die Dreileiteranlage durch zwei hintereinandergeschaltete Dynamos erzeugt. Vielfach wird aber nur *eine* Maschine für die Spannung der Außenleiter gewählt und durch besondere Spannungsteiler die Teilspannung erzeugt. Dies kann z. B. durch zwischen die Leitungen geschaltete Akkumulatoren geschehen, von deren Mitte der Nulleiter abgezweigt wird. Durch Zu- oder Abschalten von Zellen an den Enden der Akkumulatorenbatterie kann die Spannung in den beiden Stromkreisen geregelt werden. Um die beiden Batteriehälften unabhängig voneinander

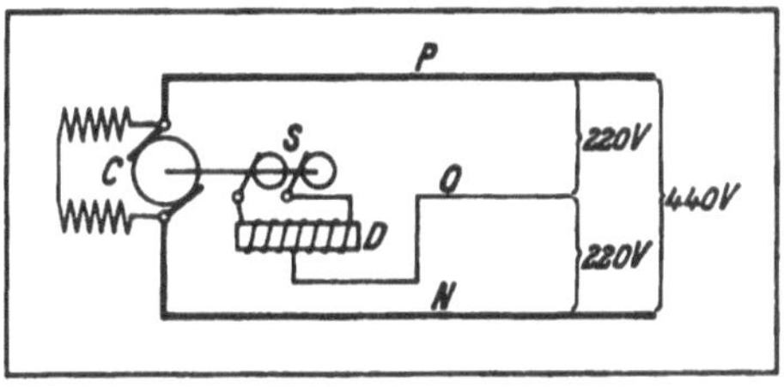


Bild 74. Schaltung der Dreileitermaschine.

laden zu können, werden zu ihnen parallel Ausgleichsdynamos geschaltet, die nötigenfalls allein den Spannungsausgleich übernehmen können. Wenn der Unterschied in der Belastung der beiden Netzhälften nicht mehr als rd. 15 vH beträgt, kann durch besondere Dreileitermaschinen die Spannung geteilt werden. Die im übrigen wie andere Gleichstromerzeuger gebauten Maschinen erhalten außer dem Kommutator C noch zwei Schleifringe S (Bild 74), an die eine Drosselspule D angeschlossen wird. Von der Mitte der Drosselspule wird der Nulleiter O abgezweigt.

### *Parallelbetrieb der Gleichstrommaschinen.*

In größeren Anlagen arbeiten mehrere Stromerzeuger parallel auf das Netz. Parallel können Gleichstromerzeuger nur mit Nebenschlußerregung, Eigenerregung oder Fremderregung, oder mit gemischter Wicklung betrieben werden. Reihenschlußmaschinen eignen sich nicht für Parallelschaltung, da sie unbelastet keine Spannung haben und bei Rückstrom die Drehrichtung ändern.

Nebenschlußmaschinen werden zum Anschluß an ein unter Spannung stehendes Netz auf regelrechte Drehzahl und durch Erregung auf die vorgeschriebene Spannung gebracht. Bei Eigenerregung muß noch beachtet werden, daß die Polarität richtig ist, worauf die Maschine ans Netz angeschlossen werden kann. Stimmt die Spannung mit der Netzspannung überein, so nimmt die Maschine zunächst noch keine Last auf. Wird die Maschine von außen, etwa durch vermehrte Dampfzufuhr zu schnellerem Lauf veranlaßt, so nimmt sie mehr Last auf und beteiligt sich stärker an der Belastung. Die gleiche Wirkung hat verstärkte Schenkelerregung. Durch Verstärkung des Erregerstromes kann die Belastung der Maschine verstärkt, durch Verminderung der Erregung geschwächt werden.

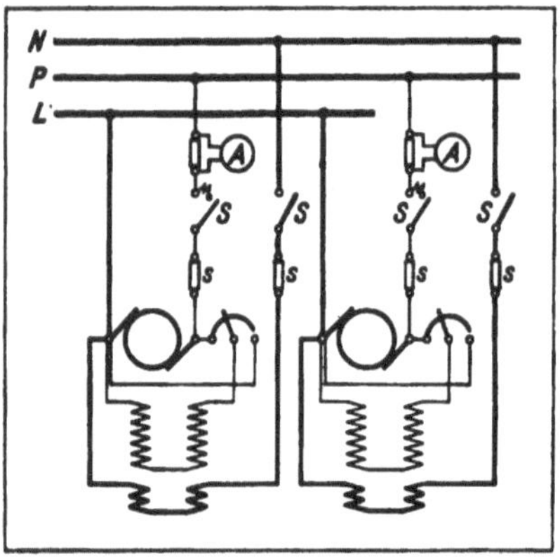


Bild 75. Parallelschaltung zweier Doppelschlußmaschinen.

Doppelschlußmaschinen können einwandfrei nur parallel laufen, wenn sie gleichzeitig auch als Nebenschlußmaschinen parallel geschaltet werden. Dies geschieht durch Verwendung einer Ausgleichleitung L (Bild 75). In die Leitungen zu den Netzleitungen NP sind Sicherungen s, Schalter S und Strommesser A (an Nebenschlußwiderstand angeschlossen) gelegt.

Um einen Stromerzeuger vom Netz zu trennen, wird seine Erregung soweit vermindert, daß er keine Last mehr abgibt, der Ankerstrom Null wird. Funkenlos kann dann der Stromerzeuger abgeschaltet werden. Schwächt man die Erregung des Stromerzeugers noch über den der Nullbelastung entsprechenden Wert, so nimmt die Maschine Strom vom Netz auf, sie arbeitet als Motor. Dies ist bei Nebenschlußmaschinen ungefährlich, wenn das Schwächen der Erregung nicht zu weit getrieben wird, da die Nebenschlußmaschine als Motor ihre Drehrichtung beibehält. Doppelschlußmaschinen können, wenn der vom Netz kommende Rückstrom zu stark wird, den Charakter von Reihenschlußmaschinen annehmen und dann das Bestreben haben, in gefährlicher Weise die Drehrichtung zu ändern. Auch kann durch starken Rückstrom die Maschine umpolarisiert werden, so daß sie beim nächsten Anlassen falsche Polarität zeigt. Verhindert wird ein schädlicher Einfluß der Hauptstromwicklung durch Einbau von selbsttätigen Rückstromschaltern oder Nullstromschaltern in die zum Netz führende Leitung.

Während des regelrechten Betriebes verteilt sich bei gut abgestimmten Maschinen die Netzbelastung gleichmäßig auf die einzelnen parallel auf das Netz arbeitenden Maschinen. Es können in diesem Fall sämtliche Maschinen gemeinsam geregelt werden. Nötigenfalls werden die Maschinen einzeln geregelt.

## *Gleichstrommotoren.*

Gleichstrommotoren lassen sich, in ähnlicher Weise wie die Generatoren, nach Art der Schenkelbewicklung in *Hauptstrom-* oder *Reihenschluß-*, *Nebenschluß-* und *Doppelschlußmotoren* einteilen. Die Wirkungsweise der einzelnen Motorenarten ist verschieden.

*Reihenschlußmotoren* ändern bei verschiedener Belastung stark die Drehzahl, die mit steigender Last abnimmt. Ohne Last kann die Drehzahl, insbesondere bei größeren Motoren, bei denen die zum Decken der inneren Verluste aufzuwendende Leistung gering gegenüber der vollen Motorleistung ist, eine solche Höhe erreichen, daß die einzelnen Teile der hohen mechanischen Beanspruchung nicht mehr gewachsen sind. Der Motor „geht durch". Reihenschlußmotoren dürfen daher dort nicht verwendet werden, wo die Möglichkeit von Leerlauf vorliegt. Dafür hat der Motor andere schätzenswerte Eigenschaften. Je stärker die Schenkelerregung ist, um so stärker ist die Zugkraft des Motors und um so langsamer läuft der Motor. Da bei Reihenschlußmotoren der gesamte Ankerstrom die Schenkelwindungen durchfließt, so kann bei großem Anlaufstrom auch eine hohe Zugkraft beim Anlauf entwickelt werden. Die Zugkraft wird auch nicht erniedrigt, wenn etwa durch Spannungsverlust in den Zuleitungen die Spannung an den Klemmen des Motors vermindert wird. Der Motor läuft unter diesen Verhältnissen nur entsprechend langsamer.

Reihenschlußmotoren sind demnach dort zu verwenden, wo der Motor stets belastet ist, eine hohe Zugkraft beim Anlauf verlangt wird und die mit der Belastung sich ändernde Drehzahl nicht unerwünscht ist, z. B. bei elektrischen Bahnen. Bei Talfahrten, also geringer Belastung, laufen die Motoren schnell, bei Bergfahrten langsam, wodurch sie zum Teil sich vor Überlastung schützen. Reihenschlußmotoren arbeiten ohne Umschaltung nicht stromgebend, wenn die Drehzahl durch Einwirkung von außen erhöht wird. Der Motor kann als Stromerzeuger nur dann Strom geben, wenn Anker oder Magnetwicklung umgeschaltet werden. In dieser Weise geschaltet, kann der Motor kurz- oder über einen Widerstand geschlossen, bremsend wirken (Kurzschlußbremse bei Straßenbahnen). *Nebenschlußmotoren* fallen in der Drehzahl innerhalb der Belastungsgrenzen, für die sie gebaut sind, bei gleichbleibender Erregung nur wenig ab. Bei gleichen Anlaßströmen ist die Anzugskraft der Motoren geringer als bei Reihenschlußmotoren. Um gleiche Zugkräfte wie bei letzteren zu erhalten, muß die Anlaßstromstärke erhöht werden. Wird die Umlaufzahl über die Motordrehzahl hinaus erhöht, so arbeitet die Maschine, ohne daß irgend welche Umschaltung nötig würde, als Generator auf das Netz. Wird die Spannung etwa infolge von Spannungsverlust in den Leitungen stark vermindert, so sinkt die Zugkraft des Motors. Nebenschlußmotoren finden die vielseitigste Verwendung in den verschiedensten Betrieben. Bei *Doppelschlußmotoren* mit Nebenschluß- und Hauptstromwicklung kann letztere so geschaltet werden, daß durch den Hauptstrom die magnetisierende Wirkung des Stroms in der Nebenschlußwicklung geschwächt wird. Der Motor läuft bei den verschiedenen Belastungen mit nahezu gleicher Drehzahl. Häufiger werden die Doppelschlußmotoren verwendet, um die Anzugskraft zu erhöhen. Die Hauptstromwicklung wird hierbei so geschaltet, daß die Erregung durch den Strom in der Hauptstromwicklung verstärkt wird. Der Abfall in der Drehzahl ist hierbei größer als bei reinen Nebenschlußmotoren.

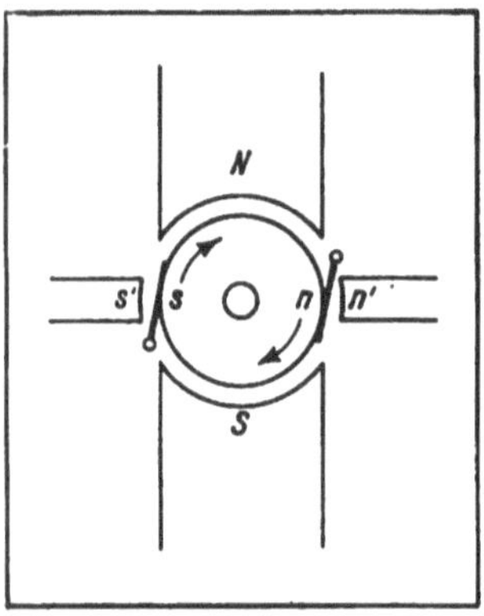

Bild 76. Polheit von Anker und Magneten eines Wendepolmotors.

Ähnlich wie die Generatoren werden auch die *Motoren* gewöhnlich *mit Wendepolen* versehen, damit sie bei allen Belastungen in unveränderter Bürstenstellung funkenfrei laufen. Die Reihenfolge der Hauptpole NS und der Wendepole n', s' ist in Bild 76 für einen zweipoligen Motor gezeichnet.

## *Betrieb von Gleichstrommotoren.*

Der Widerstand des Motorankers ist klein. Er würde daher gefährlich hohen Strom aufnehmen, wenn er ohne Vorsichtsmaßnahmen unmittelbar ans Netz geschaltet würde. Erst im Lauf schafft er sich die erforderliche Gegenspannung. Der hohe Stromstoß beim Einschalten würde nicht bloß den Motor gefährden, sondern könnte im ganzen Netz sich durch Spannungsschwankungen bemerkbar machen. Reihenschlußmotoren sind zwar durch die dem Anker vorgeschaltete Magnetwicklung besser geschützt als Nebenschlußmotoren, doch sind auch bei ihnen besondere Anlaßvorrichtungen nötig. Nur kleine Motoren können ohne Anlasser angelassen werden. Bis die Motoren sich die geforderte Gegenspannung im Lauf erzeugt haben, werden nur geringe Spannungen auf den Anker geschaltet, die entsprechend der mit zunehmender Drehzahl steigenden Gegenspannung bis zur vollen Spannung allmählich erhöht wird. Dies geschieht in der Regel in der Weise, daß während des Anlassens des Motors vor den Anker Widerstände geschaltet werden, die stufenweise vermindert werden.

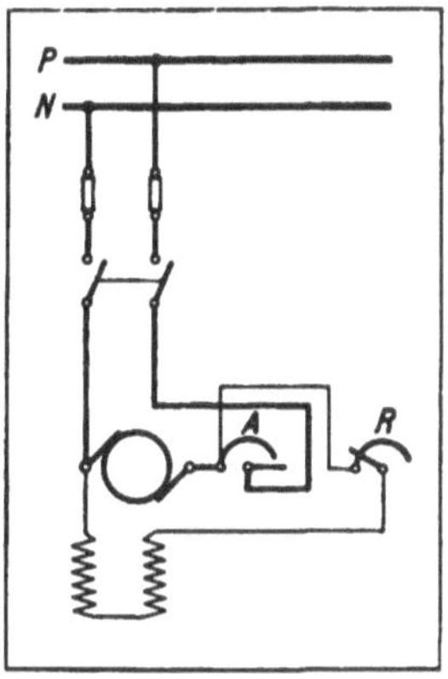

Bild 77. Schaltbild für Gleichstrommotoren mit Anlasser und Regler.

Die Schaltung eines Anlassers für einen Nebenschlußmotor zeigt Bild 77. Der Anschluß für die Magnetwicklung muß vor dem Anlasser oder einem Teil dieses Anlassers A abgezweigt werden, damit die Wicklung beim Einschalten des Motors sofort volle Spannung erhält, die Magnete voll erregt werden und der Motor mit großer Zugkraft anlaufen kann. Entsprechend dem Abschalten von Anlaßwiderständen steigt die Drehzahl des Motors. Die Anzahl der Stufen richtet sich danach, wieweit Stromänderungen beim Überleiten von einer Stufe zur nächsten zulässig sind. Je nachdem mehr oder weniger Massen zu beschleunigen sind, ist die Zeit vom Stillstand bis zum Erlangen der vollen Drehzahl verschieden. Die Anlaßzeit beträgt etwa $^1/_2$—2 Minuten. Die Anlaßwiderstände brauchen also nur so bemessen zu werden, daß sie die Anlaßstromstärke diese kurze Zeit über aushalten. Sind die Widerstände so bemessen, daß sie nur die beim Anlassen erzeugte Wärmearbeit aufnehmen können, *so dürfen sie nicht dauernd eingeschaltet bleiben.*

Bleibt Widerstand dauernd vor dem Anker eingeschaltet, so kommt der Motor nicht auf volle Drehzahl, er stellt sich auf eine der verminderten Ankerspannung entsprechende Drehzahl ein. Vor den Anker geschaltete Widerstände können daher zum Regeln der Drehzahl benutzt werden, *wenn sie so reichlich gebaut sind, daß sie den Ankerstrom dauernd vertragen können.* Wenn ein Motor in kurzen Zwischenräumen wiederholt angelassen wird, während der Anlasser sich in den Ruhepausen nicht genügend abkühlen kann, muß der Anlasser so reichlich gewählt sein, daß er diesen hohen Beanspruchungen standhält. Wird die Drehzahl des Motors durch Widerstände vor dem Anker vermindert, so treten Leistungsverluste in den Widerständen auf. Diese Art der Drehzahlreglung erfolgt also auf Kosten des Wirkungsgrades.

Durch Widerstände vor dem Anker kann die Drehzahl nur erniedrigt werden. Es ist solche Erniedrigung beispielsweise nötig im Straßenbahnbetrieb, wenn aus irgendwelchen Gründen langsam gefahren werden muß. Ein weiteres Herabregeln auf sehr geringe Drehzahl, wie dies bei Revisionsfahrten in Förderanlagen zuweilen erwünscht ist, kann bei Reihenschlußmotoren durch zum Anker parallel geschaltete Widerstände ermöglicht werden (Meyer-Schaltung).

Soll die Drehzahl erhöht werden, so muß der Strom in der Magnetwicklung geschwächt werden, da dann der Motor bei geschwächten Magneten eine höhere Drehzahl annehmen muß, um die erforderliche Gegenspannung zu erzeugen. In Bild 77 ist in den Erregerstromkreis ein solcher Regelwiderstand R (Regler) eingeschaltet.

Als Widerstandsstoff für die Anlasser wird Reinmetall oder Legierung, Silit, Flüssigkeit verwandt. Sollen die Widerstände ihren Wert unabhängig von der beim Anlassen in ihnen auftretenden Erwärmung behalten, so werden Legierungen in Kupfer mit Mangan oder Nickel, z. B. Konstantan, Manganin gewählt. Die metallischen Widerstände bestehen aus Drähten oder Bändern, die schraubenförmig gewunden werden oder aus Gaze, oder aus in Asbestgewebe versponnenen Drähten usw. Darf der Widerstand seinen Wert durch Erwärmung ändern, so kann reines Metall beispielsweise Eisendraht gewählt werden. Viel verwendet werden auch gußeiserne Widerstände, die in dünnen Bändern gewunden hergestellt werden. Für kleinere Motoren werden zuweilen Silitwiderstände genommen. Der Widerstand des Eisens steigt, der von Flüssigkeitswiderständen fällt mit der Erwärmung. Bei hoher Beanspruchung muß Sorge getragen sein, daß die auftretenden hohen Wärmegrade für die Umgebung keine Gefahr bringen.

Wie weit der Wärmegrad in dem Widerstandskörper bei bestimmter Belastung steigt, hängt von der Wärmeaufnahmefähigkeit und Wärmeableitung ab. Sollen die Widerstände durch die vorbeistreichende Luft gekühlt werden, muß durch passende Aufstellung dafür gesorgt werden, daß die Luft frei zum Widerstandsstoff gelangen kann. Zuweilen wird der Widerstand in trockenen Sand gebettet (Sandanlasser), um die Wärme zum Teil an den Sand ableiten zu können. In vollkommenerem Maße

geschieht dies durch Einlegen des Widerstandsstoffs in Öl (Ölanlasser Bild 78), wobei infolge des Ölumlaufs dauernd kühlendes Öl an den Widerstand kommt.
Für die *Flüssigkeitswiderstände*, die meist nur für Wechselstrommotoren verwandt werden, werden gewöhnlich mit leitender Flüssigkeit gefüllte Eisengefäße gewählt, in die sichelförmige Eisenblechscheiben eingetaucht werden. Je tiefer die Bleche eintauchen und je geringer der Abstand der Bleche ist, um so geringer ist der Widerstand der Flüssigkeit zwischen den Blechen. Nach völligem Eintauchen wird der Widerstand kurzgeschlossen. Gewöhnliches Leitungswasser hat für die meisten Zwecke zu geringe Leitfähigkeit, weshalb in ihm Soda aufgelöst wird. Der Gehalt an Soda richtet sich nach der Höhe des verlangten Widerstandes, wobei zu berücksichtigen ist, daß bei Erwärmung des Wassers der Widerstand abnimmt, Wasserwiderstände lassen sich nur in frostfreien Räumen verwenden. Nötigenfalls wird der Flüssigkeit Glyzerin beigemischt.

Bild 78. Anlaßwiderstand mit Ölkühlung (Stufenschalter abgedeckt).

Für große Motoren wird zuweilen bei Flüssigkeitswiderständen die Verdampfungswärme des Wassers benutzt (Heißwasseranlasser), wobei für Ergänzung des verdampften Wassers gesorgt werden muß.
Die gebräuchlichsten Anlaßschalter (Bild 79) haben eine Stufenscheibe aus Metallstücken, über die die Kontaktbürste gleitet. An die Metallstücke sind durch Abzweigung die Widerstandsstufen angeschlossen. Für häufiges Anlassen von Motoren sind *Schaltwalzen*, z. B. für Aufzüge, Kranbetriebe, Straßenbahnwagen (Fahrschalter) in Gebrauch, die auch zum Umsteuern der Motoren in verschiedener Drehrichtung dienen. Diese haben eine drehbare Walze, auf der isoliert Kontaktringteile aufgesetzt sind. Auf diesen schleifen federnde Kontakthämmer, durch die die Verbindung mit Motor und Widerständen hergestellt wird. Gestaltung und Verbindung der Kontaktteile sind derartig, daß durch Drehen der Walze die erforderlichen Schaltungen für das Anlassen, Umsteuern usw. gemacht werden. In die Schaltwalze werden entweder die Motorströme unmittelbar eingeführt, wobei die Kontaktteile entsprechend stark bemessen sind oder es werden durch die Schaltwalze (*Meisterwalze*) nur schwache Relaisströme ge-

Bild 79. Handanlasser mit Luftkühlung (Schutzkappe abgenommen).

schaltet. Die Magnetanker dieser Relais oder Schütze vermitteln die für den Motor erforderlichen Schaltungen (Schützensteuerung).
In Betrieben, in denen ein Anlassen von Hand nicht angängig ist, wie z. B. bei Aufzügen, wird das Anlassen *selbsttätig* ausgeführt. Das Überschalten von Stufe zu Stufe erfolgt in richtiger zeitlicher Folge abhängig von der Drehzahl oder vom Ankerstrom durch Zentrifugalregler oder durch Schütze. Für Fördermaschinen, Walzwerke und dgl. ist weitestgehende Reglung der Drehzahl großer Motoren erforderlich. Um in wirtschaftlicher Weise ohne große Verluste in Widerständen dies zu ermöglichen, werden Anlaßgeneratoren verwendet. Während die Erregung des Motors unverändert gelassen wird, wird durch einen Motorgenerator eine veränderliche Spannung für den Anker des Motors erzeugt, die durch passende Widerstände im Erregerstromkreis des Generators und Schaltung von dem Tiefstwert zum Höchstwert verändert oder zum Zweck des Umsteuerns umgekehrt wird. Entsprechend der dem Motoranker zugeführten veränderlichen Spannung ändert sich die Drehzahl. Da der Strom in der Magnetwicklung nur klein ist gegenüber dem Nutzstrom im Anker, ist nur ein verhältnismäßig kleiner Widerstand zum Regeln erforderlich (Leonardschaltung).

### *Änderung der Drehrichtung der Gleichstrommotoren.*

Der Drehsinn des Motors wird durch die Polarität im Anker ns, die an den Stromein- und -austrittsstellen bb auftritt (Bild 80) und in den Magnetpolen (NS) bestimmt. Die Polaritäten hängen von dem Wicklungssinn im Anker und den Schenkeln ab. Gewöhnlich werden die Gleichstrommaschinen für Rechtslauf von der Antriebsseite aus gesehen (im Sinne der Uhrzeigerbewegung) gebaut. Der Nordpol N zieht den Südpol s an. Hierdurch wird der Drehsinn des Motorankers bestimmt. Um einen Motor umzusteuern, muß demnach die Polrichtung entweder der Magnetpole oder des Ankers, nicht aber beider zugleich geändert werden, d. h. es muß die Richtung des Ankerstromes oder des Erregerstromes umgekehrt werden. Vertauscht man die beiden zum Netz NP führenden Leitungen, so ändert sich gleichzeitig die Polrichtung im Anker und in den Schenkeln. Der Drehsinn des Motors wird daher nicht geändert. Es ist also gleichgültig, wie man einen Motor (falls er nicht von einer getrennten Stromquelle erregt wird) an das Netz anschließt.

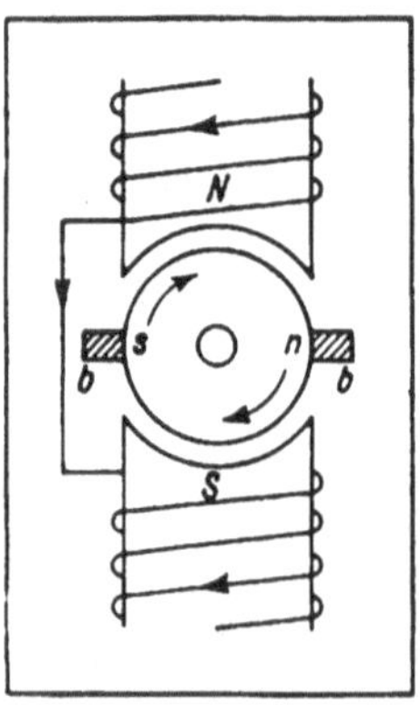

Bild 80. Drehsinn der Gleichstrommotoren.

Ob es für die Umkehr der Drehrichtung zweckmäßiger ist, den Strom im Anker- oder Schenkelstromkreis umzukehren, hängt von Zweckmäßigkeitsgründen ab. Bei Umkehr der Stromrichtung im Schenkelstromkreis muß darauf geachtet werden, daß bei Unterbrechung des Stromkreises keine Induktionsspannungen auftreten, die zu starker Funkenbildung Veranlassung geben. Das Feuer an der Unterbrechungsstelle wird z. B. vermindert, indem parallel zur Schenkelwicklung ein Widerstand geschaltet wird. Ein Motor darf erst umgesteuert werden, nachdem er stillgesetzt ist. In Bild 81 ist die Abwicklung der Schaltung einer Schaltwalze für Umsteuerung eines Reihenschlußmotors durch die Umkehr des Ankerstromes dargestellt. Die Kontaktstücke, von denen einzelne mit K bezeichnet sind, sind isoliert auf der Oberfläche einer mittels Kurbel oder Handrad drehbaren Walze (Kontaktwalze) angebracht. Einzelne Kontaktstücke sind untereinander leitend verbunden. Die leitende Verbindung mit Motor M und Anlaßwiderständen R wird durch die Kontakthämmer h vermittelt. In der Nullstellung *O* befindet sich kein Kontakthammer auf einem Kontaktstück. Motoranker M, Schenkelwicklung S und Anlaßwiderstand R sind von den Netzleitungen NP getrennt. Wird die Walze rechts herum gedreht, so daß die Hämmer in Stellung 1 kommen, so wird der Motor unter Vorschaltung des Anlaßwiderstandes eingeschaltet. Der Strom fließt von P durch die Sicherung s und den obersten Hammer zum obersten Kontaktstück rechts, das mit dem benachbarten leitend verbunden ist. Der zweite Hammer (von oben) vermittelt die Leitung durch die Schenkelwicklung S und den Widerstand R (der dritte, vierte und fünfte Hammer liegen in Stellung 1 auf keinem Kontaktstück auf) und durch den sechsten Hammer zum sechsten Kontaktstück, von da zu dem zweituntersten Kontaktstück, auf dem der Hammer mit dem Anschluß des Motorankers liegt. Vom Anker fließt der Strom durch den drittuntersten Hammer zum drittuntersten Kontaktstück (rechts) und von diesem zum untersten Kontaktstück und

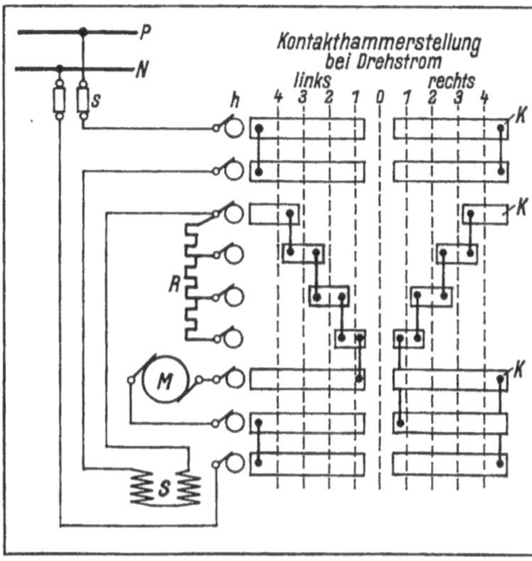


Bild 81. Schaltbild (Abwicklung) für die Steuerwalze eines Gleichstrom-Reihenschlußmotors.

durch Vermittlung des untersten Hammers zurück zur negativen Netzleitung N. Der Motor setzt sich in Stellung 1 in Bewegung rechts herum. In den folgenden Stellungen 2, 3, 4 werden Teile des Widerstandes R abgeschaltet. In Stellung 4 liegt der Motor unmittelbar am Netz. Die Kontaktstücke links unterscheiden sich von denen rechts nur durch die Schaltung der drei untersten Kontaktstücke. Bei Drehung der Kontaktwalze nach links durchfließt der Strom in umgekehrter Richtung den Anker. Der Motor dreht sich links herum. Bild 82 zeigt eine Anlaßwalze, bei der, um das Innere zu sehen, das vordere Schutzblech abgehoben ist.

Bild 82. Anlaßwalze für Gleichstrommotoren mit abgenommenem Schutzblech.

Bei kleinen Motoren kann, wenn keine besonderen Forderungen in bezug auf geringen Anlaufstrom und Zugkraft beim Anlauf gestellt werden, der Anlaßwiderstand wegfallen. Reihenschlußmotoren verhalten sich hierbei günstiger als Nebenschlußmotoren. Nötigenfalls wird statt des Anlassers ein Widerstand in den Ankerstromkreis geschaltet, der dauernd vor dem Anker geschaltet bleibt. Hierdurch wird z. B. bei Aufzügen ein sanftes Anfahren erreicht, allerdings auf Kosten des Wirkungsgrades und der Motorleistung.

Wenn statt einfacher Nebenschluß- oder Reihenschlußmotoren solche mit Wendepolwicklung, mit Kompensationswicklung oder Doppelschlußwicklung verwandt werden, so muß beim Umschalten auf entgegengesetzte Drehrichtung auf das richtige Schalten dieser Wicklungen geachtet werden. Für die richtige Schaltung ist zu berücksichtigen, daß Wendepol- und Kompensationswicklung auf das Ankerfeld wirken sollen, demnach beim Umkehren des Ankerstromes auch der Strom in jenen Wicklungen umgekehrt werden muß. Soll der Strom in der dickdrähtigen Wicklung von Doppelschlußmotoren die Magnetisierung der Schenkel verstärken, so muß er bei Umkehr der Drehrichtung des Motors stets gleiche Richtung behalten wie der Strom in der dünndrähtigen Nebenschlußwicklung.

### *Stillsetzen der Motoren.*

Wird ein Motor vom Netz abgeschaltet, so kommen die in Bewegung gesetzten Massen nicht sofort zur Ruhe, „er läuft nach". Die in diesen Massen aufgespeicherte Arbeit hängt von der Drehzahl, dem Gewicht der Massen und deren räumlicher Verteilung ab. Sie ist allgemein bei schnellaufenden Maschinen, wie Turbogeneratoren, bedeutend, kann aber auch z. B. bei langsamlaufenden Motoren, die mit Schwungrad gekuppelt sind (Ilgnerschaltung), so groß sein, daß der stromlose Motor noch reichliche Arbeit leisten kann. Soll der Motor nach der Abtrennung vom Netz sofort stillstehen, z. B. wenn bei Hebezeugen die Last an bestimmter Stelle halten soll, wenn Gefahr im Verzuge ist oder aus sonstigen Gründen, so muß die im umlaufenden Motor steckende Arbeit diesem entzogen werden. Dies geschieht, indem diese Arbeit in irgendeine andere Arbeitsform umgesetzt wird.

Der vom Netz abgetrennte Motor kann, solange er noch läuft, in richtiger Schaltung als Generator Strom abgeben. Nebenschlußmotoren laufen ohne Umschaltung als Stromerzeuger weiter, während bei Reihenschlußmotoren erst Anker- oder Schenkelwicklung umgeschaltet werden muß. Wird der Stromkreis durch einen Widerstand geschlossen, so erzeugt der entnommene Strom in diesem Widerstand Wärme. Dieser Strom ist um so stärker, je kleiner der Widerstand gewählt wird. Am stärksten ist er bei Reihenschlußmotoren, wenn der Stromkreis kurzgeschlossen wird. Man hat so ein Mittel in der Hand, die im Motor steckende mechanische Arbeit in Wärmearbeit umzuwandeln. Da dem Motor hierbei sein Arbeitsvorrat entzogen wird, wird er stillgesetzt — gebremst. Das Bremsen ist also um so stärker, je kleiner der Widerstand gewählt wird (Kurzschlußbremse).

Ein anderes Mittel, dem abgeschalteten aber noch laufenden Motor seinen Arbeitsvorrat zu entziehen, ist die Erzeugung von Wirbelströmen, z. B. in einer mit dem Motor gekuppelten Metallscheibe zwischen den Polen eines Elektromagneten (Wirbelstrombremse).

Schnell und sicher wird ein Motor durch Verwendung eines *Bremsmagneten* stillgesetzt. Die Einrichtung wird hierbei so getroffen, daß bei stillstehendem Motor eine mechanische Bremse durch Federkraft fest angezogen wird. Soll der Motor in Gang gesetzt werden, so wird durch die Zugkraft eines Elektromagneten (Bremsmagneten), die der Federkraft entgegenwirkt, die Bremse gelüftet. Beim Abschalten des Motors vom Netz wird gleichzeitig der Elektromagnet stromlos gemacht, er verliert seinen Magnetismus und daher seine Zugkraft. Die Bremsfeder zieht daher die Bremse wieder kräftig an, so daß der Motor festgebremst wird. Es wird hierbei die mechanische Arbeit des Motors in Wärmearbeit verwandelt, die sich durch Reibung der Bremsbacken auf der Bremsscheibe entwickelt.

Wird, wie dies bei Aufzügen der Fall ist, ein sanftes Stillsetzen des Motors verlangt, so wird die Drehzahl des Motors vor Anziehen der Haltebremse vermindert. Dies erreicht man bei Nebenschlußmotoren durch Verstärken des Erregerstromes durch Kurzschließen von Vorschaltwiderstand. Auf diese Weise wird bei Aufzügen eine genügende Verzögerung der Fahrgeschwindigkeit und genaues Anhalten erreicht.

### Wirkungsgrad.

Wie bei allen Maschinen ist auch bei Elektromotoren die abgegebene Leistung geringer als die aufgenommene. Bei jeder Umwandlung der Arbeitsform treten Verluste auf. Das Verhältnis von Abgabe zu Aufnahme bezeichnet man als Wirkungsgrad. Die Verluste bestehen beim Elektromotor im wesentlichen in Stromwärme, die durch den Strom in der Anker- und Schenkelwicklung erzeugt wird, in Verlusten im Ankereisen, das im Lauf dauernd ummagnetisiert wird, in Verlusten durch Lagerreibung und durch Überwindung des Luftwiderstandes. Wird auch die mechanische Leistung in Kilowatt gerechnet, so ergibt sich einfach

$$\textit{Wirkungsgrad} = \frac{\textit{Abgabe in kW}}{\textit{Aufnahme in kW}}$$

Wird die abgegebene Leistung in Pferdestärken (1 PS = 0,736 kW) gemessen, so ist

$$\textit{der Wirkungsgrad} = \frac{\textit{Abgabe in PS} \times 0{,}736}{\textit{Aufnahme in kW}}$$

Die aufgenommenen Kilowatt können durch Strom- und Spannungsmessung ermittelt werden, die Leistung durch mechanisches Abbremsen des Motors mittels Bremszaums.

Die Wirkungsgrade für kleine Motoren bis rd. 5 kW betragen 70—80 vH, d. h. 30—20 vH der zugeführten Leitung werden im Innern des Motors in Wärme, Luftbewegung usw. umgesetzt. Motoren mittlerer Größe bis rd. 75 kW haben einen Wirkungsgrad von 80—90 vH, bei größeren Motoren ist der Wirkungsgrad höher.

### Motor und Generator.

Jeder Gleichstromgenerator kann als Motor und umgekehrt kann jeder Motor als Generator verwandt werden. Soll ein Generator nachträglich als Motor verwendet werden, so macht er, wenn die Spannung unverändert bleibt, weniger Umdrehungen, als er als Generator benötigte. Bei Motoren mittlerer Größe beträgt dies rd. 20 vH. Soll die Drehzahl der Maschine im Betriebe als Motor die gleiche bleiben, die sie als Generator hatte, so muß die Erregung vermindert oder die Ankerspannung erhöht werden. Nebenschlußmaschinen bedürfen hierbei keinerlei Umschaltung, sie laufen als Motor in derselben Richtung, die sie als Stromerzeuger hatten. Bei einer Doppelschlußmaschine muß die Stromrichtung für die dickdrähtige Wicklung umgekehrt werden, damit die Erregung verstärkt wird, Wendepolwicklung bleibt unverändert.

Aus Bild 80 (Seite 86) kann der Drehsinn einer Gleichstrommaschine als Stromerzeuger oder Motor ersehen werden. Fließt der Strom derartig durch Anker- und Schenkelwicklung, daß wie in Bild 80 die Pole sich bilden, so muß der Anker infolge der Anziehung ungleichnamiger Pole sich im Sinne des Uhrzeigers drehen. Soll die Maschine als Stromerzeuger wirken, also Arbeit leisten, so muß Arbeit mechanisch aufgebracht werden, dies geschieht, wenn der Südpol s des Ankers entgegen der Anziehungskraft des Nordpols der Schenkel gedreht wird. Als Stromerzeuger muß bei der dargestellten Polrichtung die Maschine entgegen dem Sinn der Uhrzeigerbewegung gedreht werden. Bei der Nebenschlußmaschine bleiben die Schenkelpole bei Betrieb als Stromerzeuger oder Motor unverändert, nur die Ankerpole ändern sich. Es bleibt daher die Drehrichtung unverändert. Bei Verwendung eines Reihenschlußmotors als Stromerzeuger ändern sich Schenkel- und Ankerpole. Als Stromerzeuger muß er daher in anderer Richtung betrieben werden wie er als Motor läuft.

Die neutrale Zone am Kommutator, in der die Bürsten funkenfrei laufen, ändert sich bei Nebenschlußmaschinen, je nachdem sie als Motoren oder Generatoren verwendet werden. Wird eine früher als Generator benutzte Maschine nachträglich als Motor verwendet, so müssen die Bürsten entgegen der Drehrichtung zurückgeschoben werden.

### *Wechselstromerzeuger.*

Wechselstromerzeuger sind einfacher als Gleichstromerzeuger, da die in den Ankerwicklungen erzeugten (induzierten) Spannungen unmittelbar ohne irgendwelche Umformung außen abgenommen werden können. Das *Magnetgestell* enthält wechselnd Nordpole und Südpole, deren Bewicklung von einer Gleichstromquelle gespeist wird. Um der umlaufenden Magnetwicklung Strom zuzuführen, sind isoliert auf die Welle zwei Schleifringe gesetzt, an die die Enden der Erregerwicklung angeschlossen sind. Auf diesen Schleifringen schleifen die Stromzuführungsbürsten. Der Gleichstrom, der für die Schenkelerregung erforderlich ist, kann von einer beliebigen Gleichstromquelle von passender Spannung entnommen werden. Gewöhnlich wird auf die Welle des Magnetgestells eine besondere Gleichstrommaschine (*Erregermaschine*) entweder außerhalb oder innerhalb des Lagerschilds gesetzt. Befindet sich die Erregermaschine außerhalb des Lagerschilds, so wird sie entweder fliegend auf die Welle aufgesetzt, d. h. sie erhält kein besonderes Lager oder es wird für sie noch ein drittes Lager vorgesehen oder sie wird auf ein Konsol aufgesetzt (Bild 83). Die für die Erregung der Wechselstrommaschine erforderliche Spannung wird durch Regelwiderstand im Erregerkreis der Nebenschluß-Erregermaschine geregelt. Bei Fremderregung, d. h. bei Entnahme des Erregerstroms von einem beliebigen Gleichstromnetz sind im Erregerkreis der Wechselstrommaschine Hauptstromregler nötig. Bei den rasch laufenden Turbogeneratoren hat der Magnetkörper drehrunde zylindrische Form

(Bild 84), der sich, um stoßfreien Gang zu erhalten, gut auswuchten läßt. Die Erregerwicklung ist hierbei in Nuten eingebettet, die durch feste Keile verschlossen sind.

Der feststehende *Anker* erhält Wechselstrombewicklung je nach den Zwecken einphasig oder mehrphasig. Die Wicklung wird in Nuten im Eisenkörper eingelegt. Die Nuten haben offene Form, so daß die Wicklung, die als Formwicklung auf Schablonen fertig hergestellt wird, bequem eingelegt werden kann. Es ist dies besonders bei etwa sich notwendig erweisenden späteren Ausbesserungen von großem Vorteil. Bei

**Bild 83. Drehstrommaschine für Riemenantrieb mit angebauter Erregermaschine.**

Einphasenmaschinen wird der Strom in zwei Leitungen, bei Drehstrommaschinen in drei Leitungen nach außen geführt. Zuweilen wird bei Drehstrommaschinen, deren Wicklung in Sternschaltung verkettet ist, vom Verkettungspunkt, dem Null- oder Sternpunkt der Maschine eine weitere, vierte Leitung herausgeführt. An diese kann der Nulleiter (Ausgleichleiter) der Maschine angeschlossen werden. Das Herausführen des Nulleiters ist erforderlich, wenn der Nullpunkt der Maschine unmittelbar oder über Drosselspulen geerdet werden soll.

Die *Leistung* der Maschine wird bei phasenverschobenem Strom als Scheinleistung in Kilovoltampere unter Angabe des $\cos\varphi$ angegeben. Ist dieser 0,8, die Scheinleistung 1000 kVA, so ist die Wirkleistung 800 kW. Nur für diese Leistung braucht die Antriebsmaschine gewählt zu werden, während die Größe der Wechselstrommaschine durch die Scheinleistung bestimmt ist.

Kleine Generatoren bis rd. 27 kVA werden gewöhnlich für Spannungen von 125—500 V, solche von mittlerer Größe bis rd. 300 kVA werden gewöhnlich bis 6000 V, große auch für höhere Spannung gewickelt. Sehr hohe Spannungen von rd. 30—100 kV werden zweckmäßig nicht unmittelbar, sondern durch Vermittlung von Transformatoren erzeugt.

Bild 84. Ständer und Läufer eines 60 000 kVA-Turbogenerators, fertig gewickelt in der Werkstatt.

Abhängig von der Größe und Verteilung der Massen im umlaufenden Magnetgestell geraten die Maschinen im Lauf in Pendelungen, d. h. im Gleichtakt verlaufenden, beschleunigten und verzögerten Lauf. Solche Schwingungen können von nicht gleichförmig verlaufenden Antriebsmaschinen, z. B. Kolbendampfmaschinen, herrühren. Auch vom Netz her können solche Schwingungen angeregt werden, z. B. wenn ein ans Netz angeschlossener Motor eine ungleichförmig laufende Maschine, z. B. eine Kolbenpumpe antreibt. Wenn die Eigenschwingungen und die von der Antriebsmaschine herrührenden im Takt übereinstimmen (Resonanz), so können die entstehenden Schwebungen so verstärkt werden, daß Strom und Leistung stark schwanken und parallel laufende Maschinen aus dem Tritt fallen. Um solche Resonanzerscheinungen nicht aufkommen

zu lassen, wird durch richtige Massenverteilung der Maschine gesorgt, daß das Schwungmoment *) den Verhältnissen angepaßt wird und der Ungleichförmigkeitsgrad (der Ungleichförmigkeitsgrad ist bestimmt durch das Verhältnis $\frac{V_{max}}{V_{min}}$ wobei $V_{max}$ die höchste Geschwindigkeit im beschleunigten Zustand, $V_{min}$ die geringste Geschwindigkeit im verzögerten Zustand ist) in gewissen Grenzen bleibt. Zur Dämpfung der Eigenschwingungen der Magnetgestelle erhalten diese zuweilen sog. Dämpfungswicklung, eine käfigartige Wicklung am Umfang des Magnetgestells. Diese besteht aus Kupferstäben, die durch die Polschuhe gezogen und an den Stirnflächen leitend verbunden sind. Richtig bemessen hat sie außer der Dämpfung der Schwingungen noch sonstige Vorteile.
Die zeitliche Phasenfolge der drei Drehstromspannungen hängt von der Art der Bewicklung und vom Drehsinn des Generators ab. Die Phasenfolge muß für alle auf gleiches Netz arbeitenden Maschinen gleich sein.
Die Frequenz des erzeugten Wechselstroms hängt von der Polzahl und Drehzahl ab (S. 15). Ist die Polzahl $z$, die Drehzahl in der Minute $n$, so ist die Frequenz $\frac{nz}{120}$. Die gebräuchlichste Frequenz für Anschluß von Lampen und Motoren ist 50. Um Wechselstrom dieser Frequenz zu erzeugen, muß eine vierpolige Maschine 1500 Umdr/min machen, eine zwölfpolige 500 Umdr/min. Für Einphasenbahnen ist eine Frequenz $16^2/_3$ üblich. Eine solche Frequenz gibt ein zweipoliger Generator bei 1000 Umdr/min, ein vierpoliger bei 500 Umdr/min.
Der mechanische Aufbau ist ähnlich dem der Gleichstromerzeuger. Die Lager erhalten gewöhnlich Ringschmierung, Turbogeneratoren Preßölschmierung. Bei großen Abmessungen, insbesondere langen Maschinen werden die Maschinen künstlich gekühlt, indem kalte Frischluft, die durch Filter staubfrei gemacht wird, durch die Maschine gepreßt wird.
Ist zu befürchten, daß die Maschine im Betriebe, wenn auch nur vorübergehend, kurzgeschlossen wird, so muß die Maschine gegen die Wirkung der hohen Kurzschlußströme geschützt werden, insbesondere erhält die Wicklung an den Stirnflächen Wicklungsversteifung, die ein Zusammenschlagen der Wicklung verhindert.

### *Spannungsreglung der Wechselstromerzeuger.*

Wie bei Gleichstromerzeugern fällt auch bei Wechselstrommaschinen mit steigender Belastung die Spannung ab. Die Art der Belastung ist hierbei nicht gleichgültig. Bei induktionsfreier Belastung (Lichtbelastung)

*) Erläuterung zum Begriff Schwungmoment siehe Aufs. von Dr. H. Pfleiger-Härtel, Siemens-Zeitschrift 1921 Seite 97.

ist der Spannungsabfall geringer als bei induktiver (Motorbelastung). Trägt man (Bild 85) bei gleichbleibender Erregung die Spannung in Abhängigkeit vom Strom in solchem Maßstabe auf, daß für den bei Kurzschluß auftretenden Höchststrom der Maschine (Kurzschlußstrom) die gleiche Strecke genommen wird wie für die Spannung bei unbelasteter Maschine (Leerlaufspannung) $OA = OB$, so erhält man für die Höhe der Spannung in roher Annäherung einen Kreis, dessen Mittelpunkt in $O$ liegt. Bei induktiver Belastung nähert sich diese Kurve um so mehr der Geraden $AB$, je größer die Phasenverschiebung ist. Bei einer Phasenverschiebung $\cos \varphi = 0$ geht die Kurve in diese Gerade über. Bei kapazitiver Belastung (Kondensatorenbelastung) buchtet die Kurve über die Kreiskurve hinaus aus. Die Spannung kann bei Kondensatorbelastung sogar mit zunehmender Belastung ansteigen. Dies kann z. B. im Betriebe auftreten, wenn eine Maschine leer auf ausgedehnte Fernleitung geschaltet wird.

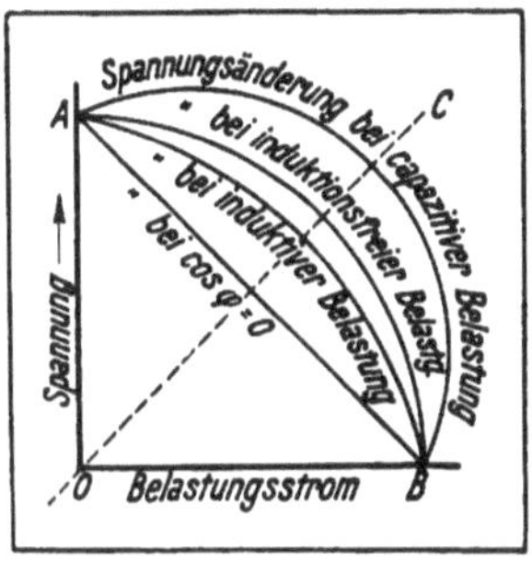


Bild 85. Änderung der Spannung eines Drehstromerzeugers mit zunehmender Belastung bei gleichbleibender Erregung.

Eine Kompoundierung, wie sie in einfacher Weise bei Gleichstrommaschinen vorgenommen werden kann, ist bei Wechselstrommaschinen umständlich, so daß sie selten angewendet wird. Im regelrechten Betriebe muß die Spannung der Belastung entsprechend geregelt werden. Ist für die Gleichstromerregung der Magnetpole eine Reihenschlußmaschine verwendet, so wird zwischen Erregermaschine und Magnetwicklung ein Hauptstromregelwiderstand geschaltet. Wird als Erregermaschine eine Nebenschlußmaschine angebaut, so genügt es meist, einen Regelwiderstand in den Nebenschlußkreis dieser Maschine einzubauen. Dies ist erforderlich, wenn ein Schnellregler verwendet wird. Die Regelwiderstände können entweder von Hand bedient, oder selbsttätig geregelt werden. Bei selbsttätiger Reglung (Bild 86) unterscheidet man Trägregler, Eilregler, Schnellregler. Bei ruhigem Betriebe, in dem keine stoßweise starken Belastungsänderungen auftreten, genügen *Trägregler*, bei häufiger auftretenden Belastungsstößen, wobei die Spannungsänderungen schnell ausgeglichen werden sollen, so

Bild 86. Selbstregler für Gleichstrom- oder Wechselstromerzeuger.

daß Motoren noch nicht unzulässig abfallen, werden *Eilregler* verwendet. *Schnellregler* werden eingebaut, wenn sich bei Belastungsstößen auch kurz dauernde Spannungsschwankungen in den Lampen unangenehm bemerkbar machen würden. Trägregler und Eilregler werden sowohl in Gleichstromanlagen (Seite 79), als auch in Wechselstromanlagen verwendet. Schnellregler werden, von Ausnahmefällen abgesehen, nur für Wechselstromgeneratoren verwendet.

Trägregler sowie Eilregler erhalten Spannungsrelais, durch deren Vermittlung ein Hilfsmotor in der einen oder anderen Richtung gesteuert wird. Dieser schaltet in den Erregerkreis mehr oder weniger Widerstand ein und bringt so die Spannung auf die geforderte Höhe. Beim Trägregler kann der ganze Regelbereich in rd. 45 s, beim Schnellregler in 6—9 s verstellt werden.

Schnellregler arbeiten mit geringer Masse, folgen daher sehr schnell den Belastungsänderungen. Das Spannungsrelais beeinflußt ein sog. Zitterrelais, das dauernd in Bewegung ist und je nach der Einwirkung des Spannungsrelais längere oder kürzere Zeit einen Kontakt schließt und so durch Vermittlung eines Zwischenrelais den Vorschaltwiderstand der Nebenschluß-Erregerwicklung kürzere oder längere Zeit kurzschließt und in dieser Weise die Spannung regelt.

Laufen mehrere Drehstromerzeuger parallel, so kann es genügen, nur eine, etwa die größte Maschine zu regeln und die anderen Maschinen mit gleichbleibender Erregung arbeiten zu lassen. Treten größere Lastschwankungen auf, die die Leistung einer zu regelnden Maschine übersteigen, so ist es vorteilhaft, mehrere oder alle Maschinen selbsttätig zu regeln.

Statt durch den Regler gleichbleibende Spannung zu erzeugen, kann er auch benutzt werden, um mit steigender Belastung eine steigende Spannung zu erzeugen und so den Spannungsverlust einer Fernleitung auszugleichen usw.

### *Parallelschalten von Wechselstrommaschinen.*

Wechselstrommaschinen kann man untereinander und mit dem Netz parallel schalten, wenn die Spannungskurven sich völlig decken, d. h. wenn sie in Stärke, Phase und Frequenz bei Drehstrommaschinen auch in der Phasenfolge übereinstimmen. Für einen geordneten Parallellauf ist erwünscht, daß auch die Kurvenform (Seite 15) die gleiche ist, daß also nicht die eine Maschine reine Sinusform, die andere spitze, flache oder sonstwie verzerrte Kurvenform (mit Oberschwingungen) gibt. Diese letztere Bedingung ist aber nicht unbedingt zu erfüllen, es kann aber der Parallellauf dadurch verschlechtert werden.

Die Bedingungen für das Parallelschalten kann man sich klar machen an der Aufgabe, zwei umlaufende Uhrzeiger (Bild 87) mechanisch zu kuppeln. Um sie mittels der Kuppelstange $K$ kuppeln zu können, muß der Drehsinn übereinstimmen (entspricht gleicher Phasenfolge), die Kuppelstange muß bei den Zeigern in gleicher Entfernung vom Mittelpunkt angreifen (entspricht gleicher Spannung), die Zeiger müssen gleiche Phasenstellung haben $\varphi_1 = \varphi_2$ (entspr. gleicher Phase), die Zeiger müssen gleiche Drehzahl haben (entspr. gleicher Frequenz).

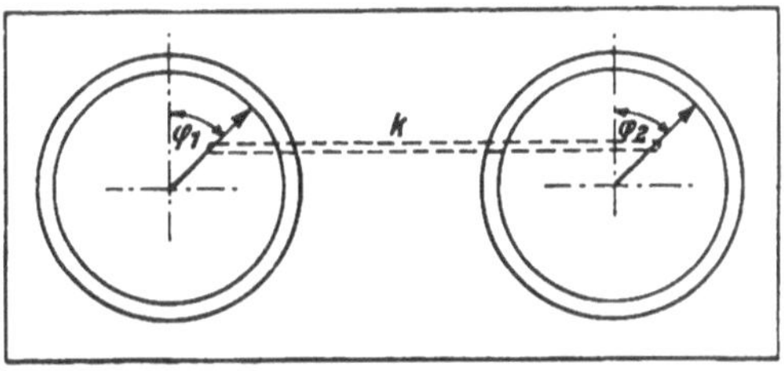


Bild 87. Kupplung zweier kreisender Zeiger (mechanische Parallelschaltung).

Die *Phasenfolge* hängt von der Wicklungsart und der Drehrichtung der Maschine ab, diese bleibt in einer Anlage einmal richtig festgelegt, gewöhnlich unverändert, so daß nur noch auf die übrigen Bedingungen geachtet zu werden braucht. Ob die *Spannungen* übereinstimmen, kann leicht durch Spannungsvergleich mit einem Spannungsmesser festgestellt werden. An Phasenmessern und Frequenzmessern können *Phase* und *Frequenz* der einzelnen Maschinen getrennt abgelesen werden. Genauer wird festgestellt, ob ein Phasen- oder Frequenzunterschied in beiden parallel zu schaltenden Maschinen vorhanden ist, wenn hierfür geeignete Meßgeräte verwendet werden. Am einfachsten geschieht dies, wenn (Bild 88) zwischen entsprechende Maschinenleitungen, also etwa zwischen $T_1$ und $T_2$, zwischen $S_1$ und $S_2$ Glühlampen $G$ geschaltet werden. Wenn die Frequenzen der beiden Maschinen nicht übereinstimmen, so treten wie bei zwei nicht genau abgestimmten Stimmgabeln in den Lampen G Schwebungen entsprechend dem Frequenzunterschied auf. Die Lampen werden wechselnd hell und dunkel. Der Wechsel tritt um so schneller ein, je größer der Frequenzunterschied ist. Geringer Frequenzunterschied wird demnach an der langsamen Änderung der Leuchtstärke der Glühlampen erkannt. Bei Phasengleichheit bleiben die Lampen, gleiche mittlere Spannungen der Maschinen vorausgesetzt, dunkel. Es kann also der Schalter S eingerückt, d. h. es kann parallel geschaltet werden,

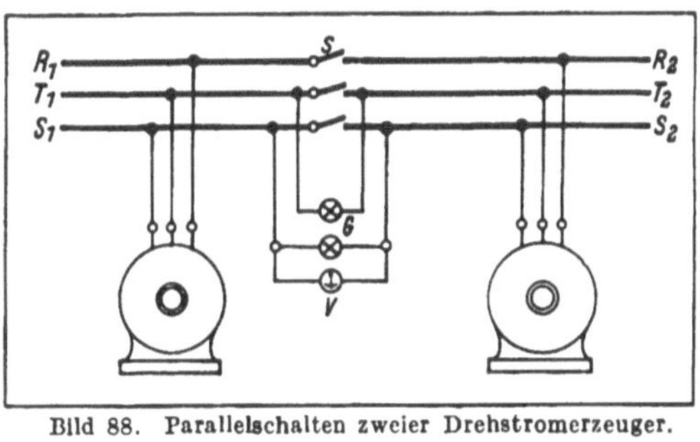


Bild 88. Parallelschalten zweier Drehstromerzeuger.

wenn die Lampen G sehr langsam nacheinander aufleuchten und wieder erlöschen und die Zeit abgepaßt wird, wenn die Lampen dunkel sind (*Dunkelschaltung*). Kreuzt man die Zuleitungen zu den Glühlampen auf der einen Seite, so ist bei Phasengleichheit, bei der parallel zu schalten ist, die Leuchtstärke der Lampen am stärksten (*Hellschaltung*).

Um die Phasengleichheit genauer erkennen zu können, wird parallel zu der einen Glühlampe ein Voltmesser *V* geschaltet. Ein solches Nullvoltmeter wird besonders empfindlich, wenn als Vorschaltwiderstand eine Metallfadenlampe gewählt wird, die im kalten Zustande(Nullstellung des Meßgeräts) geringen Widerstand hat.

Bild 89. Synchronoskop zum Erkennen vonPhasen- und Frequenzgleichheit.

Wird die beschriebene einfache Lampenschaltung für das Parallelschalten benutzt, so kann man aus dem mehr oder weniger schnellen Wechsel im Aufleuchten der Glühlampen wohl erkennen, daß die Frequenzen der beiden Maschinen mehr oder weniger voneinander abweichen, man kann aber nicht beurteilen, in welchem Sinne die Drehzahl der ans Netz anzuschließenden Maschine zu regeln ist, um die Frequenzen gleich zu machen, man kann nicht ersehen, ob z. B. mehr oder weniger Dampf der Antriebsmaschine zuzuführen ist. Meßgeräte, die erkennen lassen, ob die parallel zu schaltende Maschine zu schnell oder zu langsam läuft, heißen *Synchronoskope* oder Gleichlaufzeiger (Bild 89). Bei diesen läuft ein Zeiger rechts oder links herum, je nachdem die Frequenz zu hoch oder zu niedrig ist.

Das Parallelschalten erfordert Erfahrung und bei unruhigen Antriebsmaschinen auch eine gewisse Geistesgegenwart, um den richtigen Augenblick, der für das Parallelschalten geeignet ist, schnell zu erfassen. Durch falsches Parallelschalten z. B. in Phasenopposition, d. h. in dem Augenblick, in dem die Spannungen entgegengesetzte Richtung haben, können durch den auftretenden Kurzschlußstrom die Maschinen Schaden leiden und der Betrieb kann gefährdet werden. Um das Parallelschalten unabhängig von den Fähigkeiten des Schalttafelwärters zu machen, wird zuweilen eine selbsttätige Parallelschalteinrichtung verwendet. Ein Synchronoskop schließt hierbei ein Schaltrelais, wenn Phasengleichheit vorhanden ist, durch das der Hauptschalter selbsttätig eingelegt wird. Durch ein eingefügtes Zeitrelais wird hierbei gesorgt, daß nur parallel geschaltet wird, wenn nahezu Frequenzgleichheit vorhanden ist. Eine solche Einrichtung kann auch noch benutzt werden, um die Antriebsmaschine im richtigen Sinne zu regeln, sie durch vermehrte oder verminderte Arbeitszufuhr schneller oder langsamer laufen zu lassen.

Hat ein Generator eine geeignete Dämpfungswicklung, so kann er unter Benutzung eines besonderen Synchronisierschutzschalters, nachdem er durch den Antriebsmotor auf annähernd richtige Frequenz gebracht ist, an das Netz angeschlossen werden, ohne daß ein Synchronisieren nötig ist. Es ist in diesem Fall der Anschluß an das Netz wesentlich vereinfacht.

Sind die Maschinen parallel geschaltet, so halten sie sich in Tritt, falls die Maschinen zweckdienlich hergestellt sind und keine außergewöhnlichen Störungen auftreten.

Die Last kann nicht wie bei Gleichstrommaschinen durch Änderung der Erregung beliebig auf die parallel auf das Netz arbeitenden Maschinen verteilt werden, da durch Änderung der Erregung die Umlaufzahl der stets synchron laufenden Maschinen unbeeinflußt bleibt. Um die Belastung beliebig auf die einzelnen Maschinen zu verteilen, muß vielmehr der Regler der Antriebsmaschine verstellt werden, wodurch die Arbeitszufuhr geregelt wird. Dem Antriebsmotor der Maschine, die mehr Last aufnehmen soll, wird beispielsweise mehr Dampf zugeführt. Die Maschine erhält so das Bestreben, schneller zu laufen und so mehr Last aufzunehmen. Bei parallellaufenden Maschinen muß die Erregung der einzelnen Maschinen der Belastung angepaßt werden, sonst treten zwischen den einzelnen Maschinen Ausgleichströme auf. Es sind dies zwar Blindströme, die also die Antriebsmaschine, von der Wärmewirkung des Stromes abgesehen, nicht belasten, die aber doch die Belastungsfähigkeit der Wechselstrommaschine vermindern und sie unnütz erwärmen. Die einzelnen parallellaufenden Maschinen erhalten daher vorteilhaft Erregungen, bei denen sie sämtlich mit gleicher Phasenverschiebung auf das Netz arbeiten. Ob die Maschinen sämtlich gleiche Phasenverschiebung haben, kann aus den Angaben des Leistungsmessers $L$, Strommessers $J$ und Spannungsmessers $E$ errechnet werden. Es ist für Drehstrommaschinen

$$\cos \varphi = \frac{L}{E\ J\ 1{,}73}.$$

In größeren Anlagen werden zuweilen Phasenmesser für die einzelnen Maschinen eingebaut, wodurch die Rechnung gespart wird. Die erforderliche Einstellung der Erregung für die einzelnen Maschinen kann auch selbsttätig erfolgen.

### *Asynchrongenerator.*

Ein asynchroner Induktionsmotor (Seite 101) bleibt, wenn er mechanische Leistung abgibt, etwas gegenüber der synchronen Drehzahl $\frac{120 f}{z}$ zurück. Wird die Drehzahl durch mechanischen Antrieb gesteigert, so

sinkt die abgebbare mechanische Leistung, sie wird = 0 bei synchroner Drehzahl. Wird die Drehzahl noch weiter gesteigert, so gibt der Motor elektrische Leistung ab, er arbeitet als Stromerzeuger auf das Netz. Eine solche als *Asynchrongenerator**) bezeichnete Maschine braucht vor dem Anschluß ans Netz nicht synchronisiert zu werden. Diese Maschinen haben als Läufer einen in sich geschlossenen Kurzschlußläufer ohne Schleifringe, brauchen keine Gleichstromerregung, sind also von einfacher Bauart. Um sie in Betrieb zu nehmen, werden sie auf annähernd synchronen Lauf gebracht. Ein Synchronisieren, wie dies bei Synchrongeneratoren erforderlich ist, braucht bei Maschinen bis zu etwa 1000 kW nicht vorgenommen zu werden. Hat die Maschine die erforderliche Drehzahl, so wird sie mittels eines Schutzschalters, der eine Widerstandvorstufe besitzt, so daß erst über einen Widerstand eingeschaltet wird, an das Netz gelegt. Die Belastung wird durch Änderung der Drehzahl des Antriebsmotors geändert.
Asynchrongeneratoren können nicht selbständig den Betrieb übernehmen, sie müssen vielmehr an ein Netz angeschlossen werden, an das mindestens ein Synchrongenerator als Taktgeber für die Frequenz angeschlossen ist. In kleineren Wasserkraftanlagen kann die Verwendung derartiger Generatoren infolge der vereinfachten Betriebsführung von Vorteil sein, wenn die Generatoren an ein vorhandenes Netz angeschlossen werden können. Sind die Asynchrongeneratoren nur wenig belastet, so ist die Phasenverschiebung des Stromes gegenüber der Spannung groß, da die Erregung der Maschinen vom Netz mit stark phasenverschobenen Strömen geliefert werden muß. Um das Netz nicht zu hoch mit Blindströmen zu belasten, sind Asynchrongeneratoren stets möglichst vollbelastet im Betrieb zu halten. Will man die phasenverschobenen Ströme in einem derartigen Betriebe ganz vermeiden, so kann man nach Schenkel einen Asynchrongenerator in Verbindung mit einer Kommutatormaschine verwenden. (ETZ 1924, S. 1265.)

### *Synchronmotor.*

Wird bei parallellaufenden Wechselstromsynchronmaschinen die Arbeitszufuhr der Antriebsmaschine vollständig unterbunden, während die Synchronmaschine am Netz bleibt, so läuft diese, durch den vom Netz entnommenen Strom getrieben, als Motor weiter. Sie bleibt im Tritt, also im synchronen Lauf. Einen solchen Motor nennt man *Synchronmotor.* Er kann mechanische Leistung abgeben, beliebig Arbeitsmaschinen antreiben, er bleibt *unabhängig von der Belastung in Synchronismus*, ändert also bei gleichbleibender Frequenz nicht seine Drehzahl. Die Drehzahl ist $n = \frac{120\,f}{z}$, wenn $f$ die Frequenz, $z$ die Polzahl ist.

*) Näheres über den Asynchrongenerator im Aufsatz von Herbert Kyser, Siemens-Zeitschr. 1921 S. 118.

Wenn ein Synchronmotor nicht für Selbstanlauf besonders ausgeführt ist, so läuft er nicht von selbst an, er muß vielmehr erst auf die dem Synchronismus entsprechende Drehzahl gebracht werden, ehe er an das Netz angeschlossen werden kann. In den seltenen Fällen, in denen für den Betrieb des Synchronmotors ein besonderer Stromerzeuger zur Verfügung steht, kann der mit dem Stromerzeuger elektrisch verbundene Synchronmotor gleichzeitig mit dem Stromerzeuger auf regelrechte Drehzahl gebracht werden.
Hat der Synchronmotor auf den Schenkelpolen eine geeignete Kurzschlußwicklung (Dämpferwicklung), die der Käfigwicklung von asynchronen Motoren entspricht, so kann er, allerdings nur wenn keine große Zugkraft beim Anlauf verlangt wird, zum Selbstanlauf gebracht werden. Um die Anlaufstromstärke nicht zu hoch ansteigen zu lassen, wird in der Regel zuerst nur ein Bruchteil der Betriebsspannung, rd. $^1/_3$ auf den Läufer geschaltet, erst nachdem der Motor auf regelrechte Drehzahl gekommen ist, wird auf die volle Netzspannung umgeschaltet.
Der Synchronmotor braucht außer der Wechselstromquelle, aus der der Arbeitsstrom entnommen wird, noch eine Gleichstromquelle zum Speisen der Magnetwicklung.
Einen großen Vorteil hat der Synchronmotor vor dem Asynchronmotor, daß seine Erregung so eingestellt werden kann, daß keine Phasenverschiebung zwischen Strom und Spannung auftritt, daß also $\cos \varphi = 1$ wird. Wird die Erregung schwächer gehalten, so tritt Phasenverschiebung mit nacheilendem Strom gegenüber der Spannung ein, wie bei induktiver Belastung (wie bei asynchronen Motoren). Wird die Erregung verstärkt, so tritt gleichfalls Phasenverschiebung ein, aber mit gegenüber der Spannung voreilendem Strom, wie bei kapazitiver Belastung. Übererregte Synchronmotoren werden daher zuweilen benutzt, um bei starker induktiver Belastung eines Netzes (die insbesondere bei Anschluß vieler wenig belasteter Asynchronmotoren auftritt) den Blindstrom auszugleichen und so den $\cos \varphi$ der Netzleistung zu verbessern oder auf den Wert 1 zu bringen. (Gleichen Zweck erfüllt der Schenkelsche Blindstromgenerator.)
Ein Synchronmotor ist stark überlastungsfähig. Wird aber die Überlast zu weit getrieben, so fällt er aus dem Tritt und fällt schließlich ganz ab, so daß er wieder von neuem angelassen werden muß.

### *Asynchronmotor.*

Während beim Synchronmotor die Erregung von einer Gleichstromquelle geliefert wird, geschieht dies beim Asynchronmotor von der Wechselstromquelle, die auch den Arbeitsstrom gibt. Der Erregerstrom ist Blindstrom, Asynchronmotoren entnehmen dem Netz daher phasenverschobenen Strom. Der Wechselstrom (Einphasen- oder Drehstrom) wird gewöhn-

lich dem feststehenden Teil (Ständer, Stator) zugeführt, während dem umlaufenden Teil (Läufer, Anker, Rotor) transformatorisch über den feststehenden Teil der Arbeitsstrom zugeführt wird.
Der *Ständer* der *Asynchronmotoren* ist ähnlich wie der Läufer von Wechselstromgeneratoren bewickelt. Drehstrommotoren haben drei Wicklungsabteilungen, die in Stern- oder Dreieckschaltung verkettet werden. Sollen die Wicklungsabteilungen der Motoren beim Anlassen in Sternschaltung zunächst geringe Spannung, nach dem Anlauf in Dreieckschaltung höhere Spannung erhalten, so werden Anfänge und Enden der drei Bewicklungen zu festen Klemmen auf dem Gehäuse herausgeführt, so daß leicht umgeschaltet werden kann. Ist diese Umschaltung nicht beabsichtigt, so wird die Verkettung der Bewicklungen gewöhnlich schon im Innern des Motors vorgenommen, so daß nur drei Verbindungsleitungen zu drei Klemmen des Motors führen.

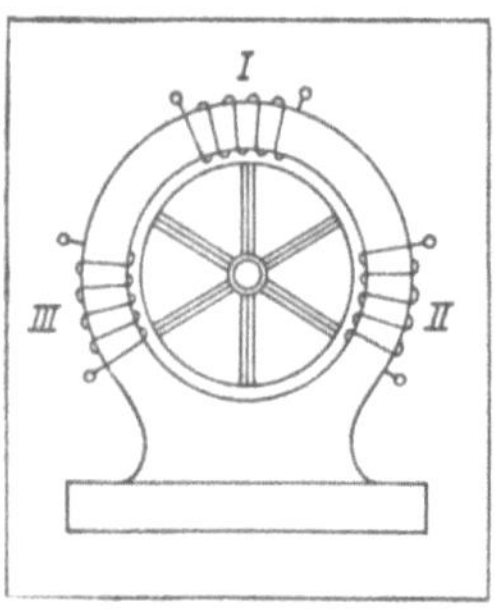

Bild 90. Einfache Darstellung der Bewicklung eines Drehstrommotors in offener Ständerschaltung.

Der *Läufer* des Motors erhält entweder Drehstrom- oder Käfigwicklung. Im ersteren Fall werden die drei freien Leitungen zu drei Schleifringen, die isoliert auf der Motorwelle sitzen, geführt. Beim Käfigläufer sind durch die Nuten des Läufergehäuses Metallstäbe gezogen, die an den Stirnflächen käfigartig durch Metallringe verbunden sind. Die Wicklung von Ständer und Läufer ruht in Nuten, die halboffen sind, so daß sie noch bequemes Einlegen der Wicklung ermöglichen. Ständer- und Läufereisen bestehen aus einseitig mit Seidenpapier beklebten Eisenblechen, die durch isolierte Bolzen zusammengehalten werden. So werden Wirbelströme verhütet, die den Läufer unnötig erwärmen würden.
Die Wirkungsweise der Drehstrommotoren ist folgende. Entsprechend der zeitlichen Aufeinanderfolge der drei Ströme des Drehstromes wird zuerst (Bild 90) Spule I erregt, dann II, dann III, dementsprechend wandert in gleicher Drehrichtung das magnetische Feld. Die magnetischen Feldlinien schließen sich durch den Läufer und erzeugen in der Läuferwicklung Drehstromspannungen. Ist die Läuferwicklung kurzgeschlossen oder an Widerstände angeschlossen, so treten Läuferströme auf, die ein Läuferfeld schaffen. Durch das Aufeinanderwirken von Ständer- und Läuferfeld wird der Läufer in Drehung versetzt, und zwar in der Richtung, in der das magnetische Feld sich dreht.
Abweichend von den Synchronmotoren erreichen die Asynchronmotoren *nicht die dem synchronen Lauf entsprechende Drehzahl.* Bei synchronem Lauf würde die Läuferwicklung genau mit gleicher Drehzahl umlaufen,

wie die vom Ständer aus den Läufer durchsetzenden Feldlinien. Es würde die Anzahl der die Läuferspulen durchdringenden Feldlinien sich nicht ändern, es können so keine Spannungen erzeugt (induziert) werden, also auch keine Läuferströme, demnach auch keine Zugkräfte auftreten, d. h. bei Synchronismus ist die Zugkraft Null. Das Zurückbleiben der Drehzahl gegenüber der dem Synchronismus entsprechenden, nennt man *Schlupf*. Je nach Größe und Ausführung des Motors ist der Schlupf

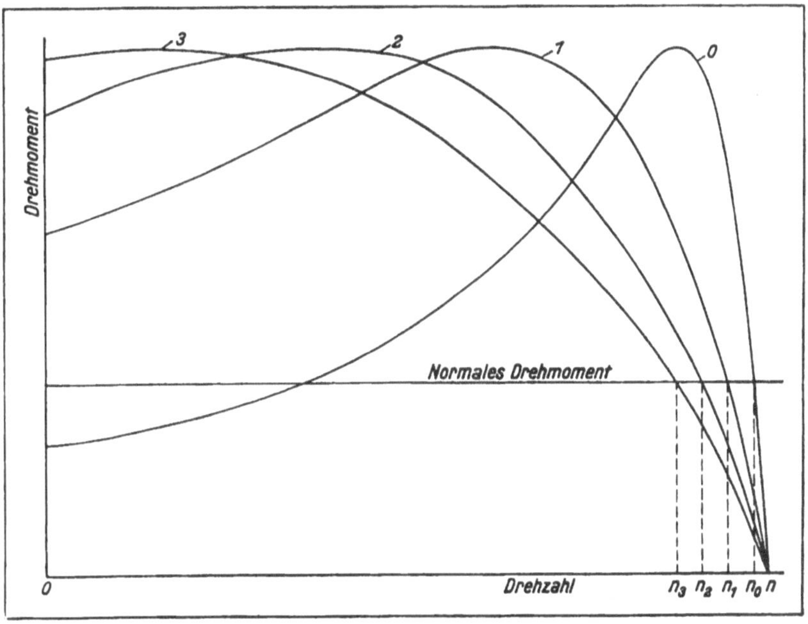


**Bild 91. Drehzahl und Zugmoment bei verschiedenen Läuferwiderständen eines Drehstrommotors.**

verschieden. So macht ein vierpoliger Asynchronmotor bei Frequenz 50 nicht 1500, sondern nur rd. 1460 Umdr/min. Durch Widerstände im Läufer wird der Schlupf vermehrt. Dies wird benutzt, um durch Regelwiderstände im Läufer die Drehzahl des Motors zu vermindern. Es können hierfür die Anlaßwiderstände benutzt werden, *wenn sie für Dauereinschaltung bemessen sind.*

Wie bei verschiedenen Widerständen in den Läuferstromkreisen eines Drehstrommotors sich nach dem Anlauf des Motors Drehmoment und Drehzahl ändert, ist aus Bild 91 zu ersehen. Linie 0 zeigt die Abhängigkeit von Drehmoment und Drehzahl bei kurzgeschlossenen Läuferwindungen.

Die wagerecht parallel zur Drehzahllinie gezogene Linie stellt das Drehmoment bei der Leistung dar, für die der Motor gebaut ist. Bei Stillstand (Drehzahl 0) wird also bei kurzgeschlossenen Läuferwindungen die normale Zugkraft bei weitem nicht erreicht. Die Drehkraft steigt mit wachsender Drehzahl und erreicht einen Höchstwert, worauf sie wieder fällt. Wird der laufende Motor voll belastet, so stellt er sich auf die Drehzahl $n_0$ ein. Bei höherer Drehzahl würde er die erforderliche Zugkraft nicht entwickeln können. Bei Leerlauf, bei dem er nur die Reibungswiderstände in den Lagern und die Luftwiderstände zu überwinden hat, steigt die Drehzahl. Diese kann aber nicht auf den dem Synchronismus entsprechenden Wert $n = \frac{f \cdot 120}{z}$ steigen, weil hierbei das Drehmoment Null ist. Soll der Motor imstande sein, beim Anlauf ein großes Drehmoment zu entwickeln, so werden in die drei Läuferstromkreise Widerstände (Anlaßwiderstände) geschaltet. Die Linien 1—3 stellen Drehmomente bei verschiedenen Widerständen im Läuferstromkreis dar. Mit steigendem Widerstand steigt die Anzugskraft, die bei einem bestimmten berechenbaren Widerstand den Höchstwert (entsprechend Linie 3) erhält. (Bei weiterer Erhöhung des Läuferwiderstandes sinkt die Anzugskraft wieder.) Damit der Motor mit erhöhter Anzugskraft, etwa mit dem 2,5-fachen des normalen Drehmoments anläuft, wird anfänglich ein Widerstand entsprechend Linie 3 eingeschaltet. Nach dem Anlauf sinkt die Zugkraft, es wird daher der Anlaßwiderstand verkleinert, so daß wieder das hohe Drehmoment entsprechend Linie 2 auftritt. Wenn nach weiterem Steigen der Drehzahl das Drehmoment wieder abnimmt, wird der Anlaßwiderstand weiter vermindert, bis der Läufer kurzgeschlossen ist und sich schließlich bei voller Belastung auf die Drehzahl $n_0$ einstellt. Das beim Anlauf entwickelte Drehmoment dient zum Antrieb der Arbeitsmaschine, ferner dazu, den Motor auf die erforderliche Drehzahl zu bringen (den Motor zu beschleunigen). Je größer das für den Antrieb der Arbeitsmaschine erforderliche Drehmoment ist und je größere Massen beim Anlauf zu beschleunigen sind, um so längere Zeit braucht der Motor, um die volle Drehzahl zu erreichen. Hiernach richtet sich die Größe des Anlassers, der kleiner sein darf, wenn der Motor unbelastet oder mit halbem Moment anläuft. Ein Anlasser, der für Anlassen eines Motors mit vollem Moment ausreicht, kann für einen Motor von doppelter Leistung verwandt werden, der zum Anlauf nur das halbe Moment braucht, vorausgesetzt, daß die Spannungen, für die der Läufer gewickelt ist, stimmen. Würde man (Bild 91) den Anlaßwiderstand im Läuferstromkreis belassen, so würde der Motor bei vollem Drehmoment nicht auf die volle Drehzahl $n_0$ kommen. Je nach der Größe des Widerstandes würde der Motor, wie aus den einzelnen Linien hervorgeht, nur die Drehzahl $n_1$ $n_2$ $n_3$ erreichen.

Es kann daher das Einschalten von Widerständen zur Verminderung der Drehzahl, allerdings unter Verminderung des Wirkungsgrades, benutzt werden.
Wird der Drehstrommotor mechanisch angetrieben, so daß die synchrone Drehzahl $n$ überschritten wird, so überschreiten die Linien 0—3 die Nulllinie, dies bedeutet, daß die Maschine (als asynchroner Generator) Strom abgibt. Vertauscht man, während der Motor läuft, zwei Ständerleitungen, so kehrt sich das Drehfeld im Motor um, das Drehmoment erhält so ent-

Bild 92. Ständer eines vielpoligen Drehstrommotors.

gegengesetzte Richtung, der Motor wird abgebremst. Zu beachten ist allerdings hierbei, daß die Bremswirkung versagt, wenn eine Ständerleitung unterbrochen wird, wenn z. B. eine Sicherung im Ständerkreis schmilzt, so daß der Motor als Einphasenmotor läuft.
Der Wirkungsgrad ist das Verhältnis von Abgabe zu Aufnahme. Werden beide in Kilowatt ausgedrückt, so gibt dies eine einfache Rechnung. Ist die Abgabe in Pferdestärken angegeben, so ist der Wirkungsgrad

$$\eta = \frac{PS \cdot 0{,}736}{kW} = \frac{(Abgabe)}{(Aufnahme)}.$$

Ist der aufgenommene Strom $J$, die Spannung $E$, so ist der Wirkungsgrad

$$\eta = \frac{PS\,0{,}736}{J\,E\,\sqrt{3}\cos\varphi}.$$

Jeder Wechselstrom-Magnetisierungsstrom ist Blindstrom. Es tritt daher eine Phasenverschiebung zwischen Strom und Spannung auf, die um so größer ist, je weniger der Motor belastet ist. Diese Phasenverschiebung nimmt zu, wenn der Luftspalt vergrößert wird. Um günstigere Phasenverschiebung, also hohen Wert von $\cos\varphi$, zu erhalten, wird der Luftspalt zwischen Ständer und Läufer möglichst klein gehalten, etwa in der Größen-

Bild 93. Schleifringmotor mit Abhebevorrichtung für die Bürsten.

Bild 94. Drehstrommotor (ventiliert gekapselt) mit Kurzschlußläufer.

ordnung von 1 mm und darunter, auch bei Motoren von großen Abmessungen. Nur wenn an die Betriebssicherheit sehr hohe Ansprüche gestellt werden, oder die Gefahr vorliegt, daß etwa durch Auslaufen der Lager der Läufer exzentrisch laufen und dadurch am Ständergehäuse streifen könnte, wird der Luftspalt, allerdings auf Kosten des $\cos\varphi$ erhöht. Die Nutenform wird ferner so gewählt, daß der magnetische Widerstand für die Kraftlinien möglichst gering wird, um so den Magnetisierungsstrom zu erniedrigen und hohen $\cos\varphi$ zu erhalten.

Bild 92 zeigt den Ständer eines vielpoligen Drehstrommotors für 107 Umdr/min. Bild 93 einen raschlaufenden (wenigpoligen) Drehstrommotor mit Schleifringläufer, Bild 94 einen solchen mit Kurzschlußläufer.

### *Betrieb der Asynchronmotoren.*

Schließt man die Ständerwicklung eines Drehstrommotors an ein Drehstromnetz an, so werden im Läufer, solange er noch still steht, transformatorisch Spannungen erzeugt. Ist der Spannungskreis kurzgeschlossen, so treten hohe Stromstärken auf, die zwar nicht so hoch sind, wie bei einem kurzgeschlossenen Transformator, da durch den Luftraum zwischen Ständer und Läufer magnetische Kraftlinien „verstreut" werden, doch kann die hohe Stromstärke sich im Netz unangenehm bemerkbar machen. Ein solcher Motor mit kurzgeschlossenem Läufer entwickelt auch keine hohe Anzugskraft, es werden daher in die drei Läuferstromkreise beim Anlauf drei Widerstände geschaltet. Diese verhindern zu hohes Ansteigen der Stromstärken auch im Ständer und erhöhen die Zugkraft des Motors (Bild 91). Die elektrische Verbindung der Widerstände mit der Läuferbewicklung geschieht durch drei Schleifringe. Nach dem Anlauf werden die drei Widerstände (Bild 95) stufenweise ausgeschaltet, und zwar entweder von jedem Widerstand eine Stufe gleichzeitig oder wechselnd von jedem Widerstande eine Stufe (Kahlenberg- oder uvw-Schaltung) (Bild 96). So wird beim Anlassen erreicht, daß der Motor mit hoher Zugkraft hochläuft. Schleifringmotoren mit Anlassern können eine Zugkraft entwickeln, die das Zwei- bis Dreifache der im regelrechten Lauf erzeugten beträgt. Werden die Widerstände während des Laufes dauernd im Läuferstromkreis gelassen, so vermindert der Motor seine Drehzahl mit wachsender Belastung. Diese Widerstände können daher allerdings auf Kosten des Wirkungsgrades zum Vermindern der Drehzahl verwendet werden. Die Anlaßwiderstände werden gewöhnlich nur für die kurze Zeit des Anlassens gebraucht, sie können daher entsprechend klein bemessen werden. Sie dürfen nicht zum Regeln der Drehzahl benutzt werden, wenn sie nicht ausdrücklich hierfür bestimmt und genügend reichlich bemessen werden.

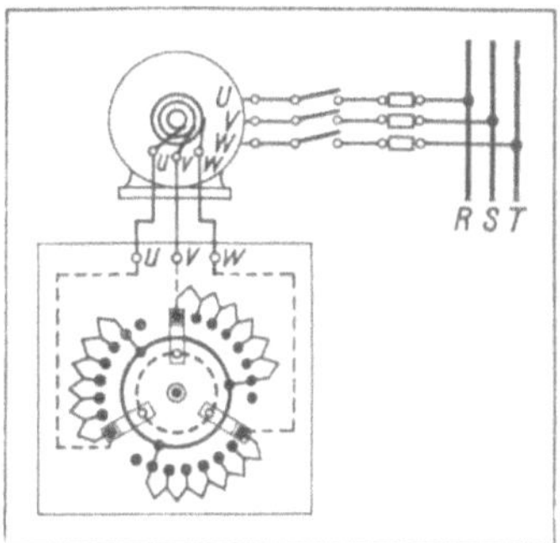

Bild 95. Schaltung eines Drehstrommotors mit dreiteiligem Anlasser.

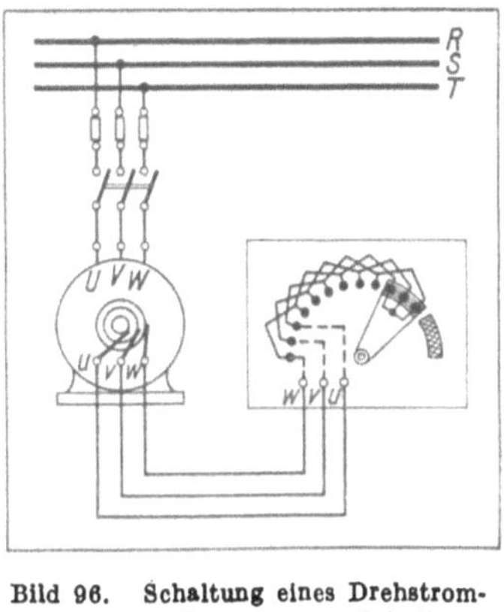

Bild 96. Schaltung eines Drehstrommotors mit Anlasser in *uvw*-Schaltung.

Wird auf hohe Zugkraft beim Anlauf kein großer Wert gelegt, so kann auf die Anlaßwiderstände verzichtet werden. Der Läufer erhält eine in sich geschlossene Wicklung in der Regel in Form einer Käfigwicklung. Bei dieser werden in die Läufernuten Metallstäbe gelegt, die an den Stirnseiten durch Metallringe geschlossen werden. Zuweilen wird zur Erhöhung der Anzugkraft der Motor mit Doppelkäfigwicklung versehen, einem äußeren aus Messing mit höherem, einem inneren aus Kupfer mit geringem Widerstand. Solche Kurzschlußmotoren erfordern die denkbar einfachste Bedienung. Wegen des hohen Stromstoßes, der beim Einschalten auftritt, werden Kurzschlußmotoren in der Regel nur für kleine Leistung verwendet. Der Einschaltestromstoß wird gemildert, wenn beim Einschalten die Spannung an den Klemmen des Motors herabgesetzt wird. Dies geschieht durch Transformatoren, durch Widerstände im Ständerkreis oder am vorteilhaftesten durch Verwendung eines Sterndreieckschalters. Es ist hierbei zu berücksichtigen, daß mit Verminderung der Spannung an den Klemmen des Motors dessen Zugmoment (Zugkraft × Hebelarm) sinkt. Beim Umschalten von Stern- auf Dreieckschaltung werden Stromstöße vermieden, wenn ein Sterndreieckschutzschalter (Bild 97) gewählt wird, bei dem ohne Stromunterbrechung umgeschaltet wird. Die Bilder 98 und 99 zeigen den Unterschied in der Stromaufnahme beim Umschalten von Stern- auf Dreieckschaltung mit gewöhnlichem Stern-Dreieck- und dem Stern-Dreieckschutzschalter.

Bild 97. Stern-Dreieckschutzschalter für Drehstrom-Kurzschlußmotoren.

Um den Sterndreieckschalter verwenden zu können, wird die Ständerwicklung nicht innerhalb des Gehäuses verkettet, es werden vielmehr die Anfänge und Enden zu sechs Klemmen geführt, so daß außen von Stern- auf Dreieckschaltung umgeschaltet werden kann. Die Schaltungen werden gewöhnlich auf einer drehbaren Kontaktwalze des Sterndreieckschalters ausgeführt. (Bild 98 bis 101.) In Sternschaltung erhält der Motor, wenn $E$ die Netzspannung ist, nur die Spannung $E/\sqrt{3}$, die Zugkraft fällt hierbei

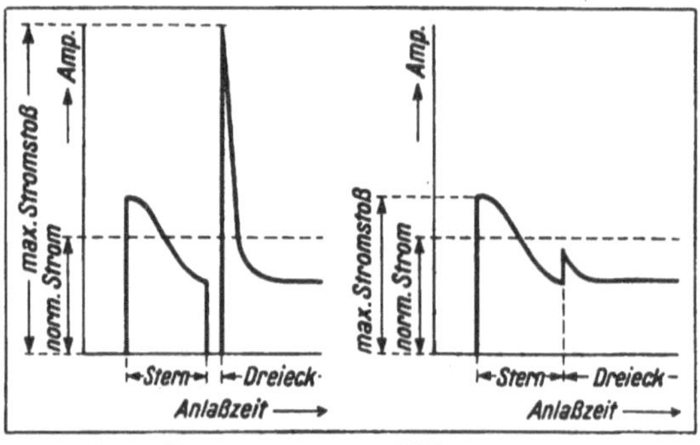


Bild 98. Stromdiagramm eines gewöhnlichen Stern-Dreieckschalters.

Bild 99. Stromdiagramm eines Stern-Dreieckschutzschalters.

beim Anlauf des Motors auf etwa den dritten Teil des Höchstwerts, doch sinkt entsprechend der Anlaufstrom. Ist der Motor angelaufen, so wird von Stern auf Dreieck, bei dem Sterndreieckschalter ohne Stromunterbrechung, umgeschaltet. Der Motor erhält seine regelrechte Spannung.

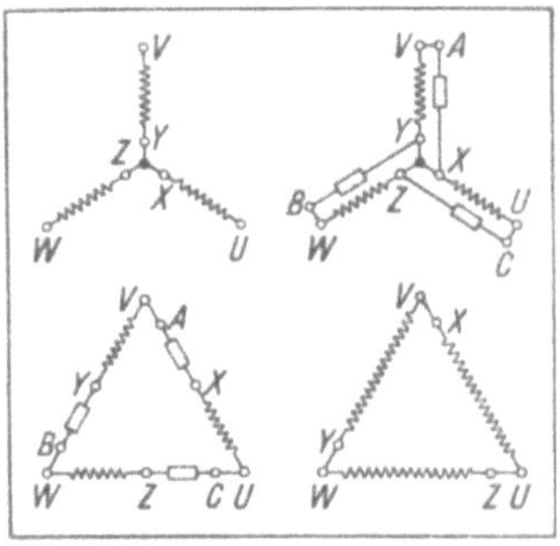


Bild 100 u. 101.
Oben: Sternschaltung und Vorbereitung zur Dreieckschaltung.
Unten: Dreieckschaltung mit und ohne Widerstand.

Die Drehrichtung des Motors hängt von der Richtung des Drehfeldes, also von der Phasenfolge ab, in der die Drehstromspannungen dem Ständer zugeführt werden. Wird diese Richtung geändert, so ändert sich auch die Drehrichtung. Durch Vertauschen zweier Ständerleitungen kann demnach der Drehstrommotor umgesteuert werden. Anlaß- und Umsteuervorrichtung werden zuweilen unmittelbar an den Motor angebaut (Bild 67).

Verlustlos kann die Drehzahl geändert werden, wenn die Motorbewicklung so eingerichtet wird, daß sie auf verschiedene Polzahl geschaltet werden kann. Wird auf die verschiedenen Wicklungen umgeschaltet, so läuft der Motor bei den einzelnen Schaltungen mit der den verschiedenen Polzahlen entsprechenden Drehzahlen. Bei Verwendung eines Kurzschlußläufers wird hierbei nur die Ständerwicklung umgeschaltet. Bei Schleifringläufern muß auch die Läuferwicklung umgeschaltet werden. Die Anlaßwiderstände für Drehstrommotoren werden ähnlich wie die der Gleichstrommotoren ausgeführt. Sie unterscheiden sich wesentlich dadurch von den Gleichstromanlassern, daß sie dreiteilig ausgeführt sind. Der Anlasser erhält der Dreiteiligkeit entsprechend 3 Bürsten. Nur in der u v w - Schaltung kommt man mit einer Bürste aus. Für den Widerstandsstoff gilt das für die Gleichstromanlasser Ausgeführte. Es können feste Widerstände mit Luft-, Öl- oder Sandkühlung (Bild 78) mit oder ohne besondere Kühlvorrichtung oder Flüssigkeitswiderstände benutzt werden. Flüssigkeitsanlasser (Bild 102) werden für Wechselstrommotoren, da bei Wechselstrom Angriffe durch Elektrolyse nicht zu befürchten sind, häufig verwendet.

Bild 102. Flüssigkeitsanlasser.

Während des Betriebes bleibt, falls die Drehzahl nicht geregelt werden soll, der Läufer kurzgeschlossen. Um die Bürsten hierbei nicht unnütz auf den Schleifringen schleifen zu lassen, werden zuweilen, nachdem der Motor die regelrechte Drehzahl erreicht hat, die Schleifringe untereinander kurzgeschlossen und die Bürsten abgehoben.

Bild 103. Zugbremsmagnet.

Um schnell und sicher Wechselstrommotoren nach dem Ausschalten ohne Nachlauf festzubremsen, werden Bremsmagnete verwendet. Diese ziehen die Motorbremse im ausgeschalteten Zustande fest an. Mit dem Motor wird zugleich der Bremsmagnet eingeschaltet, der durch seine Zugkraft die Motorbremse lüftet und so den Motor für den Lauf freigibt. Die Wechselstrommagnete werden gewöhnlich für einphasigen Anschluß hergestellt, entweder als Zugbremsmagnete (Bild 103) oder als Motorbremsmagnete (Bild 104), die einen Einphasenmotor, Repulsionsmotor oder Einphasenkurzschlußmotor enthalten. Durch Ritzel mit Zahnrad nebst Gestänge wird zum Lüften der Bremse der Bremshebel mit Gewicht angehoben, was schon nach wenigen Umdrehungen des Läufers beendet ist. Durch den Läuferstrom wird das Bremsgewicht in höchster Stellung festgehalten, die Bremsbacken sind gelüftet. Beim Ausschalten fällt das Gewicht in die Tiefstellung zurück unter Drehung des Motors. Die Bremsbacken werden fest angezogen. Durch Einbau einer Rutschkupplung und kräftige Prellfedern wird der Endanschlag elastisch gestaltet.

Bild 104. Motorbremsmagnet.

## *Phasenschieber.*

Während bei Synchronmotoren durch Änderung der Gleichstromerregung der $\cos\varphi$ geregelt werden kann, so daß die Motoren bei passender Erregung mit $\cos\varphi = 1$ arbeiten, oder bei starker Erregung Blindleistung zum Aufheben des Blindstroms an das Netz abgeben können, müssen die Asynchronmotoren Blindleistung*) für die Wechselstromerregung vom Netz entnehmen. Die Motoren arbeiten daher mit $\cos\varphi < 1$. Die Blindströme vermehren die Verluste in den Leitungen und in den Maschinen, die trotz geringer Wirkleistung entsprechend dem Gesamtstrom bemessen

*) Vgl. Rüdenberg, Blindstrom, seine Ursachen und Wirkungen in Wechselstromanlagen. Siemens-Zeitschrift, 1922, S. 1.

sein müssen. Um den cos $\varphi$ zu erhöhen, können die Asynchronmotoren unmittelbar Einrichtungen zu dessen Verbesserung erhalten. Ein solches Mittel bilden die Phasenschieber (Bild 105). Die Phasenschieber werden entweder mit dem asynchronen Motor gekuppelt, sie

Bild 105. Phasenschieber zum Phasenausgleich eines 820 PS-Motors.

können auch durch besonderen Wechselstrommotor betrieben oder als Schleifringmotoren unmittelbar ans Netz angeschlossen werden. Sie erhalten einen Kommutator, auf dem drei Bürsten schleifen, die mit den Schleifringen oder dem Anlasser des Hauptmotors verbunden sind. Der Phasenschieber hat gegenüber dem Hauptmotor nur geringe Abmessungen. Der cos $\varphi$ läßt sich auf solche Weise auf 1 steigern.

### *Asynchroner Einphasenstrommotor.*

Unterbricht man eine Ständerleitung eines Drehstrommotors, so läuft der Motor als Einphasenstrommotor weiter. Als Einphasenstrommotor ist die Leistungsfähigkeit geringer als bei Drehstrombetrieb. Während beim Drehstrommotor die Drehrichtung durch die Phasenfolge gegeben ist, kann ein Einphasenstrommotor von der Ruhelage aus rechts oder links herumlaufen. Die Drehrichtung wird durch Erzeugung einer Hilfsphase in einer Hilfswicklung bestimmt. Von selbst laufen sie, unter Einphasenspannung gesetzt, nicht an. Gewöhnlich wird für den Anlauf durch eine Drosselspule D in einem Hilfsstromkreis die Hilfsphase erzeugt, so daß der Motor mit phasenverschobenen Strömen wie ein Drehstrommotor angelassen wird (Bild 106). Wie bei diesem erhält der Läufer entweder Kurzschlußwicklung oder Schleifringe zum Anschluß eines Anlaßwiderstandes. Die Anlaufskraft ist bedeutend geringer als die des Drehstrommotors. Hat der Motor seine regelrechte Drehzahl erlangt, so wird die Hilfsphase abgeschaltet.

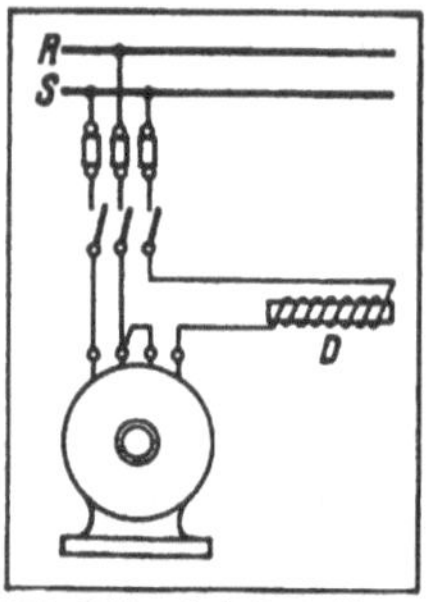


Bild 106. Anlaßschaltung für einen Einphasenstrommotor mit Hilfsphase.

Der geringen Zugkraft beim Anlauf wegen versieht man den Motor mitunter mit Vorrichtungen zum unbelasteten Anlauf, indem man ihn z. B. beim Anlauf auf eine lose Riemenscheibe arbeiten läßt und erst auf die feste Arbeitsscheibe umschaltet, nachdem er die volle Drehzahl erreicht hat, wobei er die volle Zugkraft entwickeln kann.

Um einen Einphasenstrommotor umzusteuern, werden die Zuleitungen zur Haupt- oder der Nebenwicklung vertauscht, nachdem der Motor stillgesetzt ist.

Bei Einschalten von Widerständen in den Läuferstromkreis fällt der Einphasenstrommotor stärker ab als ein Drehstrommotor, weshalb auf diese Weise sich die Drehzahl nicht gut regeln läßt. Um Einphasenstrommotoren zu erhalten, deren Drehzahl sich gut regeln läßt. werden Einphasenstrom-Kommutatormaschinen verwendet.

### *Wechselstrom-Kommutatormotor.*

Für Gleichstrombetrieb bestimmte Motoren lassen sich im allgemeinen nicht für Wechselstrombetrieb verwenden. Ein aus massivem Eisen bestehendes Schenkelgestell, wie es fast allgemein für Gleichstrommotoren verwandt wird, ist für Wechselstromerregung ungeeignet. Es würden in den massiven Schenkeln Wirbelströme erzeugt werden, die nutzlos eine starke Wärmewirkung im Eisen hervorbringen würden. Durch die Selbstinduktivität in der Erregerstromwicklung wird der Widerstand für den Wechselstrom wesentlich erhöht, ferner sind die in der sogenannten neutralen Zone befindlichen Läuferspulen bei Wechselstrombetrieb nicht spannungslos, so daß die Bürsten nicht funkenfrei laufen, falls nicht durch Gegenwirkung in Hilfsspulen diese Spannungen aufgehoben werden. Um funkenfrei und wirtschaftlich einen Kommutatormotor als Wechselstrommotor zu betreiben, muß auf die erwähnten Umstände Rücksicht genommen werden. Äußerlich unterscheiden sich die Wechselstrom-Kommutatormotoren von den Gleichstrommotoren durch die anders gestaltete, mit Hilfsspulen ausgestattete Magnetbewicklung.

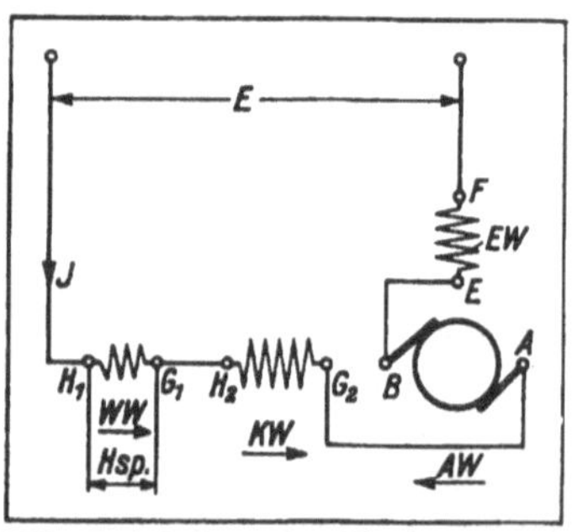


Bild 107. Schaltung eines Einphasenstrom-Kommutatormotors in Reihenschaltung.

Man unterscheidet im wesentlichen *Reihenschlußmotoren* und *Repulsions-*

*motoren.* Die Reihenschlußmotoren, bei denen Magnetbewicklung und Ankerwicklung hintereinandergeschaltet sind, haben bei fester Bürstenstellung ähnliche Eigenschaften wie entsprechende Gleichstrommotoren. Sie ziehen mit großem Zugmoment an, fallen mit zunehmender Belastung in der Drehzahl ab. Durch Anordnung der Hilfsspulen wird der Leistungsfaktor verbessert.

Einphasenstrom-Reihenschlußmotoren (Bild 107 *EW* Erreger-, *AW* Anker-, *KW* Kompensations-, *WW* Wendepolwicklung, *Hsp* Hilfsspannung für Wendepolerregung) werden vielfach für Bahnzwecke verwandt, da für Einphasenstrombahnen nur eine Oberleitung erforderlich ist. Diese Motoren werden gewöhnlich zum Anschluß an ein Einphasenstromnetz von $16^2/_3 = {}^{50}/_3$ Perioden gebaut, weil diese niedrige Frequenz für funkenfreien Lauf der Motoren günstig ist. Das Anlassen und Regeln geschieht wie bei Gleichstrommotoren durch Spannungsändern, was bei Wechselstrombetrieb nahezu verlustlos durch Verwendung von Transformatoren in Stufenschaltung erfolgen kann.

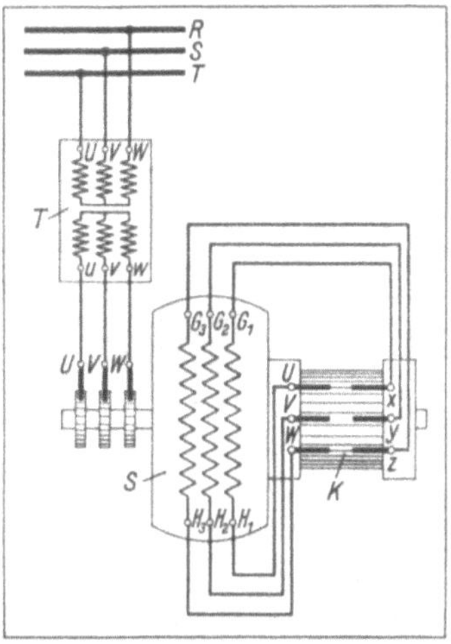


Bild 108. Schaltung eines Drehstromreihenschlußmotors mit doppeltem Bürstensatz auf dem Kommutator.

Kommutatormotoren werden auch für Drehstrombetrieb gebaut, wenn die Motoren sich ohne Beeinträchtigung des Wirkungsgrades in weiten Grenzen regeln lassen und bei mäßigem Anlaufstrom hohes Anzugsmoment haben sollen. Die Kommutatoren erhalten drei Bürsten oder Bürstengruppen mit einfachem oder doppeltem Bürstensatz. Eine für den Anker erwünschte Niederspannung wird nötigenfalls durch einen zwischengeschalteten Transformator erzeugt. Durch Bürstenverschiebung kann bei jeder Belastung jede beliebige Drehzahl bis zur regelrechten eingestellt werden. Drehstrom-Reihenschlußmotoren mit doppeltem Bürstensatz erlauben bei gleichbleibendem Drehmoment eine Drehzahlreglung bis praktisch Null. Bild 108 zeigt Schaltung mit vorgeschaltetem Transformator *T*, Ständer *S* und Kommutator *K* mit doppeltem Bürstensatz. In Bild 109 ist ein Drehstrom-Reihenschlußmotor mit doppeltem Bürstensatz als Dreilagermaschine dargestellt.

Nicht nur mit Reihenschluß-, sondern auch mit Nebenschlußcharakteristik, also mit nahezu von der Belastung unabhängiger Umlaufzahl werden Kommutatormotoren gebaut.

Den *Repulsionsmotoren* wird in einfachster Ausführung nur Ständerstrom zugeführt. Der Ankerstromkreis wird durch die Verbindung der auf dem Kommutator schleifenden Bürsten kurzgeschlossen. Der Läufer erhält vom Ständer aus transformatorisch Spannung. Die Drehzahl wird durch Verschiebung der Bürsten geregelt. Der Repulsionsmotor gleicht so an Einfachheit dem Drehstrommotor mit Kurzschlußläufer.

Bild 109. Drehstrom-Reihenschlußmotor mit doppeltem Bürstensatz.

Handelt es sich im wesentlichen nur darum, einen Einphasenstrommotor mit hohem Anzugsmoment zu erhalten, der sich z. B. für Aufzüge verwenden läßt, so wird der Motor in Schaltung als Repulsionsmotor angelassen und nachdem er die volle Drehzahl erreicht hat, werden ihm durch Kurzschluß der Läuferwicklung die Eigenschaften eines asynchronen Motors gegeben.
Die Drehrichtung wird bei den Reihenschlußmotoren zweckmäßig wie bei Gleichstrommotoren durch Umschalten der Erregerwicklung gewechselt.
Der Leistungsfaktor (cos $\varphi$) steigt mit der Drehzahl und erreicht bei sehr hohen Drehzahlen fast den Wert 1.

### *Motoren für Gleich- und Wechselstrom.*

Unter Berücksichtigung der Eigenheiten des Wechselstroms werden sehr kleine Motoren bis rd. $^1/_{10}$ PS so hergestellt, daß sie nach einfacher

Umschaltung für Gleich- und Wechselstrom verwendet werden können. Die Magnetwicklungen werden bei Gleichstrom hintereinander, bei Wechselstrom werden die Wicklungsabteilungen parallelgeschaltet, oder es werden für Gleich- und Wechselstrombetrieb getrennte Magnetbewicklungen verwendet. Leistung und Drehzahl bleiben für beide Stromarten gleich. Da die Motoren mit Hauptstromwicklung ausgeführt werden, nimmt die Drehzahl mit steigender Belastung ab, und zwar stärker bei Drehstrom- als bei Gleichstrombetrieb. Die Drehzahl kann durch vorgeschaltete Regelwiderstände vermindert werden.

### *Umformung. Allgemeines.*

Jede Maschine kann als Umformer einer Arbeitsform in eine andere angesehen werden. Der Elektromotor formt elektrische Arbeit in mechanische, der Generator mechanische in elektrische um. Die elektrische Arbeit kann verschiedene Form in Stromart und Spannung annehmen. Die für solche Umformung bestimmten Einrichtungen werden verschiedentlich bezeichnet: als *Umformer,* wenn das Umformen in umlaufenden Maschinen geschieht, als *Transformatoren,* wenn in ruhenden Apparaten durch Induktionswirkung die Wechselstromspannung geändert wird, als *Wandler,* wenn insbesondere für Meßzwecke die Wechselstromspannung oder der Strom durch Transformation in eine für die Meßgeräte geeignete Höhe übergeführt werden, oder wenn der Meßstromkreis von dem Hauptstromkreis abgetrennt werden soll, als *Gleichrichter,* wenn in entlüfteten Gefäßen Wechselstromarbeit in Gleichstromarbeit übergeführt werden soll.

### *Motorgeneratoren.*

Die Motorgeneratoren bestehen aus einem Elektromotor und einem gekuppelten Generator. Motor und Generator sind elektrisch unabhängig voneinander. Die Spannung kann bei beiden beliebig gewählt, die Generatorspannung willkürlich geregelt werden.

Motorgeneratoren werden z. B. verwendet, wenn in einem Gleichstromnetz Gleichstrom benutzt wird, der eine vom Netz abweichende Spannung hat, z. B. für Betrieb von elektrischen Bädern zur Vernicklung, Verkupferung usw., wenn die zum Laden von Akkumulatoren erforderliche Zusatzspannung erzeugt werden soll, wenn für Dreileiternetze die Spannung von einer Zweileitermaschine durch Maschinen geteilt werden soll und dergl. Derartige Gleichstromumformer werden wie gewöhnliche Motoren durch Anlaßwiderstände angelassen, die Spannung des Generators wird durch Änderung der Nebenschlußerregung geregelt.

Häufiger als Gleichstrom-Gleichstrom-Umformer sind Wechselstrom-Gleichstromumformer, bestehend aus einem Wechselstrommotor und einem Gleichstromgenerator. Zum Antrieb wird ein Asynchronmotor oder Synchronmotor verwendet. Im ersteren Falle wird der Motor mit gewöhnlichem Anlasser in Gang gesetzt. Bei Verwendung eines Synchronmotors, wobei der cos $\varphi$ beliebig durch Änderung der Erregung geregelt werden kann, wird der Umformer von der Gleichstromseite angelassen und alsdann der Synchronmotor wie ein Wechselstromgenerator ans Netz angeschlossen, oder der Synchronmotor wird, wenn er für Selbstanlauf hergestellt ist, mit verminderter Spannung angelassen. Motorgeneratoren zum Umformen von Wechselstrom in Gleichstrom können unmittelbar an Hochspannungsnetze angeschlossen werden, die Gleichstromspannung kann ganz unabhängig von der Wechselstromspannung geregelt werden. Gegenüber Einankerumformern haben sie den Nachteil geringeren Wirkungsgrades, da Verluste im Motor und im Generator auftreten.

### *Einankerumformer.*

In den einzelnen Wicklungsabteilungen einer Gleichstrommaschine werden Wechselstromspannungen erzeugt. Es können daher von jeder Gleichstrommaschine auch Wechselstromspannungen abgenommen werden, wenn die Maschine mit Schleifringen versehen wird, die passend mit der Ankerwicklung verbunden werden. Man erhält so einen *Einankerumformer*. Solche Umformer können Gleichstrom in Wechselstrom und Wechselstrom in Gleichstrom umformen.

Gewöhnlich werden Einankerumformer verwandt, um Wechselstrom in Gleichstrom umzuwandeln. Bei gleichen Abmessungen steigt die Leistung mit zunehmender Phasenzahl. Bei Anschluß an ein Drehstromnetz wird der Umformer gewöhnlich mit 6 Schleifringen (Bild 110) zur Aufnahme von aufgelöstem (unverkettetem) Drehstrom (Sechsphasenstrom) versehen.

Als Maschinen mit Gleichstromerregung verhalten sie sich wie Synchronmaschinen. Ist ein Gleichstromnetz vorhanden, so können sie von der Gleichstromseite aus angelassen werden. Von der Drehstromseite aus können sie mittels eines Anwurfmotors, dessen Polzahl geringer als die des Umformers ist, der auf eine dem Synchronismus entsprechende Drehzahl geregelt werden kann, angelassen werden. Hat der Umformer für Selbstanlauf eine Dämpferwicklung, so kann er mit verminderter Anlaßspannung auf die synchrone Drehzahl gebracht werden.

Die Spannung auf der Gleichstromseite ist von der auf der Wechselstromseite abhängig. Das Verhältnis der Wechselstromspannung zur Gleichstromspannung ist bei Leerlauf etwa 0,62 bei Drehstrom, 0,72 bei Einphasenstrom und bei Sechsphasenstrom (als Wechselstromspannung hierbei die Spannung einer Wicklungsabteilung sog. Durchmesserspannung gerechnet). Bei Vollast erniedrigt sich die Spannung sekundär um rd. 3—7 vH. Wenn, wie dies meist der Fall ist, für die Entnahme von Drehstrom nur ein Netz von hoher Spannung zur Verfügung steht, so muß ein Transformator zwischen Umformer und Netz geschaltet werden, der sekundär die für den Umformer passende Spannung gibt. Der Transformator gibt sekundär (unverketteten) Sechsphasenstrom. Durch Ändern der Erregung ändert sich nur die Phasenverschiebung zwischen Spannung und Strom, die Gleichstromspannung selbst nur in geringem

Bild 110. Einankerumformer für 1200 kW Gleichstromleistung bei 750 Umdr/min.

Maße. Werden auf der Drehstromseite Drosselspulen eingeschaltet, so kann die Gleichstromspannung durch Erregungsänderung bis auf rd. 7 vH geregelt werden. Diese Erregungsänderung kann selbsttätig mit der Belastung erfolgen, wenn die Magnetspule durch Hauptstromwicklung kompoundiert ist. Die Drosselspulen haben jedoch den Nachteil, daß der Leistungsfaktor verschlechtert und die Leistung des Umformers vermindert wird. Diese Nachteile sind nicht vorhanden, wenn die Spannung von der Wechselstromseite aus etwa durch einen Drehtransformator geregelt wird. Treten nur zeitweise Änderungen der Hochspannung ein, so genügt es, den Transformator mit Anzapfungen zu versehen und (im spannungslosen Zustande) durch Änderung der Windungszahl die Spannung zu ändern.

Obwohl die Einankerumformer sich wie Synchronmaschinen verhalten, eignen sie sich nicht gut zur Verbesserung des Leistungsfaktors in Wechselstromnetzen durch Übererregung, da im Verhältnis zu ihrer Leistung als Umformer die Einankerumformer zu groß werden würden.

Für Umwandlung von Gleichstrom in Drehstrom müssen besondere Vorsichtsmaßnahmen getroffen werden, um den Umformer insbesondere bei Feldschwächung durch Entnahme induktiver Last zu sichern. Der Umformer wird gegen das Auftreten zu hoher Drehzahl durch den Fliehkraftschalter geschützt.

Der mechanische Aufbau der Einankerumformer ist ähnlich dem der übrigen Großmaschinen. Gewöhnlich werden auf der einen Seite die Schleifringe, auf der anderen der Kommutator angebaut. Damit die Kommutatorbürsten nicht dauernd an gleicher Stelle aufliegen und so den Kommutator ungleich abnützen, erhalten die Umformer eine Wellenspielvorrichtung mit Umlaufkugel für ein axiales Spiel der Welle.

### *Kaskadenumformer.*

Einen Übergang von den Motorgeneratoren zu den Einankerumformern bilden die *Kaskadenumformer*, die die Vorteile jener beiden Umformer ohne deren Nachteile vereinigen. Sie bestehen aus zwei Maschinen, einem asynchronen Drehstrommotor und einem Einankerumformer, deren Wicklungen verkettet sind. Sie eignen sich, wie die Einankerumformer besonders zum Umformen von Drehstromleistung in Gleichstromleistung.

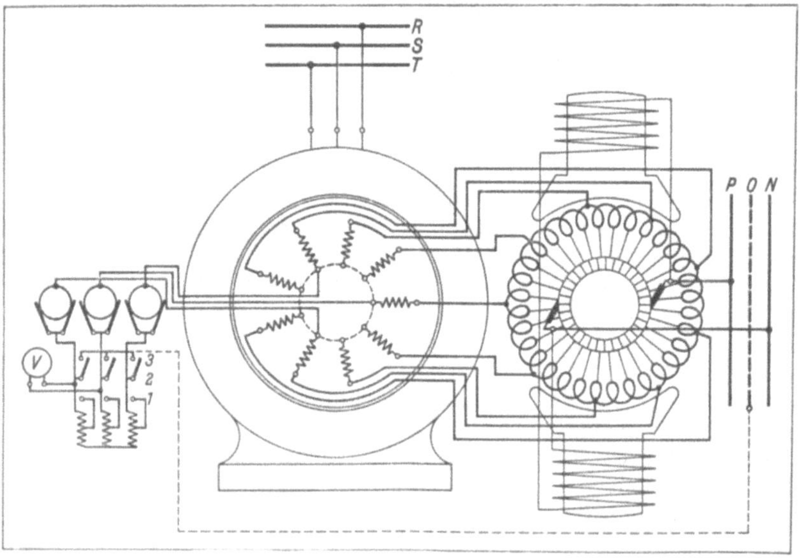


Bild 111. Schaltung im Kaskadenumformer.

Die Schaltung eines Kaskadenumformers ist aus Bild 111 ersichtlich. An die drei Drehstromleitungen R, S, T wird die Ständerwicklung des Drehstromteils angeschlossen. Die Ständerwicklung ist so völlig von dem übrigen Teil getrennt, sie kann, ohne daß ein Zwischenschalten eines Transformators erforderlich wäre, unmittelbar an Hochspannungsnetze angeschlossen werden. Die Läuferwicklung des Drehstromteils unterscheidet sich von der asynchroner Motoren dadurch, daß sie nicht dreiphasig, sondern mehrphasig, etwa neun- bis zwölfphasig ausgeführt ist. Die freien Enden sind einerseits mit dem Gleichstromteil verbunden, andererseits zu Kontakten geführt, die während des Betriebes kurzgeschlossen sind. Zum Zweck des Anlaufens werden drei Wicklungsenden zu Schleifringen geführt, an die Anlaßwiderstände angeschlossen werden. In Stellung 1 wird ein kleiner Anlaßwiderstand, nach dem Anlauf in Stellung 2 ein größerer angeschlossen, schließlich wird in Stellung 3 die Wicklung kurzgeschlossen, die Bürsten werden, da sie nunmehr nicht mehr nötig sind, abgehoben. Der Motor läuft wie ein asynchroner Motor an. Damit der Umformer hierbei nicht über die der Kaskadenschaltung entsprechende Drehzahl hinausläuft, wird auf der Gleichstromseite die Erregerwicklung an den Gleichstromanker angeschlossen. Die Gleichstromspannung entwickelt sich so während des Anlassens.
Die Magnetkreise von Asynchronmotor und Einankerumformer sind getrennt, infolgedessen können beide Teile verschiedene Polzahlen haben. Die Drehzahl hängt von der Summe dieser Polzahlen ab. Der Drehstromteil gibt zum Teil mechanische Leistung zum Betrieb des Einankerum-

Bild 112. Kaskadenumformer für 2500 kW, Gleichstromspannung 450 V, Drehstromspannung 5850 V.

formers ab, zum Teil elektrisch als Mehrphasenstrom, der in Gleichstrom umgeformt wird. Wie bei den Einankerumformern läßt sich durch passende Erregung der Leistungsfaktor 1 erreichen.

Der Nullpunkt des Asynchronmotors kann als Nullpunkt für ein Dreileitersystem genommen werden, der mit den Gleichstromleitern verbunden wird.

Um einen funkenfreien Gang zu erhalten, sind neben den Hauptpolen in den Gleichstromteil noch Wendepole eingesetzt. An den Hauptpolen werden noch Dämpferwicklungen angebracht, um ein Pendeln zu verhindern. Durch Ändern der Erregung kann die Spannung um ± 10 vH geändert werden. Durch zusätzliche Hauptstromwicklung kann der Umformer kompoundiert werden. Der Kaskadenumformer kann mit anderen Generatoren gut parallel arbeiten. Durch Fliehkraftregler wird der Umformer gegen unzulässige Drehzahlerhöhung geschützt. Bild 112 zeigt einen Kaskadenumformer.

## *Drehtransformator.*

In Wechselstromanlagen mit ausgedehnten Fernleitungsnetzen treten bei wechselnder Belastung an den weit entfernt liegenden Speisepunkten Spannungsschwankungen auf, die durch Zusatztransformatoren ausgeglichen werden können. Für diesen Ausgleich eignen sich besonders die *Drehtransformatoren*, die nach Art der asynchronen Drehstrommotoren gebaut sind.

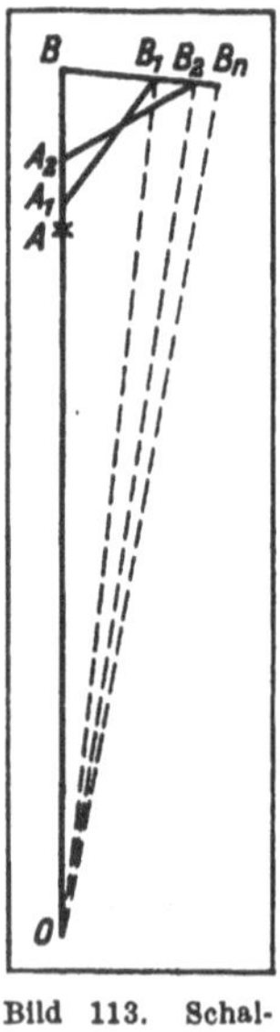

Bild 113. Schaltung im Drehtransformator.

In dem drehbaren Teil, dem Läufer eines asynchronen Drehstrommotors, werden Spannungen erzeugt, deren Höhe unabhängig von der Stellung des Läufers ist. Durch Drehung des Läufers wird lediglich die Phase geändert. Wird, wie dies gewöhnlich der Fall ist, der Drehtransformator vierpolig ausgeführt, so bringt eine Verdrehung des Läufers um 45° (räumliche Winkelgrade) eine Verschiebung der Phase um 90 Periodengrade ($^1/_4$ Vollperiode) hervor. Setzt man die Ankerspannung zur Leitungsspannung hinzu, so addiert oder subtrahiert sie sich zahlenmäßig (arithmetisch) nur, wenn beide Spannungen phasengleich sind, bei Phasenunterschied addieren sich die Spannungen (geometrisch) in der Weise, daß die Summenspannung durch die dritte Seite eines Dreiecks dargestellt wird, dessen beide anderen Seiten die Leitungsspannung und die Läuferspannung des Drehtransformators sind. Ist die Leitungsspannung (Bild 113) zwischen den Werten $OA$ und $OB$ veränderlich, so ist bei der niedrigsten Leitungsspannung $OA$ (höchster

Strom in den Leitungen) die Läuferspannung $AB$ phasengleich mit der Leitungsspannung zuzusetzen. Steigt die Leitungsspannung (bei vermindertem Strom in den Leitungen) auf den Wert $OA_1$, so ist der Läufer zu drehen, wobei die Spannung sich in Phase verschiebt, ohne die Höhe zu ändern und an $A_1$ angesetzt den Wert $OB_1 = OB$ erhält. Steigt die Leitungsspannung weiter auf $OA_2$, wird die Spannung $A_2 B_2$ zugesetzt, so daß sich die Summenspannung $OB_2 = OB$ ergibt usw. Bei höchster Leitungsspannung $OB$ (unbelastete Leitung) steht die Zusatz-

**Bild 114. Oberer Teil eines Drehtransformators mit selbsttätiger Reglung.**

spannung $BB_n$ nahezu senkrecht auf der Leitungsspannung (Phasenwinkel nahezu 90°), sie bringt keine Erhöhung der Leitungsspannung hervor. Durch das Anfügen der phasenverschobenen Zusatzspannung an die Leitungsspannung ändert sich die Phase der Summenspannung gegenüber der Leitungsspannung. Die Summenspannung geht von $OB$ in $OB_1, OB_2 \ldots$ über. Es können daher die Netze, bei denen die Spannung durch verschiedene Zusatztransformatoren geregelt ist, nicht parallel geschaltet werden. Diese Parallelschaltung wird ermöglicht, wenn Doppeldrehtransformatoren genommen werden, bei denen zwei Spannungen von verschiedener Phase so zugesetzt werden, daß die Summenspannung in Phase mit der Leitungsspannung bleibt.

Anstatt bei einem Netz mit veränderlicher Spannung ein Netz mit gleichbleibender Spannung herzustellen, kann auch bei gleichbleibender Netzspannung eine veränderliche Spannung hergestellt werden. Dies ist z. B. erforderlich bei Einankerumformern, bei denen durch vorgeschalteten Drehtransformator die Spannung des Einankerumformers geregelt wird (S. 117).

Das Drehen des Läufers kann von Hand oder nötigenfalls selbsttätig durch einen kleinen Motor herbeigeführt werden, der auf dem Deckel des Drehtransformators aufgesetzt und durch Spannungsrelais gesteuert wird.

Der Drehtransformator ist wie ein Drehstrommotor gewickelt mit geringem Abstand zwischen Ständer und drehbarem Teil. Der Kessel, in dem der Transformator eingebaut wird, wird mit Öl gefüllt. In Bild 114 ist der obere Teil eines Drehtransformators für selbsttätiges Gleichhalten der Spannung dargestellt.

### *Gleichrichter.*

Ohne Zuhilfenahme mechanisch bewegter Massen oder Kontakte kann durch den *Vakuum-Gleichrichter* ein- oder mehrphasiger Wechselstrom in Gleichstrom umgeformt werden. Es wird hierbei die Eigenschaft glühender Körper (negative) Elektronen auszusenden, benutzt. Es entsteht so ein negativer Strom. In einem luftleeren Raum finden die ausgesandten Elektronen den geringsten Widerstand, weshalb für Entwicklung solcher Ströme entlüftete Gefäße gewählt werden. Der die Elektronen ausschleudernde Glühkörper, die Kathode, kann durch irgendeine Wärmequelle auf den erforderlichen hohen Wärmegrad von mindestens 2000° gebracht werden. Bei den Quecksilberdampf-Gleichrichtern wird die Kathode durch den erzeugten Elektronenstrom zum Glühen gebracht, nachdem der Strom künstlich durch die sogenannte „Zündung" eingeleitet worden ist. Es kann (Bild 115) der Strom nur von den Anoden *A* zur Kathode *K* gerichtet sein unabhängig, ob der Strom durch Gleichstrom oder Wechselstrom eingeleitet ist, d. h. es wird von der Welle (Bild 9 Seite 14)

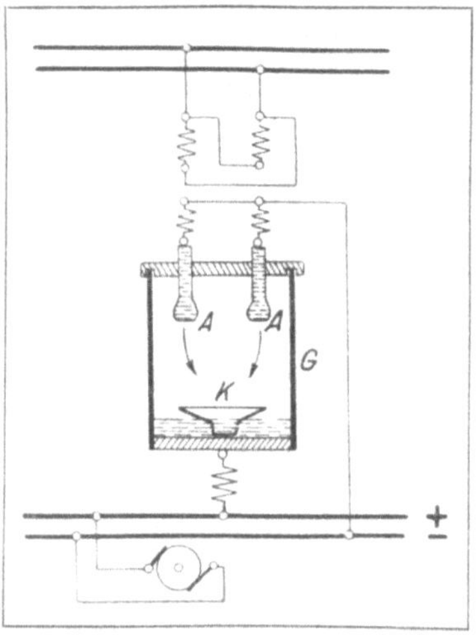

Bild 115. Einphasen-Gleichstromrichtung.

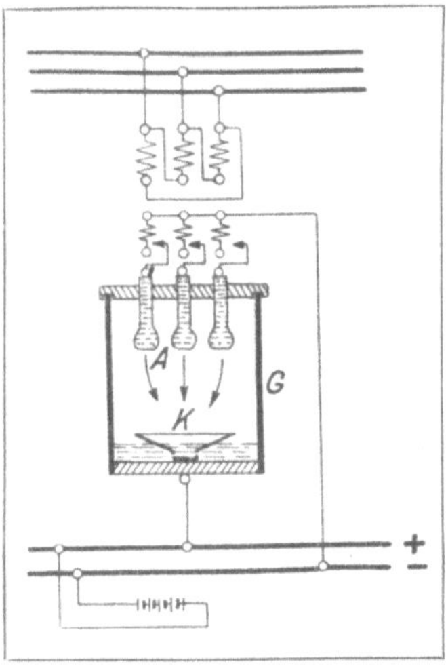


Bild 116. Dreiphasen-Gleichrichtung.

der Wechselstromspannung, die an die beiden Anoden A angelegt ist, nur der eine Anteil, der einen Strom in der Richtung nach K erzeugt, ausgenützt, d. h. es fließt trotz der Wechselstromquelle Strom gleicher Richtung, also Gleichstrom von A nach K, der zu den beiden Sammelschienen geführt und zum Betrieb von Gleichstrommotoren oder zum Laden von Akkumulatoren benutzt werden kann. Die Kathode am Gleichrichtergefäß bildet demnach stets den Pluspol der Anlage, der zweckmäßig zu erden ist, um Berührung des Gefäßes unschädlich zu machen.

Ist der Gleichstrom einmal eingeleitet, so bleibt er infolge des glühenden Kathodenfleckes (Kraters), dessen Temperatur hoch genug ist, bestehen. Vollkommener ist die Einrichtung, wenn (Bild 116) Dreiphasenstrom verwandt wird, da in diesem Fall der Glühgrad innen durch die in anderer Phase fließenden Ströme aufrechterhalten wird, wenn der Strom in einer Phase Null wird. In Bild 117 ist der Drehstrom in Sechsphasenstrom aufgelöst, so daß in sechs Phasen der Strom durch das luftleere Gefäß fließt. Während bei Einphasenstrom der Wirkungsweise des Gleichrichters entsprechend, der Strom im Takt der Perioden stark schwankt, ist dies um so weniger der Fall, in je mehr Phasen der Wechselstrom dem Gleichrichter zugeführt wird.

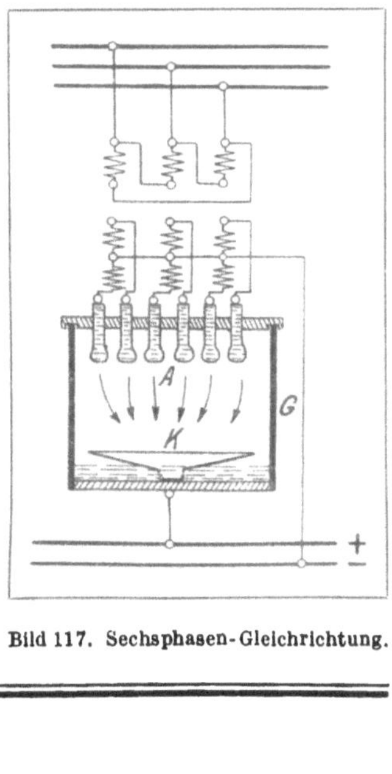


Bild 117. Sechsphasen-Gleichrichtung.

Die Gleichrichterwirkung ist hiernach durch das Vorhandensein von weißglühenden Körpern im Vakuum und von nicht glühenden Anoden abhängig.

Die Verwendung von Quecksilber für die Kathode ist besonders günstig, da das Quecksilber und sein Dampf den Spannungsabfall im Gleichrichtergefäß niedrig halten und die Kathode sich selbsttätig erneuert, indem die Quecksilberdämpfe sich an den Gefäßwandungen kondensieren und wieder zur Kathode herabfallen.

Wegen der Wellenform des bei dem Gleichrichten auftretenden Stroms muß, um richtige Messungen zu erhalten, auf die Wahl richtiger Meßgeräte geachtet werden. Der auf der Anodenseite auftretende Wechselstrom (Anodenstrom) muß mit dynamometrischen Meßgeräten gemessen werden. Bei niedrigen Phasenzahlen muß man dies auch beim Messen des Gleichstroms tun.

Der Gleichstrom steht zu dem Anodenstrom in festem Verhältnis, das von der Phasenzahl abhängt. Das Verhältnis von Gleichstrom zum Anodenstrom in den einzelnen Zuleitungen beträgt bei Einphasenstrom 0,785, bei Dreiphasenstrom 0,587, bei Sechsphasenstrom 0,409. Ebenso stehen die Spannungen in bestimmtem Verhältnis. Das Verhältnis $C$ von Phasenspannung zur Gleichstromspannung im Mittel beträgt bei Einphasenstrom 1,10, bei Dreiphasenstrom 0,855, bei Sechsphasenstrom 0,74. Der Spannungsabfall $\Sigma$ in dem Gleichrichter, der nahezu unabhängig von der Stromstärke ist, beträgt je nach der Ausführung des Gleichrichters 15—33 V. Die erforderliche sekundäre Spannung $P$ des vor dem Gleichrichter angeordneten Transformators ist

$$P = (Pg + \Sigma)\, C\, f_s \text{ V}$$

wenn $Pg$ die gewünschte Gleichstromspannung ist. $f_s$ ist eine Sicherheitszuschlagzahl (z. B. 1,02). Die Spannung kann durch Regelwiderstände oder durch Schaltstufen am vorgeschalteten Transformator oder durch einen Drehtransformator geregelt werden.

Um ein *Parallelschalten* der Gleichrichter zu ermöglichen, wird bei gemeinschaftlichem Transformator ein Spannungsabfall durch eine Drosselspule erzeugt oder jeder Gleichrichter mit einem Einzeltransformator gespeist. Bei Parallelbetrieb können der wechselnden Belastung entsprechend die einzelnen Gleichrichter selbsttätig zu- und abgeschaltet werden.

Der *Wirkungsgrad* hängt von der Gleichstromspannung ab, er ist bis 60 V rd. 75 vH und steigt bei 550 V Gleichstrom auf rd. 95 vH.

Die *Wärmeentwicklung* im Gleichrichter, die infolge der inneren Verluste auftritt, erfordert Kühlung, die bei den Glasgleichrichtern bis rd. 40 A durch den natürlichen Luftzug, bei den größeren durch einen Ventilator erzeugt wird. Eisengleichrichter über 200 A werden durch Wasser gekühlt.

Bei der Eigentümlichkeit der Wirkungsweise kann der Leistungsfaktor 1 nicht erreicht werden. Man kann bei größeren Drehstromanlagen etwa mit 0,95 rechnen.

Um den Gleichrichter in Gang zu setzen, zu „zünden“, werden Glasgleichrichter gekippt (Kippzündung). Eisengleichrichter werden durch Eintauchen eines Zündstiftes gezündet (Tauchzündung). Hierdurch wird ein Hilfsstrom erzeugt.

Fällt der Strom unter 5 A, so erlischt der Gleichrichter. Er muß von neuem angelassen werden. Dies geschieht selbsttätig, wenn der Stromkreis zeitweise unbelastet bleibt. Wenn öfters der Strom unterhalb des *Grenzwertes* sinkt, so wird durch Einbau von Erregeranoden ein Hilfserregerkreis für mindestens 5 A geschaffen mit eigenem Transformator, Drosselspule, Einstellwiderstand und Hilfseinrichtungen.

Die *Lebensdauer* der Glasgleichrichter bis zu 40 A beträgt durchschnittlich 5000 Stunden, bei der Verwendung von Eisengleichrichtergefäßen ist die Lebensdauer nicht beschränkt. Es sind nur mit der Zeit einzelne Teile wie Dichtungen wegen Alterns des Dichtungsstoffes zu erneuern.

Die Kühlung des Apparates ist für den Betrieb von großer Bedeutung, ebenso die Erhaltung der *Luftleere*. Die im Innern an den Gefäßwandungen trotz sorgfältigen Auspumpens haftenden Luftteilchen lösen sich erst allmählich durch die Erwärmung des Gleichrichters ab. Trotz bester Dichtungen kann deshalb bei Großgleichrichtern insbesondere die Lufleere nachlassen. Durch eine Verbindung einer Kapselpumpe mit einer Quecksilberdampfpumpe wird dafür gesorgt, daß das Gefäß während der ersten Betriebszeit entgast „formiert" und die erforderliche Luftleere aufrechterhalten wird. — Bild 118 zeigt die Rückseite einer Klein-Gleichrichteranlage, in der Gleichrichter und Zubehörteile zu ersehen sind.

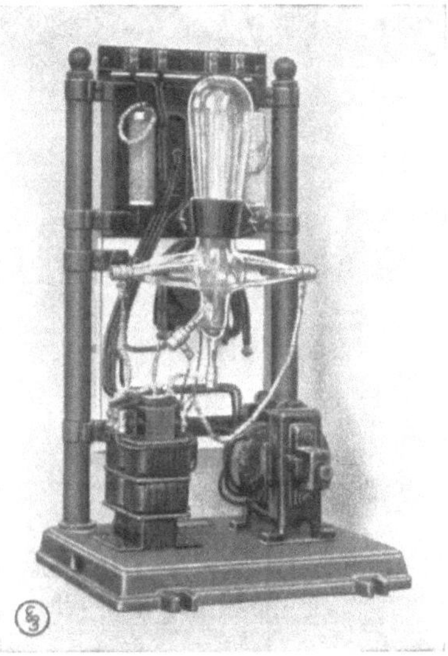

Bild 118. Klein-Gleichrichteranlage (Rückseite) mit Zubehör.

Die Schaltung für einen Einphasen-Glas-Gleichrichter ist in Bild 119 wiedergegeben. Das birnenförmige Glasgefäß G mit den aus Graphit hergestellten Anoden A und der Kathode K wird für das Anlassen gekippt, so daß durch das überlaufende Quecksilber ein Schluß zwischen der Hilfsanode H und der Betriebskathode K sich bildet. Der vom Transformator T über den Zündwiderstand ZW, HK, den Hilfswiderstand HW und die Drosselspule D gelieferte Strom wird so eingeleitet. Es bildet sich nun beim Wiederaufrichten des Gefäßes durch Zerreißen des Quecksilberfadens ein Elektronenstrom, der die Zündung auch zwischen A und K bewirkt. An die Sammelschienen ist die zu ladende Batterie B angeschlossen.

Die Groß-Gleichrichter erhalten ein luftdicht verschweißtes Gefäß mit Kühlmantel. Die Hauptanoden bestehen aus Eisen. Der Stromweg

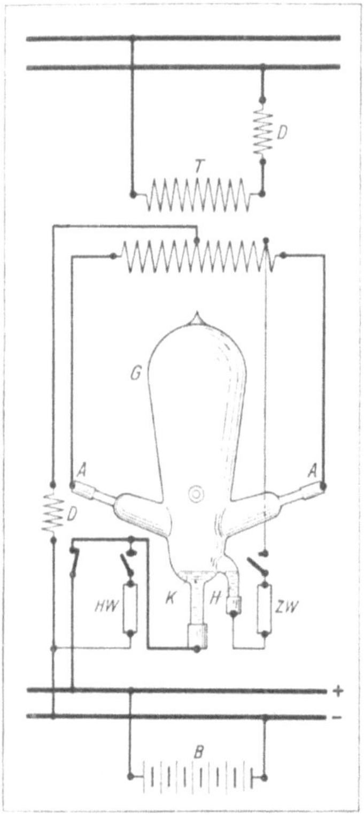


Bild 119. Schaltung eines Einphasen-Gleichrichters für Batterieladung.

innerhalb des Gefäßes ist durch gut isolierte Rohre von der Anode zur Kathode geführt, damit der Strom nicht auf andere Teile überspringen kann. Anode und Kathode werden gekühlt. In geringem Abstand über dem Quecksilberspiegel liegen die Hilfs- oder Erregeranoden mit dem Tauchkern für die Tauchzündung. Im stromlosen Zustand des Gleichrichters taucht die Zündelektrode nicht in das Quecksilber. Wird der Gleichrichter unter Spannung gesetzt, so bringt ein Magnet nach Art eines Wagnerschen Hammers den Tauchkern in Verbindung mit dem Quecksilber und zieht so den Lichtbogen, wonach der Hauptstromkreis sich bildet. Der Vakuum-Gleichrichter hat vor den Umformern (Einankerumformern, Kaskadenumformern, Motorgeneratoren) den Vorteil des besseren Wirkungsgrades bei Spannungen über 230 V und des Fortfalls beweglicher Teile, ferner des geringeren Raumbedarfs und geringeren Gewichts; es genügen einfachere Grundbauten und schließlich sind keine größeren beweglichen Teile und keine umlaufenden Massen vorhanden.

Der Vakuum-Gleichrichter arbeitet völlig geräuschlos, entwickelt keinerlei Gase oder Dämpfe. Mit wenigen Typen wird ein großes Absatzgebiet beherrscht. Er arbeitet unempfindlich gegen plötzliche Belastungsstöße, er verträgt auch starke, kurz andauernde Überlastungen. Sollen selbständige Gleichstromanlagen nachträglich an Drehstromnetze angeschlossen werden, so sind im Gleichstromnetz keine Veränderungen nötig. Die Leistung der Gleichrichter ist unabhängig von der Frequenz.

### *Transformatoren.*

Durch *Transformatoren* können Wechselstromspannungen in beliebiger Höhe erzeugt werden, ohne daß irgendwelche Teile mechanisch in Bewegung gesetzt werden. Die Transformatoren enthalten Eisenkerne, die von Stromspulen umgeben sind. Wird eine solche Spule von Strömen wechselnder Richtung durchflossen, so ändert die durch diese Ströme erzeugte magnetische Strömung dauernd Stärke und Richtung. Infolgedessen wird in jeder Windung eine bestimmte Spannung erzeugt, die für den *primären*, vom Leitungsnetz entnommenen Stromkreis als Gegenspannung wirkt, in einer zweiten (*sekundären*) Spule, die den Eisenkern gleichfalls umgibt, von der primären Spule sonst aber getrennt sein kann, nutzbar zur Verfügung steht. Das Verhältnis der Windungszahlen von primärer und sekundärer Wicklung ist angenähert gleich dem Verhältnis von primärer und sekundärer Spannung (*Übersetzungsverhältnis*). Infolge von „*Streuung*" durchsetzt nicht die gesamte primär erzeugte magnetische Strömung auch die sekundäre Wicklung, so daß die Spannung insbesondere bei Belastung sekundär etwas geringer ist, als es dem Übersetzungsverhältnis entspricht, obwohl durch zweckmäßigen Aufbau die Streuung möglichst niedrig gehalten wird.

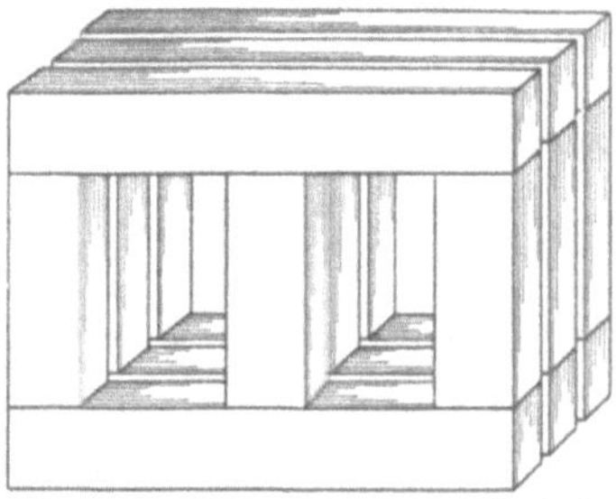

Bild 120. Blechkörper eines Drehstrom-Kerntransformators.

Würde der Eisenkern des Transformators massiv ausgeführt werden, so würden sich durch Induktionswirkung im Eisen starke Wirbelströme entwickeln, die das Eisen nutzlos erwärmen würden. Um dies zu vermeiden, wird der Kern aus Blechen, die von einander isoliert werden, zusammengesetzt. Eine weitere Abschwächung der Wirbelströme wird erreicht, wenn für die Bleche kein reines Eisen, sondern mit Silicium *legiertes Eisen* verwandt wird. Solche Bleche haben genügend hohes magnetisches, aber geringes elektrisches Leitvermögen, so daß sie den Wirbelströmen hohen Widerstand entgegensetzen. Die Verluste im Eisen sind daher gering.

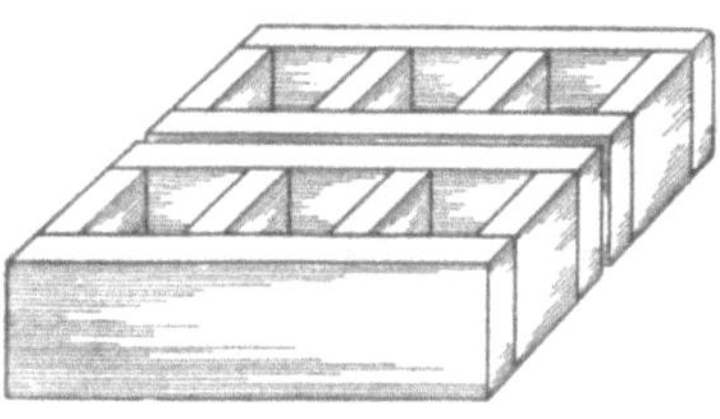

Bild 121. Blechkörper eines Drehstrom-Manteltransformators.

Die Eisenkörper der Transformatoren sind so hergestellt, daß die magnetische Strömung einen geschlossenen Weg im Eisen findet, weil so der magnetische Widerstand am geringsten ist. Der magnetische Stromweg ist bei den *Kerntransformatoren* (Bild 120) unverzweigt, bei den *Manteltransformatoren* (Bild 121), bei denen die Wicklung vom Eisen ummantelt wird, verzweigt. Primäre und sekundäre Wicklung werden entweder in Röhrenform konzentrisch oder in Scheiben, wobei Wicklungen für Ober- und Unterspannung wechseln, auf die Eisenkerne gebracht. Zur Sicherung gegen die bei plötzlichen Überlastungen oder Kurzschlußströmen auftretenden hohen mechanischen Beanspruchungen wird die Wicklung innerhalb und außerhalb des ummantelten Teils fest verspannt. In Bild 122 ist das Aufbringen der Wicklung auf den Schenkel eines Einphasen-Mantel-Öltransformators gezeigt.

Die Transformatoren sind entweder für Luftkühlung als *Trockentransformatoren* gebaut oder sie werden insbesondere bei hohen Spannungen in ölgefüllte Kessel gesetzt. Die *Öltransformatoren* sind entweder selbstkühlend oder sie erhalten Wasserkühlung durch druckfeste Bleischlangen, die vom Kühlwasser durchflossen werden. Wenn kein geeignetes Kühlwasser, z. B. nur schlammhaltiges Wasser, zur Verfügung steht, wird das Öl durch Pumpen in Rohrleitungen gedrückt, die durch fließendes Wasser gekühlt werden.

**Bild 122. Einbau der Wicklung eines Einphasen-Öltransformators für 625 kVA für 3150/80000 V.**

Das Öl der Öltransformatoren bringt gute Durchschlagsfestigkeit auch gegenüber den höchsten vorkommenden Spannungen. Es sind viele Transformatoren mit über 100 000 V in Betrieb. Für Prüfzwecke werden Transformatoren für mehrere hunderttausend Volt gebaut. Das Öl sorgt auch im Umlauf für Kühlung sämtlicher Teile. Es soll dünnflüssig, säurefrei und trocken sein, hohe Durchschlagsfestigkeit haben, es darf auch bei dauernder Erwärmung keine teerigen Stoffe absetzen, muß niedrigen Stockpunkt haben, damit das Öl in der Kälte nicht fest wird, sowie hohen Flamm- und Entzündungspunkt.

Damit das Öl wasserfrei wird, wird es nach dem Einfüllen auf solchen Wärmegrad gebracht, daß alles Wasser verdampft. Unverändert und wasserfrei wird es dadurch gehalten, daß es der Berührung mit derLuft durch ein Ausdehnungsgefäß, den *Ölkonservator*, entzogen wird, da warmes Öl bei Berührung mit dem Luftsauerstoff zur Schlammablagerung neigt. Dieser Ölkonservator ist ein außerhalb des Transformators angebrachter Behälter, der durch ein Rohr mit dem Innern des Transformators in Verbindung steht und teilweise mit Öl gefüllt wird. So ist das warme Öl des Transformators durch das kalte Öl des Konservators von der Luft abgeschlossen. Der Ölkonservator verhindert gleichzeitig das Bilden von schädlichen Feuchtigkeitsniederschlägen im Ölkessel.

Um die Ölwärme zu überwachen oder einer Überhitzung des Öles vorzubeugen, erhalten die Transformatoren in Tauchröhren Thermometer oder wenn Transformator und Ölschalter sich in geringer Entfernung befinden, *Wärmeauslöser*, die aus zwei Metallstäben mit verschiedenem Wärmeausdehnungskoeffizienten bestehen. Durch den Auslöser wird bei unzulässiger Erwärmung des Öls der Transformator abgeschaltet. Sind Transformator und Schalter von einander entfernt aufgestellt, so wird ein Wärmekontaktgeber verwendet, der ähnlich dem Wärmeauslöser hergestellt ist. Dieser verbindet bei Übererwärmung Kontakte, wodurch zunächst ein Warnungszeichen gegeben, dann der Spannungs-Auslösemagnet zum Öffnen des Ölschalters in Tätigkeit gesetzt wird.

Transformatoren lassen sich nicht mit beliebigen *Frequenzen* betreiben. Die Leistung nimmt mit fallender Frequenz ab, auch sinkt die Gebrauchsspannung, wenn ein für höhere Frequenz gebauter Transformator für niedrigere Frequenz verwendet wird.

Das *Übersetzungsverhältnis* wird bei Belastung durch den Spannungsabfall im Transformator verändert. Es muß daher bei Bestellung stets angegeben werden, ob das Übersetzungsverhältnis bei Leerlauf (unbelastet) oder bei voller Last gemeint ist. Soll das Übersetzungsverhältnis durch Änderung der Windungszahl der Wicklung geändert werden, so erhält der Transformator Zapfstellen, d. h. Abzweigungen von einzelnen Wicklungsabteilungen. Das Umschalten auf die geänderte Windungszahl darf nur vorgenommen werden, wenn der Transformator außer Betrieb ist.

Die Wicklungen auf den drei Schenkeln von Drehstromtransformatoren können in *Stern* (⅄) oder *Dreieck* (△) oder sog. *(Zickzackschaltung)* (⅄) verkettet werden. Bei letzterer ist die Wicklung für jede Phase in zwei Abteilungen geteilt, die auf verschiedenen Schenkeln liegen. Es ergeben sich so die drei Grundschaltungen für die primären oder sekundären Wicklungen Dreieck, Stern, Zickzack (Bild 123). Bei den einzelnen Schaltungen ist der Wicklungssinn der Spulen zu berücksichtigen. Wird beispielsweise die Verbindung der drei Wicklungen in Sternschaltung primär oder sekundär nicht an den drei Enden, sondern in den drei Anfängen der Leitungen hergestellt, so wird die Phase der Spannungen um 180° verschoben, ein Parallelbetrieb ist dann nicht mehr möglich. Die Dreieck- und Zickzackschaltung geben einen Ausgleich zwischen den drei Stromkreisen, wodurch bei ungleicher Belastung der 3 Stromkreise in diesen der Spannungunterschied vermindert wird, sie wird daher viel verwendet. Stern - Sternschaltung wird nur dann verwendet, wenn der sekundäre Nulleiter nur zu Erdungszwecken benutzt wird oder bei Vierleiteranlage der Nulleiter nur schwach belastet ist.

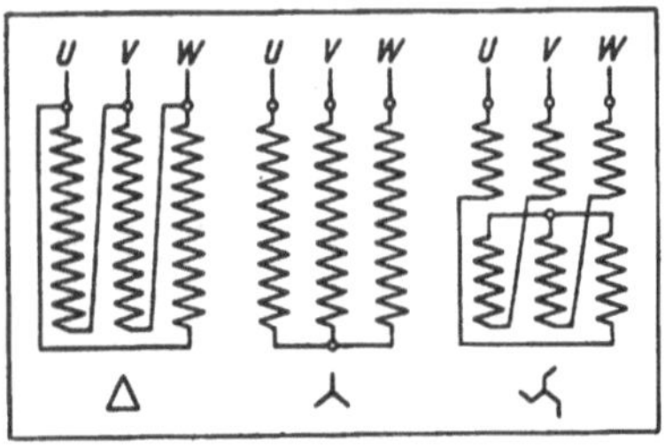

Bild 123. Grundschaltungen für Drehstromtransformatoren.

Bei Einphasenstromtransformatoren mit nicht sehr hohem Übersetzungsverhältnis, wenn es auf Trennung des sekundären Stromkreises vom primären nicht ankommt, wird die sog. *Sparschaltung* verwendet (Bild 124). Bei dieser wird die Sekundärspannung an den Klemmen u v von einem Teil der primären Wicklung mit den Klemmen U V abgenommen. Auf diese Weise werden die Verluste bei dem Umformen und die Abmessungen des Transformators verringert.

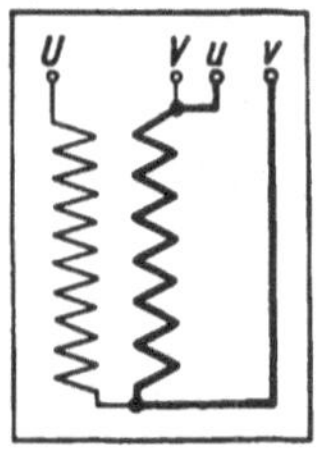

Bild 124. Schaltung eines Einphasentransformators in Sparschaltung.

Wenn es auf vollkommene Gleichlage der Spannungen in den drei Drehstromphasen nicht ankommt, so kann eine vereinfachte Dreieckschaltung gewählt werden, bei der eine Wicklungsabteilung fortgelassen wird (V-Schaltung oder offene Dreieckschaltung, Bild 125). Solche Schaltung wird häufig benutzt beim Anschluß von Meßgeräten, wobei statt eines Drehstromtransformators zwei Einphasenstromwandler verwendet werden.

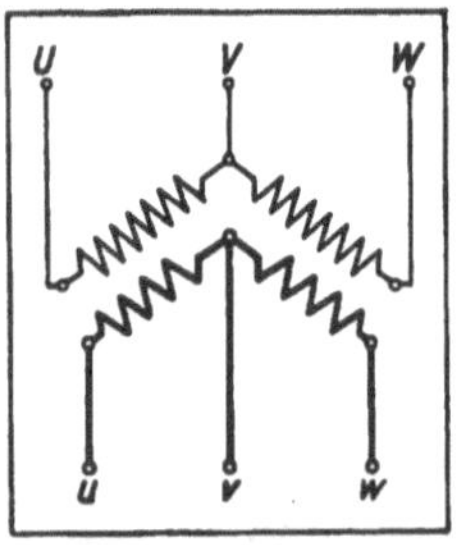

Bild 125. Offene Dreieckschaltung (V-Schaltung).

Einphasenstromtransformatoren lassen sich stets primär und sekundär parallelschalten, wenn sie gleiches Übersetzungsverhältnis haben. Drehstromtransformatoren lassen sich nur parallelschalten, wenn sie passend gewickelt sind, da sekundär nicht bloß die Spannungen, sondern auch die Phasen übereinstimmen müssen. Beispielsweise lassen sich Transformatoren nicht primär und sekundär parallelschalten, wenn der eine ⅄ ⅄, der andere ⅄ Δ geschaltet ist.

Die Verteilung der Belastung primär und sekundär parallelgeschalteter Transformatoren hängt insbesondere von der prozentualen Kurzschlußspannung ab, d. i. der Spannung, die primär aufzuwenden ist, um bei Kurzschluß der sekundären Wicklung den normalen Betriebsstrom zu erhalten. Von zwei parallelgeschalteten Transformatoren nimmt der, der größere Kurzschlußspannung (größere Streuung) hat, weniger Last auf.

Der Wirkungsgrad der Transformatoren ist, da sie keine beweglichen Teile haben, besonders hoch. Die Verluste im Eisen und in der Wicklung betragen nur wenige Hundertteile.

Zwecks Vereinheitlichung der Ausführungen werden *Einheitstransformatoren* nach allgemein gültigen Normen für Leistungen von 5—100 kVA für Oberspannungen von 5000—15 000 V und Unterspannungen (bei Leerlauf gemessen) von 231 und 400 V mit Anzapfungen auf der Oberspannungsseite hergestellt, für die in elektrischer und mechanischer Hinsicht Vorschriften erlassen sind.

Besonders gut abgedichtet und isoliert werden die Transformatoren, wenn sie für Aufstellung im Freien bestimmt und allen Unbilden der Witterung ausgesetzt sind, wie dies z. B. bei den Masttransformatoren der Fall ist, die in Überlandzentralen auf Masten an Hochspannungsleitungen angeschlossen werden, um einzelne Ortschaften mit niedrig gespanntem Strom zu versorgen oder für Freiluftstationen, bestimmt sind.

Transformatoren werden in Kraftwerken gewöhnlich in besonderen hierfür geeignet hergestellten Räumen aufgestellt. Da sie keinerlei Bedienung erfordern, können sie einzeln an Stromverteilungsstellen, in Transformatorenhäusern oder in Anschlagsäulen untergebracht werden, wo die elektrische Arbeit mit Spannung der Fernleitung in solche von Gebrauchsspannung umgeformt wird. Geschieht solche Umformung durch mehrere parallelgeschaltete Transformatoren, so werden hierfür besondere „*Umspannwerke*“ errichtet.

## Wandler.

Wechselstrommeßgeräte werden (S. 59) zuweilen nicht unmittelbar an das Leitungsnetz angeschlossen, etwa weil es vorteilhaft erscheint, die Meßgeräte vom Hochspannungsnetz zu trennen, oder um die Stromstärke in den Meßgeräten herabzusetzen. Hierzu werden Transformatoren für geringe Leistung verwendet, die zum Unterschied von den Leistungstransformatoren als *Wandler* bezeichnet werden. Der sekundäre Spannungskreis, in dem die Meßgeräte liegen, wird gewöhnlich geerdet.

*Spannungswandler* haben eine Hoch- und eine Niederspannungswicklung. An letztere werden Spannungsmesser, Spannungsspulen von Leistungsmessern, Zählern und dgl. angeschlossen. Für alle Spannungswandler wird meist die gleiche Niederspannung gewählt, um einheitlich gleiche

Bild 126. Drehstrom-Spannungswandler mit Nullpunktklemmen, 15000 : 110 V.

Spannungsmesser anschließen zu können, bei denen nur die Ablesung geändert wird (Bild 126).

Wird bei hohen Spannungen die Isolation von Stromleitungen, die durch Wandungen von Hochspannungsschaltern geführt werden, durch Stanniolbelegungen unterteilt, so wird hierdurch auch die Spannung unterteilt. An eine Teilspannung zwischen Durchführungsbolzen und benachbarter Stanniolbelegung mit Anschlußring kann ein geeigneter Spannungsmesser angeschlossen werden. Es braucht also auch bei dieser Anordnung der Spannungsmesser nicht für die hohe Spannung bemessen zu sein. In Bild 127 ist der Anschluß des Spannungsmessers an eine Kondensatordurchführung dargestellt.

Bei den *Stromwandlern* wird der zu messende Strom in einer oder wenigen Windungen um den Eisenkern des Wandlers geführt. An die sekundären Windungen wird der Strommesser angeschlossen. Die sekundären Windungen können so gewählt werden, daß für alle Wandler ein gleicher Strommesser genügt, bei dem je nach dem Übersetzungsverhältnis nur die Meßskala geändert zu werden braucht.

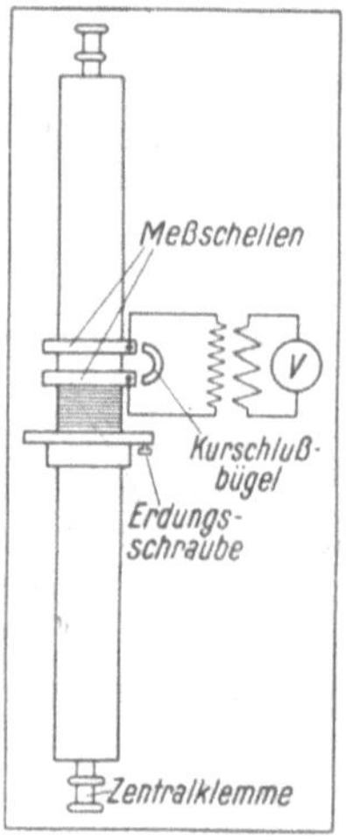


Bild 127. Anschluß eines Voltmeters mit Spannungswandler an eine Kondensatordurchführung.

### Akkumulatoren.

Unmittelbar aufspeichern läßt sich elektrische Arbeit in den sogenannten Kondensatoren, z. B. den Leydener Flaschen. Es lassen sich auf diese Weise jedoch nur geringe Arbeitsmengen aufspeichern. Mittelbar läßt sich elektrische *Arbeit* von *Gleichstrommaschinen* in Akkumulatoren, Sammlern, aufspeichern, indem sie in chemische Arbeit umgesetzt wird, die sich leicht wieder in elektrische Arbeit zurückwandeln läßt.

Die *Bleiakkumulatoren*, die unter den Sammlern die weiteste Verbreitung gefunden haben, bestehen aus Bleiplatten oder Bleigittern, die mit Bleiverbindungen, feinverteiltem Bleischwamm auf der negativen, Bleisuperoxyd auf der positiven Platte überzogen sind. Diese Platten tauchen in reine, verdünnte Schwefelsäure. Bei der „Ladung", bei der elektrische Arbeit den Platten zugeführt wird, tritt Oxydation der positiven, Reduktion der negativen Platte ein, bei „Entladung", der Entnahme elektrischer Arbeit, findet der umgekehrte Vorgang statt.

Die Spannung an den einzelnen „Zellen" beträgt rd. 2 V. Beim Laden steigt die Spannung, beim Entladen fällt sie. Am Ende der Ladung, wenn die Zellen gesättigt sind und keine weitere elektrische Arbeit mehr aufnehmen, steigt die Spannung bis zu rd. 2,75 V. Bei weiterer Ladung tritt lebhafte Gasentwicklung (Knallgas, aus Wasserstoff und Sauerstoff bestehend) auf, bei der keine nutzbare Arbeit aufgespeichert wird. Die Entladung muß beendet werden, wenn die Spannung auf rd. 1,83 V gesunken ist.

Der *Ladeinhalt* (die Kapazität) der Zellen hängt von der Größe der Platten und deren Gestaltung ab. Um den Ladeinhalt zu vermehren, werden gewöhnlich mehrere Platten in eine Zelle eingesetzt, wobei die positiven unter sich und die negativen Platten unter sich verbunden werden. Die positiven Platten erkennt man an der dunkleren, braunen, die negativen an der helleren, grauen Färbung. Der Ladeinhalt kann nach der Anzahl der Amperestunden gemessen werden, die der Akkumulator abgeben kann. Der *Wirkungsgrad* wird durch das Verhältnis der Ladearbeit zur Entladearbeit bestimmt. Er kann etwa zu 75 vH angenommen werden.

Um die für die gebräuchlichen Leitungsnetze erforderliche Spannung zu erhalten, wird eine Reihe von Zellen *hintereinander geschaltet*, 60 Zellen von rd. 2 V ergeben 120 V. Da die Spannung sich je nach dem Ladezustand ändert, so ändert sich auch die Gesamtspannung. Um gleichbleibende Spannung zu erhalten, muß daher die Anzahl der hintereinander zu schaltenden Zellen verändert werden. Dies geschieht durch Zu- und Abschalten einzelner Zellen. Soll eine Entladespannung von 220 V im Netz erhalten bleiben, so müssen, wenn jede einzelne Zelle eine Spannung von 2 V hat, 110 Zellen hintereinander geschaltet sein. Befinden sich die Zellen an der Grenze des Entladezustandes, wobei sie nur noch eine Spannung von 1,83 V haben, so müssen 220/1,83 oder 120 Zellen hintereinander geschaltet sein. Werden die Zellen geladen, während gleichzeitig Strom für das Netz abgenommen wird, so ist am Ende der Ladung, wobei die Spannung einer Zelle 2,75 V beträgt, von nur 80 hintereinander geschalteten Zellen die Spannung von 220 V abzunehmen. Es sind also mindestens 80, höchstens 120 Zellen hintereinander zu schalten, um bei wechselnder Zellenspannung die Netzspannung von 220 V zu erhalten. Die 80 Zellen werden als Stammzellen, die 40 zum Regeln der Spannung dienenden Zellen als Zusatzzellen bezeichnet.

Ob bei Änderung der Zellenzahl stets nur eine oder mehrere Zellen zugeschaltet werden, hängt davon ab, welche Anforderungen an die Empfindlichkeit gleichbleibender Spannung gestellt werden.
Das Ab- und Zuschalten von einzelnen Zellen oder Zellengruppen geschieht durch *Zellenschalter*. Die Zusatzzellen werden durch Leitungen mit Gleitkontakten dieses Schalters (Bild 128) verbunden. Damit die über diese Kontakte geführten Bürsten keinen Kurzschluß beim Übergang von einer Zelle zur nächsten machen, werden die Zellen vor dem Hinüberleiten von einem Kontakt zum andern durch einen Widerstand überbrückt.

Bild 128. Runder Einfach-Zellenschalter für Handbetrieb.

Um Funken an den Bürsten beim Übergleiten zum benachbarten Kontakt zu vermeiden, werden die Stromunterbrechungen an eine Funkenentzieherstelle verlegt, so daß die Bürsten an den Hauptkontakten stromlos hinübergleiten.
Sind $n$ Zusatzzellen vorhanden, so sind $n + 1$ Leitungen von den Zellen zu den Zellenschaltern erforderlich. Bei hohen Stromstärken und großer Entfernung der Zellen von den Schaltern sucht man durch Verwendung von Hilfszellen an Leitungen zu sparen. Die Zusatzzellen werden in Gruppen geteilt, von denen Leitungen zu den Schaltern führen. Die Hilfszellen werden als Zusatzzellen oder Gegenzellen angeschlossen, so daß es zwischen den Stellungen der Kontaktbürste auf benachbarten Kontaktstücken noch Zwischenstellungen mit eingeschalteten Hilfszellen und dementsprechend Zwischenspannungen gibt, während die Anzahl der Verbindungsleitungen zwischen Zellen und Schalter vermindert wird.
Die Zellenschalter können benützt werden, um von der Akkumulatorenbatterie mit wechselnder Zellenspannung gleichbleibende Spannung zu entnehmen (Entladeschalter), aber auch, um bei Wiederaufladen der Zellen die Zellenzahl zu ändern (Ladeschalter). Letzteres ist erforderlich, da die äußersten Zusatzzellen nur bei starker Entladung also nur kurze Zeit gebraucht werden und daher auch nur kurze Ladezeit benötigen. Lade- und Entladeschalter können zu einem Doppelzellenschalter vereinigt werden (Bild 129). Die Zellenschalter erhalten je nach den Verhältnissen einfache Form ohne Hilfsfunkenstrecke oder Einrichtungen

mit Hilfsfunkenstrecke und Einrichtung zum Sparen von Verbindungsleitungen. Sie werden entweder in runder oder gerader Form ausgeführt. Die Zellenschalter können von Hand eingestellt oder selbsttätig vermittels Spannungsrelais gesteuert werden.

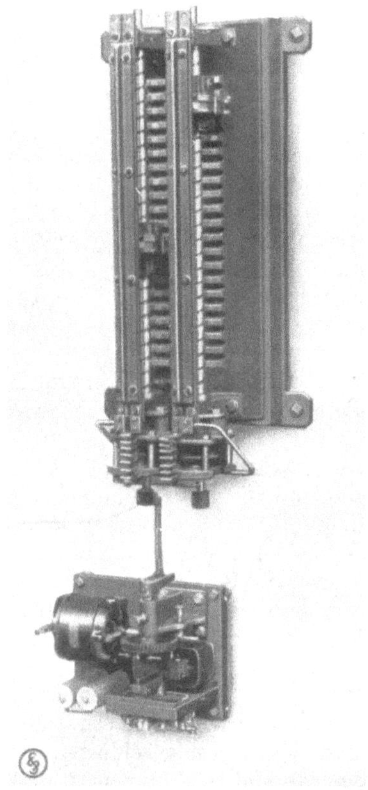

Bild 129. Gerader Doppel-Zellenschalter mit Funkenzieher und motorischem Antrieb.

An Stelle der Bleiakkumulatoren werden zuweilen *alkalische Sammler* (Edison-Akkumulatoren) benutzt. Bei diesen bestehen Gefäß und Platten aus vernickeltem Stahl. Die wirksame Masse ist in durchlöcherten Taschen, die an den Sammlerplatten befestigt sind, untergebracht. Sie besteht aus Nickelhydroxydul, vermischt mit Nickelpulver für die positive, aus Eisensauerstoffverbindung für die negative Platte. Die Spannung einer Zelle beträgt rd. 1,2 V. Solche Zellen arbeiten nicht so wirtschaftlich wie Bleisammler, sie sind gegen Stöße wenig empfindlich. Die Eigenschaft der leichten *Arbeitsaufspeicherung* in den Akkumulatoren kann in Gleichstromanlagen vorteilhaft ausgenutzt werden. Zu Zeiten geringerer Stromentnahme können sie geladen werden, zu Zeiten höherer Stromentnahme kann die geladene Batterie die Maschinen in der Stromlieferung unterstützen, so daß die Spitzenbelastung, die zum Einsetzen neuer Maschinensätze zwingen könnte, unschädlich gemacht wird. Zu Zeiten sehr geringen Betriebs, z. B. zur Nachtzeit, können die Akkumulatoren allein den Betrieb übernehmen, so daß die Maschinen in dieser Zeit stillgesetzt werden können. In Betrieben mit stark wechselnder Belastung, z. B. in Straßenbahnanlagen, können die parallel zum Netz geschalteten Maschinen puffernd wirken, indem sie bei starker Belastung an der Stromlieferung teilnehmen und zur Zeit geringer Last Ladung aufnehmen. Durch Einbau von Zusatzmaschinen, die ihre Spannung der Belastung entsprechend ändern, kann das selbsttätige

Einstellen der Batterie auf Stromabgabe oder Stromaufnahme wirksam unterstützt werden.

Da die Batterie aus vielen Einzelzellen besteht, kann sie bequem zur Spannungsunterteilung verwendet werden. In Dreileiteranlagen kann durch die Akkumulatoren die Spannung in zwei Netze geteilt werden. Einzelzellen oder wenige Zellen in einem tragbaren Gestell vereinigt, können an beliebigem Ort, z. B. zum Speisen niedervoltiger Glühlampen verwendet werden.

### *Elektrische Beleuchtung. Allgemeines.*

Während bei der ersten Entwicklung der Elektrotechnik elektrische Lampen, Bogenlampen und Glühlampen, die hauptsächlichsten Stromverbraucher waren, ist jetzt die Verwendung der Elektrizität für motorische Zwecke mehr in den Vordergrund getreten, die eine günstigere Ausnutzung der Erzeugerstätten herbeiführt, während die Beleuchtung meist nur auf einzelne Tagesstunden beschränkt ist und unerwünschte Spitzenbelastung gibt. Von der großen Ausdehnung elektrischer Anlagen infolge des starken Leistungsbedarfs für Motoren hat aber auch die elektrische Beleuchtung Nutzen gezogen. Mit der Verbreitung des elektrischen Motors ging Hand in Hand die Entwicklung der elektrischen Beleuchtung, die schon lange nicht mehr, wie bei der ersten Entwicklung der Elektrotechnik, als Luxusbeleuchtung bezeichnet werden kann.

Die starken Lichtquellen der Bogenlampen entwickelten sich zuerst, während die Unterteilung in beliebig kleine Lichtquellen erst nach Erfindung der Glühlampe gelang.

Die beiden Beleuchtungsarten der Bogenlampen und Glühlampen hatten einen scharfen Wettbewerb, bei dem zurzeit die Glühlampen den Vorrang haben. Bogenlampen sind insbesondere bei großen Lichtleistungen sehr wirtschaftlich und geben für sich ohne Färbung durch Lampenglocken ein weißes Licht. Die Glühlampen haben den Vorteil, daß sie sich beliebig für sehr kleine aber auch für große Leuchtkräfte herstellen lassen. Sie können in Einzelschaltung an die Netze üblicher Spannung ohne weiteres angeschlossen werden, geben ein ruhiges Licht, das bei den gasgefüllten Lampen an weißer Färbung dem Bogenlicht nahe kommt. Sie bedürfen keiner Bedienung.

Für die Beleuchtung ist die Stärke der Strahlung, der Lichtstrom, der von der Lichtquelle ausgeht, maßgebend. Wenn die Lichtquellen selbst das Licht in der gewünschten Richtung nicht genügend strahlen, muß durch künstliche Mittel, durch Zurückwerfen, Brechen, Streuen, das Licht nach der betreffenden Richtung gelenkt werden. Zeichnet man die Strahlungsstärke in den verschiedenen Richtungen auf, so erhält man für die einzelnen Lichtquellen die Strahlungskurven. Je nach der Art der Bogenlampen,der Stellung der Kohlen und Entfernung der Kohlespitzen erhält man verschiedenartige Strahlungskurven. Bei einzelnen Lampenarten wird das Licht mehr seitlich, bei anderen mehr abwärts gestrahlt. Bei Glühlampen, die in beliebiger Lage verwendet werden können, kann die Strahlung nötigenfalls durch Gestaltung der Lampenglocken, Lampenschirme und Beleuchtungskörper beliebig gelenkt werden.

Um die Beleuchtung eines Arbeitsplatzes ermitteln zu können, muß die Lichtstärke der Lichtquellen in der Richtung nach dem Arbeitsplatz bekannt sein. Mit wachsender Entfernung von der Lichtquelle nimmt die Beleuchtungsfläche quadratisch zu, die Beleuchtung daher quadratisch ab. Bei schrägem Einfall der Lichtstrahlen auf die zu beleuchtende Fläche verteilt sich die Beleuchtung auf eine Fläche, die im umgekehrten Werte des cosinus des Einfallwinkels zunimmt. Die Beleuchtung ist daher bei einer Lichtstärke $J$ und einem Einfallwinkel $i$: $E = \frac{J \cos i}{r^2}$. Ist die Lichtstärke in Hefnerkerzen (HK) ausgedrückt, so erhält man die Beleuchtungsstärke $E$ in Lux (Lx).

Um den Lichtbedarf für einen geschlossenen Raum zu berechnen, geht man vorteilhafter vom Lichtstrom aus, den die Lichtquelle aussendet. Ist die mittlere sphärische Lichtstärke $J$, so ist der Lichtstrom $4 \pi J$ (in Lumen). Eine 100 kerzige Lampe (100 HK mittlere sphärische Lichtstärke) sendet einen Lichtstrom von 1257 Lm aus. Ist der Raumwinkel bekannt, der beispielsweise für die Bodenbeleuchtung ausgenutzt wird, so kann unter Berücksichtigung der in den verschiedenen Strahlungsrichtungen gemessenen Lichtstärken die mittlere Bodenbeleuchtung festgestellt werden. Die Lichtstärken in verschiedenen Richtungen können aus der Strahlungskurve abgelesen werden, die für die verschiedenen Beleuchtungskörper bekanntgegeben werden. Je nach Art der Beleuchtungskörper und Stellung der Lampe kann das Licht gleichmäßig stark nach allen Richtungen gestrahlt werden (Freistrahler) oder hauptsächlich nach unten (Steilstrahler) oder schräg nach der Seite (Schrägstrahler) oder hauptsächlich seitwärts (Flachstrahler).

Bei Lichtquellen, die nach verschiedenen Richtungen verschieden stark strahlen, rechnet man nach mittlerer Lichtstärke. Bezieht man die Lichtstärke auf den Lichtstrom rings um die Lichtquelle, so bezeichnet man als mittlere *sphärische* Lichtstärke (Zeichen ○) die Leuchtkraft einer Lichtquelle, die nach allen Richtungen gleich stark strahlend den gleichen Lichtstrom ergeben würde. Wird nur das nach unten geworfene Licht berücksichtigt, so wird nach mittlerer *hemisphärischer* Lichtstärke (Zeichen ◡) gerechnet. Diese entspricht der Leuchtkraft einer im Bereich der unteren Halbkugel nach den verschiedenen Richtungen mit gleicher Stärke strahlenden Lichtquelle, die den gleichen Lichtstrom wie die ungleichmäßig strahlende Lichtquelle aussendet.

### *Bogenlampen.*

Bei den Bogenlampen wird durch den elektrischen Strom zwischen Kohlestäben ein Lichtbogen erzeugt, der die Kohleenden zum Erglühen bringt. Wird für die Kohlestäbe *Reinkohle* verwendet, so geht das Licht hauptsächlich von den glühenden Kohleteilchen aus, während der Lichtbogen selbst wenig Licht aussendet. Bei Kohlen, die Leuchtsalze enthalten, sogenannten *Effektkohlen,* strahlt auch der Lichtbogen stark Licht aus, dessen Färbung von der Wahl der Leuchtsalze abhängt. Die Lichtausbeute ist bei Lampen mit Effektkohlen daher bedeutend größer als bei Lampen mit Reinkohlen.

Durch den Abbrand der Kohlen vergrößert sich die Länge des Lichtbogens. Um gleichbleibende Lichtbogenlänge und so gleichmäßiges Licht zu erhalten, wird durch ein Regelwerk, das vom Lampenstrom und der Lampenspannung beeinflußt wird, die Lichtbogenlänge nahezu unverändert gehalten. Diese Regelwerke sind für Gleichstrom und Wechselstrom verschieden. Die Kohlestäbe sind entweder übereinander oder schräg nebeneinandergestellt. Für Gleichstrom wird die obere positive Kohle stark, die untere negative schwächer gewählt. Bei Wechselstrom werden die beiden Kohlestäbe gleich oder nahezu gleich stark gewählt. Bei freiem Luftzutritt zum Lichtbogen brennen die Kohlestäbe stärker ab, als bei Luftabschluß. Bei Luftzutritt (offenen Lampen) muß man daher, um lange Brenndauer zu erhalten, die Kohlen sehr lang wählen. So kann man Brennzeiten bis zu rd. 40 Stunden erhalten, ohne die Stäbe auszuwechseln. Bei Luftabschluß (geschlossenen Lampen) erhält man für ein Kohlepaar Brenndauern über 100 Stunden.

Bild 130. Bogenlampe für photographische Zwecke mit Reflektor.

Die *Spannung* an einer Bogenlampe beträgt bei Wechselstrom 30, bei Gleichstrom rd. 40 V. Um ruhiges Licht zu erhalten, muß vor die Lampe noch ein *Beruhigungswiderstand* geschaltet werden, der bei Wechselstrom aus einer Drosselspule bestehen kann. Um wirtschaftlich die Bogenlampen zu benutzen, müssen daher bei den üblichen Netzspannungen von 120 und 220 V mehrere Lampen hintereinander geschaltet werden, die gleichzeitig brennen.

Für Raumbeleuchtung und Straßenbeleuchtung werden die Bogenlampen bis zu rd. 15 A ausgeführt. Für Scheinwerfer werden Lampen für hohe Stromstärken hergestellt, die das Licht in parabolischen Scheinwerfern kilometerweit werfen.

Gleichstrombogenlampen mit Reinkohlen haben je nach der Stromstärke einen Verbrauch von

1—0,5 W/HK für Gleichstromlampen, von 1,2 bis 0,9 W/HK für Wechselstromlampen. Lampen mit Leuchtsatzkohlen (Effektkohlen) haben etwa den dritten Teil des Verbrauchs.

Lampen, die bei erhöhter Spannung betrieben werden, geben bei langem Lichtbogen viel ultraviolettes, daher photographisch wirksames Licht, das für *photographische Zwecke* vielfach Verwendung findet (Bild 130). Durch besondere Wahl der Leuchtstäbe kann der Gehalt an ultraviolettem Licht noch verstärkt werden. Solche Lampen finden für *Heilzwecke* Verwendung.

### *Glühlampen.*

Im Gegensatz zu den Bogenlampen, bei denen die hohe Temperatur an den Kohleenden, zwischen denen ein Lichtbogen erzeugt und im Lichtbogen zur Lichtstrahlung ausgenutzt wird, wird bei den Glühlampen ein Widerstandsfaden durch den elektrischen Strom zum Erglühen und so zum Leuchten gebracht. Obwohl die Wärmewirkung des elektrischen Stromes in einem Leiter, die bis zu hohem Glühgrad gesteigert werden kann, bekannt war, kam man doch erst spät dazu, eine wirtschaftlich brauchbare Lampe zu schaffen.

Eine technisch verwendbare Lampe muß sparsam im Verbrauch und dauerhaft sein. Entsprechend den allgemeinen Strahlungsgesetzen ist eine Lampe um so wirtschaftlicher, auf je höheren Glühgrad der Leuchtkörper gebracht wird. In freier Luft halten Glühfäden die erforderliche hohe Temperatur, bei der die Lampen wirtschaftlich strahlen, auf die Dauer nicht aus. Erst als es gelungen war, in luftleerem Glaskörper Glühfäden durch elektrischen Strom zu erhitzen, konnte man Lampen schaffen, die mit den Bogenlampen in Wettbewerb traten. Die besonderen Vorzüge der Glühlampen, die Anpassungsfähigkeit an alle Verhältnisse, die geringen Abmessungen, die bequeme Unterteilung des Lichts bis herab zu den kleinsten Lichtstärken, die Unempfindlichkeit gegen Erschütterungen und unvorsichtige Behandlung, verschafften ihnen bald weite Verbreitung, obwohl die ersten Glühlampen, die Kohlefadenlampen, nicht so sparsam im Verbrauch waren wie Metallfadenlampen. Bei den *Kohlefadenlampen* konnte, ohne die Lebensdauer zu sehr zu beeinträchtigen, der Glühgrad der Lampen nur bis rd. 1860° gesteigert werden, wobei der Verbrauch rd. 3,5 W/HK betrug. Einen Markstein in der weiteren Entwicklung der Glühlampe bildete die Erfindung der *Tantallampe,* deren Leuchtkörper aus einem gezogenen Tantaldraht von großer Festigkeit und hohem Schmelzpunkt bestand. Eine weitere Steigerung des Glühgrades, also erhöhte Wirtschaftlichkeit, wurde dadurch erreicht, daß an Stelle des Tantalmetalls *Wolfram* verwendet wurde, dessen Schmelzpunkt noch höher als der des Tantals liegt. Bei einem Glühgrad von 2060° ist der Verbrauch einer Wolframlampe im

Mittel 1,1 W/HK, nähert sich demnach sehr dem der Bogenlampen. Bei Lampen für geringe Leuchtkraft ist der Verbrauch bei den üblichen Netzspannungen etwas höher, bei großen Lampen niedriger.

Das Bestreben der Glühlampentechniker, die Wirtschaftlichkeit der Lampen weiter zu steigern, führte zur *gasgefüllten Glühlampe*. Diese enthält Edelgas wie Stickstoff, Argon oder dgl., das auf den Glühdraht keinerlei schädlichen Einfluß ausübt. Der in schraubenförmigen Windungen angeordnete Draht, dessen Wärme durch das Gas zum Teil weggeführt wird, läßt eine höhere Beanspruchung bis zu 2470° zu. Die gasgefüllten Lampen haben daher einen geringeren Verbrauch als die luftleeren Lampen. Er beträgt bei den großen Lampen rd. 0,6 W/HK, so daß diese Lampen, die für mehrere tausend Kerzen hergestellt werden, den Wettbewerb mit den Bogenlampen mit Erfolg aufnehmen konnten. Die Lichtstärke in Hefnerkerzen, die eine Glühlampe bei bestimmter Spannung hat, ebenso die Gebrauchsspannung, ist auf jeder Lampe aufgezeichnet. Die Lampe muß an ein Netz von der vorgeschriebenen Spannung angeschlossen werden, wenn sie allen Ansprüchen bezüglich Wirtschaftlichkeit und Lebensdauer genügen soll. In Bild 131 sind die Veränderungen einer *Wotanlampe* (Wolframdrahtlampe) von Pirani*)

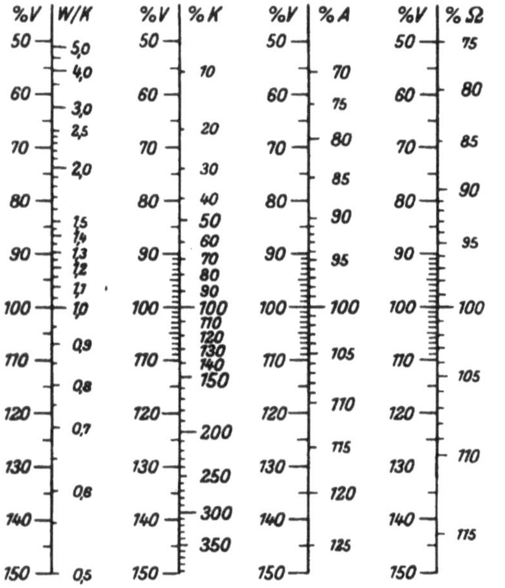


Abhängigkeit des Effektverbrauchs für 1 HKh (= W/K)
Abhängigkeit der Lichtstärke in vH. der normalen (= % K)
Abhängigkeit der Stromstärke in vH. der normalen (= % A)
Abhängigkeit des Widerstands in vH. des normalen (= % Ω)
von der Spannung in vH. der normalen (= % V)
bei Osramdrahtlampen 1,0 W/K bei 100% Spannung.

Bild 131. Änderung der Wirtschaftlichkeit, Leuchtstärke, Stromstärke und Widerstand bei Spannungsänderung einer Wotanlampe.

*) v. Pirani: Die Entwicklung der modernen Glühlampe. Mitteilungen aus den Ges. S. & H. u. S.S.W. I 1914 S. 9.

angegeben, wenn sie nicht mit der regelrechten Spannung beansprucht wird. Es ist aus den ersten Schaulinien zu entnehmen, daß, während bei regelrechter Spannung (100 vH) der Verbrauch W/HK 1,1 beträgt, er bei 20 vH Überspannung (120 vH Spannung) nur noch 0,8 W/HK ist. Die Lichtstärke nimmt um 83 vH zu (Kerzenstärke = 183 vH). Bei dieser Überbeanspruchung steigt die Wirtschaftlichkeit, es nimmt dafür die Lebensdauer ab. Bei 20 vH Unterbeanspruchung (80 vH Spannung) nimmt die Wirtschaftlichkeit ab, der Verbrauch steigt auf 1,8 W/HK, die Lichtstärke fällt auf 42 vH des regelrechten Wertes, beträgt also bei einer 100 kerzigen Lampe nur noch 42 Kerzen. Bei dieser geringen Beanspruchung steigt die Lebensdauer.

Die *Lebensdauer* der luftleeren Metallfadenlampen beträgt rd. 1000 Brennstunden. Bezüglich der Abnahme der Leuchtkraft sind die Metallfadenlampen gleichfalls den Kohlefadenlampen überlegen. Während die Kohlefadenlampen in 1000 Brennstunden rd. 30 vH der Lichtstärke einbüßen, nehmen Metallfadenlampen nur um rd. 10 vH ab, wobei der Verbrauch in W/HK nur sehr wenig steigt.

Im Aussehen unterscheiden sich die Metalldrahtlampen von den Kohlefadenlampen durch die Führung des Glühfadens. Infolge der größeren Leitfähigkeit des Wolframs gegenüber der Kohle ist ein langer Faden nötig, der zickzackförmig ausgespannt oder schraubenförmig aufgewunden wird.

Die Lampen werden in Kugelform oder Birnenform, mit Klarglas, halbmattiert oder ganz mattiert hergestellt. Für besondere Zwecke, z. B. für Bühnenbeleuchtung werden sie lichtecht gefärbt, so daß die Farbe auch der Hitze der Lampen widersteht und dauernd unverändert bleibt. Soll durch die Lampen ein weißes, dem Tageslicht ähnliches Licht erzeugt werden, so erhält das Glas eine schwach blaue Färbung, durch die die roten, gelben und grünen Lichtstrahlen etwas gedämpft werden.

Glühlampen sind nur an Netze anzuschließen, für deren Spannung die Lampe hergestellt ist. Wird eine 110 V-Lampe an ein Netz von 220 V angeschlossen, so gibt sie zwar vorübergehend recht viel Licht, ist aber in kurzer Zeit verbraucht. Hingegen ist es gleichgültig, ob die Lampe an ein Gleichstrom- oder ein Wechselstromnetz angeschlossen wird, vorausgesetzt, daß die Frequenz des Wechselstroms genügend groß ist, so daß keine Flimmerwirkung auftritt. Bei der in Deutschland üblichen Frequenz 50 für Wechselstrom-Lichtnetze erscheint das Licht genügend flimmerfrei.

Gewöhnlich werden die Glühlampen parallel an die Netze angeschlossen, wobei jede Lampe von der anderen unabhängig ist. In bestimmten Fällen, z. B. bei höheren Spannungen werden Lampen in Hintereinanderschaltung angeschlossen. Damit sich die Netzspannung in richtiger

Weise auf die einzelnen Lampen verteilt, müssen sie für genau gleichen Strom hergestellt sein. Solche Lampen müssen als Lampen für Reihenschaltung bei der Bestellung besonders bezeichnet werden.

### *Glühlichtbeleuchtung.*

Der Sockel der Glühlampen erhält gewöhnlich Edisongewinde zum Einschrauben in Fassungen, Mignonfassungen für kleine, Verbands-Edisonfassung für die meist gebräuchlichen Lampen mittlerer Größe und Goliathfassungen für große Lampen. Wandlampen in erreichbarer Höhe und Stehlampen erhalten in der Regel Fassungen mit Hahn oder mit Zugschnur. Die Fassungen sind so hergestellt, daß keine Berührung mit spannungführenden Leiterteilen möglich ist.

Die Lampen lassen sich bequem in die zugehörigen Fassungen ein- und wieder ausschrauben. In den verschiedensten Beleuchtungskörpern passen sie sich allen Bedürfnissen und jeder Beleuchtungsart an. In Deckenrosetten geben sie passend verteilt ein angenehmes zerstreutes Licht über den ganzen Raum ausgebreitet. Bei Verwendung von Pendeln, Hängelampen, Kronen, Wandarmen, Stehlampen kann die Strahlung beliebig gelenkt werden, je nachdem eine unmittelbare Platzbeleuchtung oder eine mittelbare Beleuchtung gefordert wird, bei der das Licht zunächst auf eine weiße Decke geworfen wird, von der es ohne Blendung zerstreut herabgeworfen wird. Die Beleuchtungskörper können hierbei verschiedenartige Ausstattung erhalten und sich so leicht allen Bedürfnissen, jedem Geschmack und jeder Ausstattung anpassen. Ergibt sich nachträglich, daß die Beleuchtung nicht ausreicht, so kann unschwer durch Austausch der Glühlampen ausreichendes Licht geschaffen werden. Für Außenbeleuchtungen werden die Lampen vor Eindringen von Regen und Staub geschützt; Handlampen, die im Betrieb häufig roher Behandlung ausgesetzt sind, werden mit dauerhafter Isolierung ausgerüstet, um jede Gefährdung beim Gebrauch auszuschließen.

### *Heizwirkung des elektrischen Stromes.*

Die Vorteile der elektrischen Heizung sind Einfachheit der Heizkörper und deren bequeme Bedienung beim Einstellen und Abstellen und Regeln und stete Betriebsbereitschaft. Die elektrische Heizung erzeugt keine Verbrennungsgase, hat keine offene Flamme, ist daher ungefährlich und feuersicher. Da keine Heizstoffe zur Verbrennung kommen, ist die elektrische Heizung vollkommen sauber. Die Apparate für elektrische Heizung brauchen wenig Raum, sie können, ortsveränderlich hergestellt, an beliebiger Stelle an elektrische Leitungen von passender Spannung angeschlossen werden. Durch elektrische Heizkörper lassen sich, falls erforderlich, hohe Wärmegrade selbst von 1000 bis 2000° erreichen, was für viele technische Anwendungen von Vorteil ist. Die elektrischen Heiz- und Kochapparate sind dort am Platze, wo die erwähnten Vorteile besonders ins Gewicht fallen und die Preise für den elektrischen Strom nicht zu hoch sind.

Jeder Heiz- oder Kochapparat ist für einen bestimmten Verbrauch gebaut. Die Kosten für den Verbrauch können demnach berechnet werden, wenn der Preis für 1 kWh bekannt ist. So sind unter Berücksichtigung der Wärmeabstrahlung rd. 30 Wh (Wattstunden) erforderlich, um 1 l Wasser von 20° auf die Siedehitze von 100° zu erwärmen.

Die Mittel, die der Elektrotechnik zum Gleichhalten einer Spannung, eines Stromes oder einer Temperatur zur Verfügung stehen, können auch bei elektrischer Heizung verwendet werden, um bestimmte Wärmegrade zu erzeugen oder genau gleichbleibend zu erhalten. So können Brutapparate elektrisch beheizt werden, Temperierbäder bei genau einzuhaltenden Wärmegraden betrieben werden usw.

Bild 132 Längsnaht-Schweißmaschine.

Im Hüttenwesen hat die durch elektrischen Strom erzeugte Wärme für Schmelzvorgänge und zum Erreichen von Reaktionstemperaturen große Bedeutung gewonnen. Die hierfür erforderlichen hohen Wärmegrade werden entweder durch Lichtbogen erzeugt, die entweder zwischen Kohlestäben oder zwischen Kohle und dem Schmelzgut gebildet werden oder durch unmittelbaren Stromdurchgang durch das zu schmelzende Metall. In Induktionsöfen bildet das Schmelzgut den Sekundärkreis eines Transformators, so daß das Schmelzgut in keinerlei Verbindung mit den Stromzuführungen kommt.

Die hohen Wärmegrade, die durch den elektrischen Strom in Metallteilen erzeugt werden können, werden für die elektrische Schweißung ausgenutzt. Mittels eines Einphasen-Transformators wird in der Punkt- und Nahtschweißmaschine (Bild 132) die sekundäre Schweißspannung von nur wenigen Volt erzeugt. Der zu schweißende Gegenstand wird an die an kräftigen Elektrodenarmen angebrachten Schweißelektroden gebracht. Mittels Lichtbogenschweißung können große Werkstücke, selbst gebrochene gußeiserne Gehäuse großer Maschinen wieder instandgesetzt werden.

### *Schmelzsicherungen.*

Steigt der Strom über eine Höchstgrenze an, so kann durch übermäßige Erwärmung der Stromleiter Schaden entstehen, wenn nicht rechtzeitig für Abtrennen des gefährdeten Stromkreises gesorgt wird. Dies kann durch selbsttätig wirkende Ausschalter oder durch Schmelzsicherungen geschehen. Welches Mittel angewendet wird, hängt von den Verhältnissen ab. Selbsttätige Schalter unterbrechen den Strom, ohne daß irgendein Teil ergänzt werden müßte, während bei Schmelzsicherungen der Schmelzeinsatz nach dem Durchschmelzen ersetzt werden muß. Der Schalter unterbricht den Strom sofort, auch wenn der Überstrom nur für sehr kurze Zeit auftritt, in der der Stromkreis noch nicht gefährdet ist, falls nicht durch besondere Verzögerungsvorrichtungen gesorgt ist, daß der Stromkreis erst nach gewisser Zeit unterbrochen wird, während die Schmelzsicherung erst nach einer gewissen Zeit ausschaltet. Der Strom muß sicher und gefahrlos auch bei Kurzschluß unterbrochen werden. Um diese Forderung zu erfüllen, müssen Schalter oder Sicherung kurzschlußsicher gebaut sein. Es ist für die Wahl, ob Schalter oder Sicherung zu verwenden ist, entscheidend, was wirtschaftlicher ist, mehr Geld für den Schalter aufzuwenden, oder Ausgaben für Ersatz von Schmelzeinsätzen zu machen. In Hochspannungsanlagen vermeidet man meist Schmelzsicherungen und verwendet fast ausschließlich selbsttätige Schalter, Ölschalter, die auch den hohen Anforderungen in großen Hochspannungsanlagen genügen. Bei Schmelzsicherungen könnte es vorkommen, daß der Stromkreis nicht allpolig unterbrochen wird. Bleibt eine Sicherung unverletzt, so können durch die die unversehrte Einzelsicherung durchfließenden Kapazitätsströme Überspannungen veranlaßt werden, die eine Hochspannung-Anlage gefährden.

An die Schmelzsicherungen sind hohe Anforderungen zu stellen, wenn sie ihren Zweck erfüllen und unter allen Betriebsverhältnissen, selbst bei Kurzschluß den Stromkreis sicher und gefahrlos unterbrechen sollen. Unsachgemäß hergestellte Sicherungen können durch Stehenbleiben des Lichtbogens oder durch gewaltsames Sprengen eine Gefahr statt einen Schutz bilden. Auf zweckmäßigste Gestaltung und Ausführung wurde von den S.S.W. die größte Sorgfalt verwendet. Durch eingehende theoretische Erwägungen, praktische Versuche und sorgfältige Ausbildung der fabrikationsmäßigen Herstellung wurden bei verhältnismäßig kleinen Abmessungen betriebssichere Sicherungen geschaffen, die sich bewährt haben. An einer durchgeschmolzenen Sicherungspatrone lassen sich alle für eine Wiederherstellung erforderlichen Vorsichtsmaßnahmen nicht leicht treffen. Die für die Anforderung an eine zuverlässige Sicherung erforderlichen Arbeiten können die Wiederherstellung durchgeschmolzener

Sicherungen so verteuern, daß das Wiederaufarbeiten nicht lohnend ist. Da große Erfahrungen dazu gehören, unbedingt zuverlässige Sicherungen zu schaffen, so ist es verwerflich, Patronen zum Wiederinstandsetzen unberufenen Leuten zu übergeben. Unsachgemäß wiederhergestellte Patronen bilden eine große Gefahr für die Anlagen.
In Betriebsräumen, in denen die Anlage von geschultem Personal überwacht wird, können Sicherungen mit *offenen Schmelzeinsätzen* verwendet werden. Um diese Sicherungen gegen besonders starke Kurzschlußströme widerstandsfähig zu machen, z. B. in Bahnbetrieben, werden an den Klemmenbacken, zwischen die der Schmelzstreifen eingesetzt ist, Polhörner angebracht, die den Lichtbogen auffangen und durch dynamische Abstoßung zum Erlöschen bringen.
Ähnliches gilt für die *Freileitungssicherungen*, die offen oder geschlossen in die Freileitungen eingebaut werden. Sicherungen für geringen Strom werden unmittelbar in die Leitungen eingehängt oder an Abspannisolatoren angebaut.
Den hohen Anforderungen zum Schutze von Hochspannungsstromkreisen genügen die *Röhrensicherungen*, bei denen der Schmelzdraht sich innerhalb einer Röhre befindet. Beim Schmelzen der Sicherung bringen die herausgeschleuderten Verbrennungsgase den Lichtbogen zum schnellen Erlöschen. Mittels einer Isolierzange lassen sich die Schmelzeinsätze gefahrlos ersetzen. Hochspannungssicherungen für Meßwandler erhalten zweckmäßig Vorschaltwiderstände, durch die die Sicherheit des Arbeitens erhöht wird.
Besondere Sorgfalt muß auf den Bau der Sicherungen gelegt werden, die auch technisch ungeschultem Personal zugänglich gemacht sind. Solche Sicherungen müssen so hergestellt sein, daß alle spannungführenden Teile der Berührung entzogen sind, daß der Austausch von Schmelzeinsätzen einfach, dabei gefahrlos ist, daß das Einsetzen falscher Einsätze unmöglich gemacht wird und daß auch bei heftigen Kurzschlüssen die Sicherungen möglichst geräuschlos und sicher den Stromkreis unterbrechen. Diesen Forderungen genügt das Diazed-Sicherungssystem. Die Patrone enthält den Schmelzdraht, der am Kopf mit einem Kontaktplättchen, am Fuß mit einem metallischen Ansatz verbunden ist, der je nach der Art der Sicherung verschieden ausgebildet ist. Diese Patronen werden in Stöpselköpfe eingesetzt, die in die Sicherungselemente eingeschraubt werden. Durch Paßhülsen, Paßschrauben oder Paßringe in den Sicherungen wird verhütet, daß eine zu starke Sicherung, die den Stromkreis nicht genügend schützen würde, eingesetzt werden kann.
Die Installationssicherungen sind *unverwechselbar* in bezug auf Spannung und Strom. Es darf also eine Sicherung, die nur für Anlagen von 250 V bestimmt ist, nicht in Anlagen von 500 V oder höherer Spannung ein-

gesetzt werden können, ebenso muß verhütet werden, daß ein Schmelzeinsatz für zu hohe Stromstärke eingesetzt werden kann, weil durch Einsetzen eines zu starken Schmelzeinsatzes der Stromkreis ungenügend geschützt ist. Die Schmelzeinsätze werden durch bestimmte abgestufte Nennströme gekennzeichnet. Sie vertragen etwa das $1^1/_4$-fache der Nennstromstärke, bei höherer Stromstärke schmelzen sie.
Die Sicherungen werden in Kästen je nach den Erfordernissen mit mehr oder weniger starkem Abschluß oder gruppenweise in Verteilungskästen eingebaut, so daß sie übersichtlich liegen und leicht bedient werden können. Die Kästen werden so gestaltet, daß bequem und betriebssicher die erforderlichen Leitungsanschlüsse gemacht werden können.
Insbesondere die Diazed-H-Sicherungen haben eine gewisse Trägheit, so daß sie wenig empfindlich gegen kurzfristige starke Stromstöße sind. Sollen die Sicherungen möglichst gut auch dem Verhalten von Motoren angepaßt sein, die kurze Zeit starke Überlastungen des regelrechten Stroms auszuhalten haben, wie z. B. Drehstrommotoren mit Kurzschlußläufer, die aber dauernde Überlastungen nicht vertragen, wie sie insbesondere beim Unterbrechen einer Phase auftreten, so werden zweckmäßig besondere Apparate, wie z. B. Elmo-Sicherheitsschalter, verwendet.

### *Schalter.*

Die zum Trennen oder Umschalten von Stromkreisen dienenden Ausschalter und Umschalter müssen den vielgestaltigen Forderungen entsprechend gebaut sein. Je nach der Höhe der Spannung, des Stromes, der Belastungsart, der geforderten Schaltleistung, den Forderungen über die Schnelligkeit des Schaltens, je nach der Bedienung von Hand oder selbsttätigem Schalten und dem Verwendungszweck werden die Schalter verschieden gebaut. Es ergibt dies eine große Zahl verschiedenartiger Schalter.
Die *Spannung*, mit der die Schalter beansprucht werden, ist maßgebend für Isolierung und Schaltleistung. Die Schalter müssen so isoliert sein, daß alle unter Spannung stehenden Teile sicher gegen Überschläge geschützt sind und daß auch bei etwa auftretenden Überspannungen ein beim Ausschalten auftretender Lichtbogen sicher zum Erlöschen gebracht wird. Mit zunehmender Spannung erhöhen sich daher die Abmessungen.
Die *Stromstärke*, für die die Schalter bestimmt sind, müssen diese dauernd aushalten können, ohne sich stark zu erwärmen. Es handelt sich hierbei nicht bloß um reichliche Bemessung der leitenden Teile, sondern auch der Anschlußstücke und der Kontaktteile, sei es daß Prallkontakte, Schleifkontakte oder federnde Kontakte verwendet werden. Der Übergangswiderstand an diesen Teilen darf nicht so groß sein, daß eine unzulässige Erwärmung auftritt. Der geringe Übergangswiderstand muß,

ordnungsgemäße Behandlung vorausgesetzt, auch dauernd erhalten bleiben. Der Kontaktdruck darf während des Betriebes nicht nachlassen. Gleichstromschalter lassen sich unschwer für viele tausend Ampere herstellen, bei Wechselstrom ergeben sich bei Hochströmen Schwierigkeiten, da der Wechselstrom bei Leitern von großem Querschnitt nach außen gedrängt wird (Hautwirkung) und die Induktionswirkungen sich störend bemerkbar machen.

Die von den Ausschaltern oder Umschaltern geforderte *Schaltleistung* muß sicher abschaltbar sein. Bei den meisten Schaltern wird verlangt, daß die Schalter sicher den Stromkreis bei vollem Strom unterbrechen, daß also beim Ausschalten unter Vollast der Lichtbogen nicht stehen bleibt. Es ist dabei die Art der Belastung nicht gleichgültig. Bei Ausschalten von induktiver Belastung wird der Ausschalter viel höher beansprucht als bei induktionsfreier Belastung (z. B. Glühlampenbelastung). Zuweilen wird, insbesondere bei selbsttätigen Schaltern, gefordert, daß auch bei Überstrom oder gar bei Kurzschlußstrom, wobei die Schaltleistung außerordentlich gesteigert ist, die Schalter den Stromkreis sicher trennen und daß die Schalter auch nicht versagen, wenn bei bestehendem Kurzschluß versucht wird, wieder einzuschalten. Von einzelnen Schaltern, z. B. den *Trennschaltern* und den Steckern für Steckdosen wird nur verlangt, daß sie den Betriebsstrom dauernd ohne Übererwärmung aushalten und die einzelnen spannungführenden Teile gegen das Gestell und im ausgeschalteten Zustand die getrennten Teile gegeneinander genügend isoliert sind. Mit solchen Schaltern lassen sich nur stromlose oder nahezu stromlose Stromkreise trennen, während keine Schaltleistung verlangt wird.

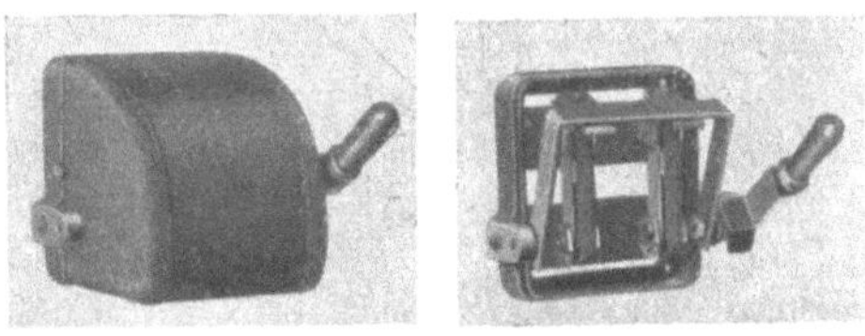

Bild 133. Gekapselter Hebelschalter mit Schutzkappe und offen.

Bei Gleichstromhebelschaltern wird die Forderung des sicheren Erlöschens des beim Ausschalten auftretenden Lichtbogens durch schnelles Abschalten zu erfüllen gesucht, indem zunächst eine Feder gespannt wird, die dann die Schaltmesser schnell herausreißt (Bild 133). Bei Wechselstromschaltern kann gerade durch langsames Schalten verhindert werden, daß ein Lichtbogen gezogen wird, indem durch die kühlenden Metallmassen der Kontaktstücke der Lichtbogen zum Erlöschen gebracht wird. Installationsschalter erhalten stets Schnellauslösung, um bei kleinen Abmessungen des Schalters sicher den Strom zu unterbrechen.

Vielerlei sonstige Mittel werden zum raschen *Löschen* des Lichtbogens angewendet, wie Abschnellen von federnden Kontakten, Ausblasen des

Lichtbogens durch künstlichen Luftzug oder in Röhren, Abstoßen des Lichtbogens durch die Wirkung starker Magnete oder bei den *Hörnerschaltern* elektrodynamisch. Der bei Hörnerschaltern auftretende große Lichtbogen erfordert entsprechenden Platz, der in geschlossenen Räumen meist nicht zur Verfügung steht.

Die gebräuchlichsten *Hochspannungsschalter*, die auch die größten Leistungen abzuschalten imstande sind, sind die *Ölschalter* (Bild 134). Zum Schutz gegen zu hohe Einschaltströme werden sie als Schutzschalter mit Vorkontakten versehen. Diese ermöglichen, über eine Widerstandsstufe den Stromkreis zu schließen und so die Wirkungen eines zu hohen Einschaltstromstoßes zu vermeiden. Da die Widerstände nur kurzzeitig eingeschaltet sind, brauchen sie nicht groß bemessen zu sein, obwohl sie kurze Zeit eine große Leistung aufnehmen.

Bild 134. Ölschalter Serie II mit Überstrom-Auslösern, Spannungsrückgang-Auslöser, Freilaufkupplung und Ölkesselsenkvorrichtung.

Wird ein ganz besonders schnelles Ausschalten verlangt, das nur wenige hundertstel oder gar tausendstel Sekunden in Anspruch nehmen darf, wie dies bei Anlagen mit Einankerumformern erwünscht ist, so werden *Schnellschalter* verwendet, bei denen durch Sondervorrichtungen, wie kräftige Elektromagnete, der Ausschaltlichtbogen zum schnellen Erlöschen gebracht wird.

Ausschalter und Umschalter werden mehrpolig ausgeführt, wenn der Stromkreis allpolig unterbrochen werden soll. Meist ist es hierbei erforderlich, die Schalter so herzustellen, daß der Stromkreis in allen Leitungen gleichzeitig unterbrochen werden kann, da insbesondere in Hochspannungsanlagen einpoliger Anschluß gefährlich werden kann. Da die Kontaktstücke sich nach wiederholtem Schalten abnützen, werden, wo dies angängig ist, die Kontaktstücke so ausgebildet, daß der Lichtbogen sich nur an bestimmten leicht auswechselbaren Teilen, den *Brennkontakten*, bilden kann.

Den Verwendungszwecken entsprechend erhalten die Schalter besondere Ausführung. Installationsschalter werden in verschiedenartigster Ausführung, zum Anbringen an der Wand, oder in die Wand einzulassen, mit Anschlußmöglichkeit von offenen Leitungen, durch Leitungen in Rohren, Rohrdrähte usw. mit Bedienung unmittelbar von Hand oder durch Zugschnur usw. hergestellt. Hebelschalter, Trennschalter werden für Bedienung von Hand oder durch Gestänge usw. ausgeführt. Für Bedienung von Hand erhalten sie schlitzlose Gehäuse, so daß auch bei unachtsamem Betätigen eine gefährdende Berührung spannungführender Teile ausgeschlossen ist. *Mastausschalter*, die an Masten zum Ausschalten von Freileitungen auf der Strecke eingebaut werden, erhalten Ausschaltvorrichtungen, so daß die Schalter ohne Gefahr vom Boden aus bedient werden können. In feuchten Räumen mit Tropfwasser werden die Schalter wasserdicht abgeschlossen. Ölschalter für große Leistungen werden *druckfest* (Bild 135) gebaut, die auch bei höchsten Beanspruchungen z. B. Kurzschluß großer Anlagen nicht versagen.

Bild 135. Druckfester Ölschalter.

Für das Schalten und Umsteuern von Motoren dienen besondere *Anlaßschalter, Steuerschalter, Anlaßwalzen* usw., die günstiges Anlassen gestatten. In den Anlaßwalzen sind auf Kontaktwalzen die Kontaktringe, auf denen Kontaktfinger schleifen, so gestaltet und angeordnet, daß durch einfaches Drehen der Schaltwalze die für das Anlassen und Abstellen eines Motors erforderlichen Schaltungen in richtiger Reihenfolge vorgenommen werden.

## *Selbstschalter.*

Im Betriebe ist es nicht immer möglich, alle Teile einer elektrischen Anlage dauernd so zu überwachen, daß gefährdete Stromerzeuger, Stromverbraucher und Leitungen von Hand rechtzeitig abgeschaltet werden. In solchen Fällen kann die Wirkung des elektrischen Stromes zum selbsttätigen Abschalten benutzt werden, wenn irgendwelche Gefährdung in der Anlage auftritt. Das Abschalten kann erforderlich sein, wenn der Strom zu hoch ansteigt, oder wenn er auf Null zurückgeht oder gar seine Richtung wechselt, wenn die Spannung zu stark zurückgeht oder ganz ausbleibt. Hiernach unterscheidet man *Überstromschalter, Rückstromschalter, Spannungsrückgangsschalter.* Es können auch Schalter gebaut werden, die zwei oder mehrere Aufgaben zu erfüllen haben, als Über-

strom- und Nullstromausschalter, als Überstrom- und Rückstromausschalter, als Überstrom- und Spannungsrückgangs-Schalter zu dienen.
Die *Selbstschalter* werden je nach dem Zweck verschieden ausgeführt. Bei den einen wird durch eine Sperrklinke der Schalter in geschlossener Stellung gehalten. Unter Einwirkung eines Elektromagneten (Auslösers) wird die Klinke ausgelöst und der Schalter geöffnet. Bei anderen wird durch die Zugkraft eines Elektromagneten (Haltemagnet) der Schalter geschlossen gehalten und geöffnet, wenn der Magnet infolge Abnahme des Magnetismus durch Strom- oder Spannungsrückgang losläßt. Der Stromunterbrecher besteht aus Flachmetall, gegen das mittels eines Kniehebels Kupferblechbürsten gepreßt werden. Auswechselbare Vorkontakte, *Funkenentzieher*, die den Ausschaltefunken aufnehmen, verhindern, daß an den Hauptbürsten beim Unterbrechen des Stromkreises Öffnungsfunken entstehen, die die Kontakte schädigen könnten.
*Überstromschalter* (Bild 136) werden so eingestellt, daß die Auslösestromstärke den 1,4—2fachen Wert des Nennstromes, für den der Schalter bestimmt ist, beträgt. *Nullstromschalter* unterbrechen den Strom, wenn dieser auf etwa den 20. Teil des Nennstromes, für den der Schaltermagnet gewickelt ist, sinken sollte. Spannungsrückgangsschalter lösen aus, wenn die Spannung um mehr als 35 vH unter den Nennwert sinkt.
Bei den Überstrom- und Rückstromauslösern für Gleichstrom genügt ein Auslösemagnet mit Differentialwicklung, um die zwei Aufgaben zu

Bild 136. Dreipoliger Überstromschalter für Gleich- und Drehstrom mit 2 Auslösern.

Bild 137. Zweipoliger Überstrom- und Spannungsrückgangsschalter für Gleichstrom.

erfüllen. Bei Überstrom- und Spannungsrückgangsschaltern (Bild 137), die auch für Drehstrom Verwendung finden, sind zusätzliche Spannungsauslöser erforderlich.

Hat ein Überstromschalter etwa infolge eines nur vorübergehend aufgetretenen Kurzschlusses den Stromkreis ausgeschaltet, so kann der Schalter sofort wieder eingelegt werden. Bei einem dauernden Kurzschluß wäre dies bedenklich, da durch das Schalten von Hand der Kurzschluß zu lange aufrechterhalten wird, so daß Schäden dadurch entstehen können. Anfänglich behalf man sich so, daß in den Stromkreis außer dem Selbstschalter noch ein Handschalter eingefügt wurde. Nach selbsttätigem Ausschalten des Selbstschalters wurde zunächst der Handschalter geöffnet, dann der Selbstschalter eingelegt und der Stromkreis durch den Handschalter geschlossen. Bestand der Kurzschluß noch, so schaltete der Selbstschalter unverzüglich, bevor ein Schaden angerichtet werden konnte, aus. Dieses umständliche, unzuverlässige Verfahren wird vermieden durch Verwendung der *Freiauslösung* (Freilaufkupplung). Beim mechanischen Einlegen des entsprechend ausgerüsteten Schalters wird zugleich eine Sperrklinke eingerückt. Wird diese bei Überstrom durch den Anker des Elektromagneten ausgelöst, so wird der Schalter durch Federkraft herausgerissen, unabhängig von der mechanischen Einschaltstellung. Wird demnach bei bestehendem Kurzschluß wieder eingeschaltet, so fliegt der Schalter sofort wieder heraus, ohne daß es möglich ist, den Schalter in der Einschaltstellung mechanisch festzuhalten.

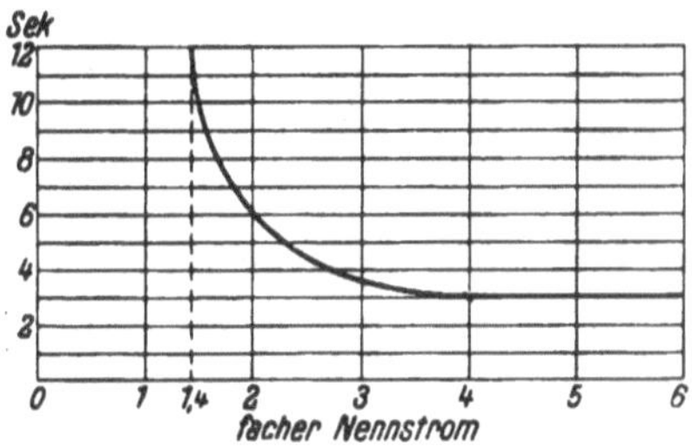

Bild 138. Verlauf der Verzögerung in Abhängigkeit vom Überstrom.

Während bei einzelnen Schaltern schnellere Ausschaltung bis zu wenigen tausendstel Sekunden Ausschaltzeit gefordert wird, wird bei anderen *verzögerte Auslösung* verlangt. Wenn durch kurzzeitige Überströme weder Leitungen noch Maschinen gefährdet werden, so genügt es, erst abzuschalten, wenn der Überstrom eine bestimmte Zeit gewährt hat. Die Verzögerungszeit der Auslösung kann von der Stärke des Überstroms abhängig gemacht werden, so daß bei stärkerem Überstrom in kürzerer Zeit abgeschaltet wird. Diese Abhängigkeit der Ausschaltezeit vom Überstrom wird in der Regel nur bis zu etwa dem vierfachen Nennstrom eingehalten. Darüber hinaus bleibt die Ausschaltezeit gleich. Der Verlauf einer solchen begrenzt abhängigen Verzögerung ist aus Bild 138 für einen Ölschalter zu ersehen. Erst wenn der Überstrom den 1,4fachen Wert erreicht hat, löst der Schalter, und zwar nach 12 Stunden, aus;

bei vierfachem Überstrom und bei noch höheren Überströmen nach 3 s. Die Verzögerungseinrichtung besteht aus einem Laufwerk mit Hemmung, das entsprechend den Forderungen geeicht wird. Durch Einstellung auf Eichstriche kann die Verzögerungszeit verstellt werden. Bei einem verzweigten Leitungsnetz sind in der Regel mehrere Ölschalter hintereinander geschaltet. Durch richtige Stufung in der Verzögerung beim Ausschalten kann erreicht werden, daß bei Fehlern in Teilstrecken nur die fehlerhafte Teilstrecke, nicht auch der ungestörte Teil, abgeschaltet wird.
In Stromkreisen für selbsttätiges Schalten verwendet man *Relais* oder Vermittler, die gewöhnlich mit schwachem Strom betrieben werden und elektromagnetisch Starkstromkreise einschalten oder ausschalten. Sind die Elektromagnete betriebsmäßig eingeschaltet, während ihr Stromkreis beim Arbeiten unterbrochen wird, so arbeiten die Relais mit *Ruhestrom*, im entgegengesetzten Falle, wenn der Relaisstromkreis, um das Relais zum Ansprechen zu bringen, geschlossen wird, arbeitet das Relais mit *Arbeitsstrom*. Große Relais zur Betätigung von Schaltern nennt man *Schütze*. Es sind dies elektrisch betätigte Selbstschalter, die meist für aussetzenden Betrieb mit Fernbetätigung gebraucht werden. Die Schützensteuerung arbeitet mit einer Anzahl von elektromagnetisch betätigten Einzelschaltern, während bei den Steuerschaltern eine Reihe von mechanisch betätigten Einzel-Schaltern wirken. *Auslöser* nennt man elektromagnetisch betätigte Apparate, die mechanisch eine Sperrung lösen, z. B. durch eine Schaltstange, die mit dem Anker des Elektromagneten in Verbindung steht, einen Selbstschalter öffnen. Mit *Stromwächtern* bezeichnet man Überstromrelais, die z. B. bei Schützensteuerung für Anlassen von Gleichstrommotoren, wenn die Schütze von der mit der Drehzahl zunehmenden Ankerspannung gespeist werden, ein zu hohes Anwachsen des Stromes verhindern.

### *Überspannungsschutz.*

In dem Maße, wie sich die Netze ausdehnten und die Gesamtleistung der elektrischen Anlage zunahm, wuchs auch die Gefährdung durch Überströme und Überspannungen. Gegen schädliche Wirkungen von Überströmen schützen Überstromschalter und Schmelzsicherungen. *Überspannungen**) gefährden den Isolationszustand der Anlage und führen so zu Betriebsstörungen. Der Sicherheitsgrad kann durch sorgfältige Isolation der einzelnen Teile der Anlage gegen Erde und gegeneinander

*) Schrottke-Schutzvorrichtungen der Großkraft-Übertragungen. SSW Druckschrift 947 und Schrottke-Überspannungen und Überspannungschutz. Siemens-Zeitschrift 1921 S. 111. Hoffmann-Schutzapparate gegen Überspannungen. Siemens-Zeitschrift 1922 S. 146.

auf einen hohen Betrag gebracht werden, in vielen Fällen sind jedoch noch besondere Schutzmaßnahmen erforderlich. In zweckentsprechender Weise können Überspannungen nur bekämpft werden, wenn über deren Ursachen und ihren Verlauf Klarheit geschaffen ist.

Überspannungen können durch *außerhalb der Anlage liegende Einflüsse* veranlaßt werden. Störungen können eintreten, wenn die Freileitungen elektrische Ladungen von der Luftelektrizität aufnehmen, wenn Blitzschläge, wenn auch nur in Teilentladungen, die Leitungen treffen oder wenn Blitzentladungen in der Nähe der Leitungen niedergehen. Es treten hierbei Wanderwellen auf, die sich in den Leitungen fortpflanzen. Wenn diese Wanderwellen in die Wicklungen von Maschinen und Transformatoren eindringen, können sie diese gefährden.

Durch Vorgänge *innerhalb der Anlage* können gleichfalls Überspannungen entstehen beim Ein- und Ausschalten der Leitungen von Motoren und Transformatoren, bei raschen Belastungsänderungen, durch Kurzschlüsse und Erdschlüsse. Störungen kann einpoliger Anschluß an Wechselstromnetze bringen. Ein solcher kommt vor bei Bruch von Leitungen, ferner, wenn von Schmelzsicherungen, über die die Leitungen mit den Stromerzeugern oder Stromverbrauchern angeschlossen sind, nach Schmelzen der übrigen eine unversehrt bleibt; ferner, wenn beim Schalten nicht in allen Stromkreisen gleichzeitig die Verbindung gemacht oder gelöst wird. Besonders gefährlich sind aussetzende Erdschlüsse, die zu verheerenden Folgeerscheinungen führen können.

Die bei den einzelnen Vorgängen auftretenden Erscheinungen sind je nach der Ausdehnung und Art der Leitungen (Kapazität der Leitungen) und Induktivität der Anlage verschieden. Sind nur kurze Leitungen vorhanden, so kann sich ein Schwingungskreis mit freien Schwingungen ausbilden, die sich über die Netzspannung lagern und diese etwa auf den doppelten Wert steigern. Bei ausgedehnten Netzen tritt wellenförmige Ausbreitung der Elektrizität (Wanderwellen) ein. Die Wanderwellen können durch wiederholte Rückwerfung, z. B. beim Übergang von Kabelleitung auf Freileitung die Überspannung auf ein Vielfaches erhöhen.

Überspannungen durchbrechen an Stellen, die ihnen nicht widerstehen, die Isolierung. Für den Durchbruch ist elektrische Arbeit erforderlich, die von der Art, Anordnung und Dicke des Isolierstoffs (Dielektrikums), zum Teil auch von der Gestaltung des Metallkörpers abhängt. Die Arbeit ($N.t$) ergibt sich aus Vervielfältigung von Leistung und Zeit. Die Durchbruchsgefahr ist daher von der zur Verfügung stehenden Leistung und von der Zeitdauer der Überspannung abhängig. Luftförmige Körper werden leichter durchschlagen als flüssige und feste. Bei luftförmigen kann durch Vorionisierung der Luft der Durchschlag begünstigt werden, wobei die Frequenz der Überspannungen von Bedeutung ist.

Wird beispielsweise ein Isolator überschlagen, so wird die Leitung leitend mit dem Mast verbunden. Es fließt in Wechselstrombetrieben über die Fehlerstelle ein Strom zur Erde, auch wenn die übrigen Leitungen gut isoliert sind. Die Höhe des Stroms hängt von der Kapazität der Anlage ab. Bei geringem Erdschlußstrom können aussetzende Ströme sich bilden, die weitere Überspannungen veranlassen. Bei starken Erdschlußströmen kann, falls sie nicht schnell unterbrochen werden, durch den entstehenden Lichtbogen der Leitungsdraht schmelzen oder Kurzschluß auftreten. Dringen Überspannungswellen in die Wicklung von Maschinen oder Transformatoren ein, so kann eine hohe Spannung zwischen benachbarten Windungen oder Windungslagen entstehen, die die sogenannten Punktierungen, wie sie bei ungeschützten Transformatoren auftreten können, veranlassen.

Bild 139. Spannungssicherung für Niederspannungskreis von Transformatoren.

In *Niederspannungskreisen* muß das Eindringen von Hochspannung für Lebewesen und Anlage unschädlich gemacht werden. Ist solches Übertreten möglich, so werden *Spannungssicherungen* (Bild 139) in dem Niederspannungskreis angeschlossen. Diese enthalten zwischen Metallplatten dünne gelochte Glimmerplättchen. Solche Sicherungen werden zwischen Sternpunkt und geerdeten Metallteilen geschaltet. Übersteigt die Spannung einen Grenzwert, so wird die Sicherung durchschlagen und die Leitung geerdet, so daß sie keine Gefahr bringen kann. Diese in Form von *Stöpselableitern* gebauten Durchschlagsicherungen werden gewöhnlich bis 250 V gebraucht.

Bei *höheren Spannungen*, etwa bis 1000 V, werden an die ungeerdeten Leitungsteile Spulenableiter (Bild 140) mit vorgeschaltetem Dämpfungswiderstand angeschlossen.

Bild 140. Spulenableiter.

Anlagen mit *hoher Spannung* und großer Ausdehnung, insbesondere Anlagen, auf deren ungestörten Betrieb ganz besonderer Wert gelegt wird, erfordern sorgfältig gewählten Schutz, der um so vollkommener sein muß, je betriebswichtiger der zu schützende Teil der Anlage ist.

Durch gute Isolierung aller Teile der elektrischen Anlage sucht man den Überspannungen nach Möglichkeit zu begegnen. Die Forderungen, die an die Durchschlagsfestigkeit gestellt werden, sind den Erfahrungen in der Hochspannungstechnik entsprechend erhöht worden, trotzdem ist es in den meisten Fällen erforderlich, noch besondere Maßnahmen gegen Gefährdung durch Überspannungen zu treffen, insbesondere für Teile, in denen eigene elektromotorische Kräfte auftreten und falls Überspannungen von längerer Dauer nicht ausgeschlossen sind. Stromerzeuger und Transformatoren werden so gebaut und geschaltet, daß sie möglichst sinusförmige Spannungskurven geben, da bei spitzer Kurvenform die Durchschlagsfestigkeit vermindert wird. Durch Dreieckschaltung der Transformatoren werden Oberschwingungen ausgeglichen.

Statische Ladungen werden durch *induktionsfreie Widerstände* oder passend bemessene *Erdungs-Drosselspulen*, die zwischen Leitung und Erde geschaltet werden, fortgeführt.

Um den Anprall der Überspannungswellen aufzuhalten, werden als Wellenbrecher *Schutzdrosselspulen* in die Leitung geschaltet (Bild 141). Während ohne die Drossel die Anfangswindungen von Maschinen und Transformatoren gefährdet sind, wird durch Einschalten der Drosselspule die gefährdete Stelle außerhalb der Maschine oder des Transformators gelegt. Unter Umständen kann die Sicherheit durch Zwischenschalten eines mindestens 10 *m* langen *hochisolierten Kabels* erhöht werden.

Bild 141. Dreipolige Schutzdrosselspule.

Aussetzende Erdschlüsse, die gefährliche Überspannungen veranlassen, können durch *Erdung des Nullpunktes* von Maschine oder Transformator vermieden werden, da hierbei der aussetzende Erdschluß in Kurzschluß übergeht. Solche Erdung hat jedoch Unzuträglichkeiten, wie Störungen von Fernmeldeleitungen, zur Folge. Die Lichtbögen, die an der Überschlagstelle nach Erde die Leitungen abschmelzen oder Kurzschluß zwischen den Leitungen erzeugen können, werden vermieden, wenn der Nullpunkt über eine passend abgestimmte *Drosselspule* geerdet wird (Erdschlußspule von Petersen) oder der *Löschtransformator* von Bauch verwendet wird, dessen Schaltung aus Bild 142 ersichtlich ist. Der Nullpunkt der Primärwicklung des Transformators liegt an Erde. Sekundär ist eine in offenem Dreieck geschaltete Wicklung über eine regelbare Drosselspule geschlossen. Bei ordnungsgemäßem Betriebe ist die Summe der drei Spannungen sekundär Null, die Dreieckswicklung ist stromlos. Bei einem Erdschluß einer der Leitungen R S T nimmt der Sekundärkreis Strom auf. Durch Absaugen des Fehlerstromes von der Erdschlußstelle wird die gestörte Leitung auf den Spannungszustand der Erde gebracht, so daß zwischen Leitung und Erde kein Lichtbogen bestehen kann. Vor- und nacheilender Strom im Fehlerstromkreis heben sich auf. Der Löschtransformator läßt sich durch die Regeldrossel leicht dem Umfang des Hochspannungsnetzes und den Betriebsverhältnissen anpassen, ohne unliebsame Störungen zu veranlassen.

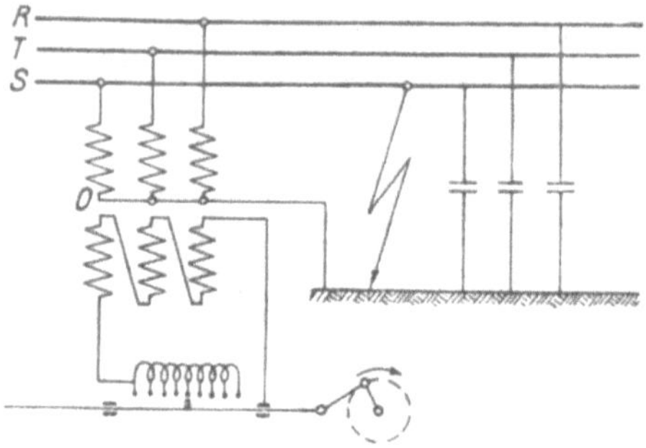

Bild 142. Schaltung des Löschtransformators von Bauch.

Allgemeine Verbreitung hat als Überspannungssicherung der *Hörnerableiter* gefunden. Die Schlagweiten zwischen den Hörnern (Funkenstrecke) wird so eingestellt, daß diese bei einer Spannung überschlagen wird, bei der die sonstige Anlage noch geschont bleibt. Ist die Funkenstrecke überschlagen, so folgt der Maschinenstrom nach. Um diesen nicht zu hoch ansteigen zu lassen, werden *Dämpfungswiderstände* vorgeschaltet. Der Strom wird selbsttätig durch den elektrodynamischen Auftrieb des Lichtbogens unterbrochen (Bild 143). Der Hörnerableiter hat keine beweglichen Teile, ist daher einfach und betriebssicher. Die Hörnerableiter werden zwischen Leitung und Erde oder zwischen die Leitungen geschaltet, um Ausgleich der Überspannung gegen Erde oder zwischen den Leitungen zu erhalten. Unter ein gewisses Maß der Schlagweite kann man nicht gehen, weil sonst die Luftstrecke zwischen den Hörnern leicht durch Staub, Insekten usw. überbrückt werden kann, so daß der Ableiter zur Unzeit anspricht. Um aber auch für Spannungen bis etwa 4000 V noch sicher ansprechende Ableiter zu erhalten, werden Relais-Hörnerableiter mit einer Hilfsfunkenstrecke in einem Schwingungskreise verwendet, der schon bei verhältnismäßig geringer Spannung anspricht und durch Induktion und Luftionisierung den Überschlag an der Hauptfunkenstrecke anregt.

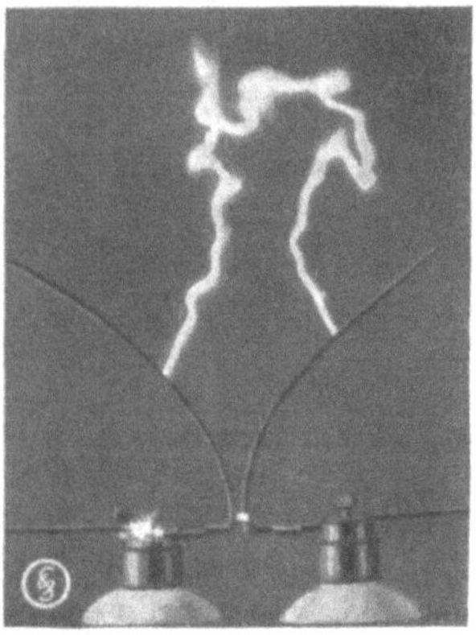
Bild 143. Hörnerableiter bei andauernden Überspannungen.

Zum Ausgleich der Überspannungen gegen Erde und zwischen den Leitungen werden sechs Hörnerableiter gebraucht, in der *Stern-Dreieckschaltung* werden aber nur drei Dämpfungswiderstände benötigt. Im *Drehstromhörnerschutz* werden in einem Apparat (Bild 144) mehrere Hörner vereint, so daß die Ableiter wenig Raum beanspruchen. Als Dämpfungswiderstände werden für die Hauptschutzstellen Widerstände in Ölkessel verwendet. Nach Ansprechen des Ableiters kann durch Vermittlung eines Relais der Dämpfungswiderstand selbsttätig vergrößert werden. Der Ableiter ist so imstande große Ströme abzuleiten, während betriebsicher nur verhältnismäßig geringer Strom unterbrochen wird. Für weniger wichtige Stellen und wenn eine Inanspruchnahme des Dämpfungswiderstandes nur für kurze Zeit zu erwarten ist, wie bei atmosphärischen Überspannungen, werden Emaillewiderstände benutzt, bei denen Widerstandsdraht auf Porzellanwalzen aufgewickelt und emailliert ist. Ein an den Masten befestigtes geerdetes *Blitzseil* kann, aber nur wenn es bei niederer Hochspannung den zu schützenden Leitungen nahe genug ist, den Einfluß in der Nähe niedergehender Blitzschläge auf die Stromleitung etwas verringern. Die Vorteile sind jedoch zumeist nicht so groß, daß die Kosten lohnen. Das Blitzseil bietet keinen Schutz gegen Überspannungen, es kann im Gegenteil die Stromleitungen gefährden, wenn Teilentladungen von Blitzschlägen das Blitzseil treffen. Es hat den Vorteil, die einzelnen Eisenmaste metallisch zu verbinden und bei Erdschluß den Erdschlußstrom günstig auf mehrere Masten zu verteilen.

Bild 144. Dreiphasen-Hörner-Ableiter mit Dämpfungswiderständen.

Im Betrieb müssen Handlungen, die zu Überspannungen führen, vermieden werden. Für das Ein- und Ausschalten werden *Schutzschalter* verwendet, bei denen durch Vorkontakte vorübergehend Dämpfungswiderstände eingeschaltet werden. Durch die Schutzschalter werden zugleich Stromstöße beim Einschalten von Motoren und Transformatoren vermieden. Vorsichtsmaßnahmen sind bei Ausführung und Betrieb der Anlage zu treffen unter Berücksichtigung von Kapazität und Selbstinduktion der ganzen Anlage und der einzelnen Teile, insbesondere bei Verbindung von Freileitungen mit Kabelleitungen. Sicherungen sind in Hochspannungsanlagen nach Möglichkeit zu vermeiden.

### *Erdung.*

Der spezifische Widerstand des Erdbodens ist sehr groß im Verhältnis zu metallischen Leitern. Er hängt im wesentlichen von dem Feuchtigkeitsgrad des Bodens und der Menge der gelösten Salze ab. Erdboden, der milliardenfach schlechter leitet als Kupfer, gilt noch als Boden von verhältnismäßig guter Leitfähigkeit. Trotzdem kann die Erde dem Stromdurchgang geringen Widerstand entgegensetzen, wenn dafür gesorgt ist, daß der Strom in der Erde genügenden Leitungsquerschnitt findet. Tritt der Strom auf kleiner Fläche in den Erdboden aus, so können sich erst in einiger Entfernung die Stromlinien ausbreiten. Der Widerstand in der Nähe der Austrittsstelle ist daher bei kleiner Austrittsfläche groß. Dies muß beim Werten einer Erdung berücksichtigt werden.
Elektrische Ladungen, die Leitungen infolge der atmosphärischen Elektrizität aufnehmen, Gewitterentladungen, die die Freileitungen treffen, sollen sich ohne Schaden anzurichten, auf möglichst widerstandslosem Wege zur Erde ausgleichen können. Es sind daher Verbindungen mit der Erde „*Schutzerdungen*“ zu schaffen. Metallische Apparateteile von Stromverbrauchern, die der Berührung zugänglich und nicht Teile eines Stromkreises sind, können durch Überleitung Spannung gegen Erde erhalten. Es kann daher ihre Berührung einer auf dem Erdboden stehenden Person gefährlich werden, wenn nicht gesorgt ist, daß durch gute Erdung die Spannung auf einen ungefährlichen Betrag erniedrigt wird.
Bei der Schutzerdung kommt es im wesentlichen darauf an, daß bei irgendwelchen Stromübergängen zwischen dem Standort des Berührenden auf der Erdoberfläche und zwischen den der Berührung zugänglichen metallischen Teilen keine gefährdenden Spannungen auftreten. Dies wird durch möglichst großflächige, ausgedehnte Berührung des Erders mit dem Erdboden erreicht, durch Röhren, die in den Erdboden eingetrieben werden, durch ausgestreckte Bänder und dgl. Es kommt nicht bloß darauf an, gefährliche Spannungen zwischen Apparateteilen und Erde, sondern auch zwischen naheliegenden Stellen der Erdoberfläche zu verhindern. Beträgt beispielsweise die Spannung auf der Erdoberfläche im Abstand von 80 cm, also etwa auf Schrittlänge 500 V, so kann eine Person, deren beide Füße den erwähnten Abstand haben, gefährdet werden.
Die Erder, die in die Erde eingegrabenen Metallteile, Röhren, Bänder, Platten werden nach dem Widerstand bewertet, den ein aus dem Erder austretender Strom im Erdboden findet. Dieser Widerstand ist am größten in der Nähe der Erder, da dort die Stromlinien sich nur auf geringem Querschnitt zusammendrängen. Erst in etwa 10—20 m Entfernung hat der Strom eine solche Ausbreitung gefunden, daß die weitere Strombahn praktisch widerstandslos ist. Es kann daher der Widerstand des Erders etwa nach dem Widerstand bewertet werden, den ein aus dem Erder

austretender Strom auf dem Wege bis zu rd. 20 m Entfernung findet. Der Widerstand hängt von der Leitfähigkeit des Erdbodens insbesondere in der Nähe des Erders, aber auch von der Flächengröße des Erders, dessen Gestaltung und Lage ab. Der Erder muß genügende Abmessungen haben, damit er den höchsten vorkommenden zur Erde fließenden Strömen standhält. Räumlich ausgedehnte Erder werden im allgemeinen solchen in gedrängter Ausführung vorgezogen. Für das Erden müssen Stellen ausgesucht werden, wo der Erdboden die beste Leitfähigkeit hat, z. B. dauernd feuchtbleibender Erdboden oder Grundwasser in einer Tiefe, in der sich der Grundwasserstand nicht ändert.

Die Verbindungsleitung des Erders mit dem zu erdenden Gegenstand muß dauerhaft sein und genügenden Querschnitt haben, damit die Erdung ihren Zweck dauernd erfüllen kann. Der für die Verbindungsleitung erforderliche Querschnitt hängt von der Stromstärke ab, die durch die Leitung fließen kann. Die Verbindung der Leitung mit dem Erder einerseits, mit den zu erdenden Teilen andererseits muß vollkommen betriebssicher sein. Nach Vorschrift zu erdende Erzeugnisse, wie Wandler, Kabelmuffen, Schalter und dgl. erhalten daher besondere Erdungsschrauben zum Anschluß der Erdleitungen.

## *Schaltanlagen.*

An den Stromerzeugungsstätten, auch an ausgedehnten Stromverbrauchsstellen werden Schalt- und Meßgeräte und Regler in einer Schaltanlage vereint, um gute Übersicht über den Betrieb zu erhalten und diesen ordnungsgemäß führen zu können. Je nach der Ausdehnung der Schaltanlage, den Raumverhältnissen, den erforderlichen Schutzvorkehrungen und den örtlichen Verhältnissen werden Schalttafeln, Schaltpulte, Schaltsäulen, Schaltkästen, Schaltzellen verwendet.

Bild 145. Eisengerüst für eine fünffeldrige Normal-Schalttafel.

Kleinere *Schalttafeln*, z. B. solche, die nur Schalter, Sicherungen und Meßgeräte für den Betrieb eines Motors enthalten, werden an der Wand befestigt. Für umfangreiche Anlagen verwendet man dagegen freistehende mehrfeldrige Paneelschalttafeln. Die Schalttafeln bestehen aus einem Eisengerüst (Bild 145), das bei den

Normaltafeln aus normalisierten Teilen hergestellt ist. Auf dem Gerüst werden Marmor- oder Schieferplatten, bei Verwendung besonders isolierter Geräte Eisenplatten befestigt. Die Anordnung wird in der Regel so getroffen, daß oben die Meßgeräte, in der Mitte die Schalter oder deren Antriebe und unten die Antriebe für die Regelwiderstände angebracht werden. Der besseren Übersicht wegen werden ausgedehnte Schalttafeln zuweilen in flachem Bogen oder in Hufeisenform aufgestellt. Der Bedienungsgang vor der Schalttafel soll geräumig und mindestens rd. 1,5 m breit sein.

Blanke Teile, die betriebsmäßig unter Spannung gegen Erde stehen, dürfen auf der Vorderseite nur dann angebracht sein, wenn die Spannung 1000 V nicht überschreitet und die Schalttafel nur durch gut unterrichtete Personen bedient wird. Ist die Schalttafelbühne auch nicht unterwiesenen Personen regelmäßig zugänglich, müssen die Geräteteile, die unter Spannung gegen Erde stehen, gegen zufällige Berührung durch zweckdienliche Abdeckungen geschützt oder besser hinter die Schalttafel verlegt werden, so daß nur Bedienungsteile, wie Griffe von Schaltern, Kurbeln von Reglern und dgl. vor der Schalttafel erscheinen.

Die Hauptsammelschienen, d. h. die Stromschienen, die die vereinten Ströme führen, die Nebenschienen, Nebengeräte wie Wandler und alle Abzweig- und Verbindungsleitungen zwischen den einzelnen Geräten werden hinter der Schalttafel in übersichtlicher Weise angeordnet. Ebenso wie vorteilhaft vor der Schalttafel für breiten Raum gesorgt wird, soll auch hinter der Schalttafel genügend freier Raum gelassen werden, damit die Übersicht nicht verloren geht, das Betreten auch während des Betriebs bei erforderlicher Vorsicht ungefährlich ist und etwaige Ausbesserungen vorgenommen werden können. Der Raum hinter der Schalttafel wird gewöhnlich verschlossen gehalten, so daß der Eintritt nur wohlunterrichteten Personen möglich ist. Um das Nachsehen zu erleichtern, werden Geräte für die verschiedenen Stromarten und Spannungen durch Aufschriften und Leitungen durch farbigen Anstrich kenntlich gemacht. Alle Metallteile in der Nähe von hochspannungführenden Leitern (über 250 V gegen Erde) an der Schalttafel, die durch Überleitung unter Spannung gegen Erde gesetzt werden könnten, so z. B. Griffe von Schaltern, werden geerdet, um die Bedienung gefahrlos zu machen.

Die elektrisch leitende Verbindung von Leiterteilen geschieht durch Verschrauben, Verlaschen oder Verlöten oder durch Kerbverbinder. Runde Leiter werden durch Zentralklemmen verbunden. Durch Wände werden Leitungen mittels Repelit- oder Porzellandurchführungen isoliert und abgedichtet geführt. Im Innenraum werden Hochspannungsleitungen auf Stützern gleichfalls aus Repelit oder Porzellan gegen Erde isoliert.

Große Schalter und alle Widerstände werden hinter der Schalttafel aufgestellt. Sie können nicht immer unmittelbar an der Schalttafel aufgestellt werden. Insbesondere werden Hochspannungsölschalter zuweilen in getrennten Räumen aufgestellt. Bei Betätigung von Hand wird die Verbindung je nach der Entfernung durch unmittelbare Kupplung oder durch Vermittlung eines Gestänges, durch Seil, Kette oder Wellen bewerkstelligt. Bei elektrischer Fernbetätigung eines Schalters mittels Schaltmotor oder -magnet kann dieser auf beliebige Entfernung von der Schalttafel aus gesteuert werden.

Statt Schalttafeln werden zuweilen *Schaltpulte* (Bild 146) gewählt, wenn die Bedienung dadurch bequemer wird. Für Einzelapparate, insbesondere für Meßgeräte, Strom-, Spannungs- und Leistungsmesser nebst Meßgeräten, die z. B. für das Parallelschalten erforderlich sind, werden vielfach *Schaltsäulen* verwendet, die frei aufgestellt werden, oder auch *Wandarme* mit drehbarem Kopf, so daß die Meßgeräte so gedreht werden können, daß das Ablesen von verschiedenen Stellen aus erleichtert ist.

Sind die Schaltgeräte rauhem Betriebe und der schädlichen Einwirkung von Staub, Feuchtigkeit, ätzenden Dämpfen oder dgl. ausgesetzt, wie in Gruben, Werkstätten, Mühlen und Zementfabriken, Berg- und Hüttenwerken, chemischen Fabriken, Brauereien und Maschinenhäusern, so

Bild 146. Gruppenschaltpulte mit Schaltsäule.

werden die Schalter, Sicherungen und Meßgeräte in eisengekapselter Ausführung als *Schaltkästen* geliefert. Jeder Stromkreis erhält gewöhnlich einen eigenen Kasten mit den erforderlichen Geräten. Die verschiedenen Kästen sind zu Gruppen vereint, sie werden entweder längs der Wand oder freistehend aufgebaut. Die Schaltkästen werden für Trennschalter, Hochspannungsschalter mit Ölfüllung, mit Bedienung von Hand oder als Selbstschalter mit Überstromauslösern, ohne oder mit einstellbarer Verzögerung, unmittelbar oder durch Öffnen eines Kontaktes an den Überstromauslösern wirkend, für Sterndreieckschalter zum Anlassen von Drehstromkurzschlußmotoren usw. gebaut. Der Strom wird durch abgedichtete Leitungen, durch Rohre oder Kabel in die Kästen eingeführt. Durchgehende Stromschienen verbinden die einzelnen Kästen. Eine Reihe von Schaltkästen wird zu einer eisengekapselten Verteilungsanlage (Bild 147) vereinigt.

In Hochspannungsanlagen wird die Schaltanlage allgemein in einzelne *Schaltzellen*, die durch Zwischenwände von geeignetem Isolierstoff, wie Gipsplatten, Duroplatten, Schieferasbest, Xylolith oder dgl. getrennt sind, unterteilt. In größeren Schaltanlagen sind die für den Gesamtbetrieb erforderlichen Geräte in der Regel auf Zellen in mehreren Stockwerken eines Schalthauses verteilt, wobei mit Rücksicht auf übersichtliche Bedienung möglichst wenige Stockwerke angestrebt werden.

Bild 147. Eisengekapselte Verteilungsanlage mit Schienenkasten, Schaltkasten und Kabelstutzen.

Sehr hohe Spannung erfordert große Abstände der Leitungsteile, insbesondere wenn Lichtbögen zur Entfaltung kommen. Hochspannungsschalthäuser brauchen daher ausgedehnte Räume. Wenn die klimatischen Verhältnisse es zulassen, können Transformatoren und Hochspannungsgeräte entsprechend hergestellt und geschützt im Freien in sogenannten *Freiluftstationen* aufgestellt werden. Es wird so die Anzahl der Hochspannungsdurchführungen vermindert und an Gebäudekosten gespart. Man erhält zwar kleinere Schalthäuser, braucht aber größeren Flächenraum im Freien. Antriebe zur Bedienung der Schalter und Meßgeräte werden zweckmäßig in die Häuser gelegt, um in der Bedienung unabhängig von der Witterung zu sein.

### *Leitungen.*

Die Eigenschaft der verschiedenen Stoffe, den elektrischen Strom zu leiten oder zu isolieren, d. h. ihm solchen Widerstand entgegenzusetzen, daß das Weiterleiten des Stromes verhindert wird, ermöglicht, den Strom auf vorgeschriebener Bahn an die verschiedenen Verbrauchsstellen zu leiten. Die Elektrizitätsleiter und deren Isolierung haben daher in der Elektrotechnik besondere Bedeutung. Die Isolierungen der Leitungen werden den verschiedenen Verwendungszwecken in Maschinen, Transformatoren, Spulen, an der Erzeugungsstätte, zur Fortleitung des Stromes in Freileitungen oder Kabeln, den Verbrauchsspannungen entsprechend, angepaßt.

Hauptsächlich kommt *Kupfer* wegen der vorzüglichen Eigenschaften in bezug auf Leitfähigkeit, Haltbarkeit, Festigkeit, Bearbeitungsfähigkeit in Betracht. Überall, wo an Zuverlässigkeit der Leitungen besonders hohe Ansprüche gestellt werden, wird ausschließlich Kupfer gewählt. Der Widerstand von sogenanntem Leitungskupfer beträgt für 1 km Länge und 1 $mm^2$ Querschnitt bei $20^0$ C 17,8 $\Omega$.

Statt Kupfer wird zuweilen *Aluminium*, und zwar für Freileitungsseile von hoher Zerreißfestigkeit verwendet. Kerbverbinder geben genügend widerstandslose Verbindungen der Leitungen. Aluminium erhält durch Einwirkung der Luft an der Oberfläche eine schlecht leitende Schicht. Die isolierende Eigenschaft der Schicht kann durch künstliche Mittel noch erhöht werden, so daß so bearbeiteter Aluminiumdraht in einzelnen Fällen wie isolierter Draht für Magnetspulen verwendet werden kann.

*Eisen* kann, trotzdem es bedeutend höheren Widerstand als Kupfer besitzt, in den Fällen für die Stromleitungen benutzt werden, wo es auf besonders gute Leitfähigkeit nicht ankommt und ein Rosten der Drähte nicht zu befürchten ist.

Die Leitungen werden *massiv*, d. h. als Einzelleiter hergestellt, wenn keine besonderen Anforderungen an die Biegsamkeit gestellt werden.

Für große Querschnitte in der Größenordnung von rd. 1000 mm² Querschnitt können massive Leitungen nur in kurzen Stücken eingebaut werden. Die Leitung wird aus einzelnen Rundstäben hergestellt, die durch Zentralklemmen verbunden werden oder aus Flachschienen, die unmittelbar verschraubt oder durch Laschen verbunden werden. Für feste Verlegung werden isolierte Leitungsdrähte von 16 mm² an stets, und auch für geringere Querschnitte, wenn auf die Biegsamkeit der Leitungen Wert gelegt wird, z. B. bei Verbindungsleitungen für ortsveränderliche Verbraucher, wie Stehlampen, Kochapparate, Bügeleisen usw., aus einer Anzahl von Drähten zu einem Seil oder einer Litze versponnen. Die Anzahl der zu einer biegsamen Leitung verbundenen Drähte hängt von dem Querschnitt der Leitung und den Anforderungen an die Biegsamkeit ab. Gummiaderleitungen mit mehrdrähtigen Leitern bis zu einem Gesamtquerschnitt von 16—25 mm² sollen mindestens 7, für 35—95 mm² mindestens 19, von 120—185 mm² mindestens 37, von 240—400 mm² 61, von 500—625 mm² 91, von 800—1000 mm² 127 Drähte führen.

*Blanke Leitungen* werden verwendet, wo sie gegen unbeabsichtigte Berührung geschützt sind, oder wo die Isolierhülle. wie z. B. in Räumen mit ätzenden Dämpfen nicht genügend widerstandsfähig ist. Die Drähte erhalten in solchen Fällen einen gegen Säuredämpfe unempfindlichen Anstrich. Erdleitungen, allgemeine Leitungen, die gegen Erde keine nennenswerte Spannung führen, können blank verlegt werden. Schalttafeln erhalten blanke Kupferschienen, die auf Isolierrollen verlegt werden. Freileitungen werden unisoliert auf Isolatoren verlegt, wenn nicht besondere Gründe vorliegen, die Leitungen mit einer wetterbeständigen Isolierung zu versehen.

*Isolierte Leitungen* erhalten eine isolierende Hülle, die je nach dem Verwendungszweck und der Spannung, mit der die Isolierhülle beansprucht wird, verschieden ist. Für Maschinenwicklungen werden viel verwendet Drähte, mit Baumwolle besponnen oder beklöppelt oder, wenn erforderlich, auch imprägniert. Soll die Bewicklung wenig auftragen, um den Wickelraum günstig auszunutzen, wird statt Baumwolle Seide genommen. Emailledrähte sind durch gleichfalls wenig auftragenden Emailleüberzug isoliert, über den erforderlichenfalls noch eine Bespinnung oder Beklöpplung kommt.

Für festes Legen in Gebäuden werden *gummiisolierte Leitungen* einadrig oder mehradrig genommen. Die mehradrigen Leitungen sind entweder nebeneinander geführt oder verdrillt und haben eine gemeinsame Umklöpplung. Für höhere Spannungen erhalten die Drähte unter der Umklöpplung mehrere Lagen von Gummi.

Für geringe mechanische Beanspruchung in Niederspannungsanlagen werden *Glühlampenschnüre*, für Beleuchtungskörper *Fassungsadern*, für

Schnurzugpendel *Pendelschnüre*, für mittlere mechanische Beanspruchung *Werkstattschnüre*, für besondere Zwecke *Anschlußleitungen* geliefert. Guten mechanischen Schutz erhalten die Drähte in *Peschelrohren*, die überlappt oder geschlitzt hergestellt werden. Die biegsamen *Rohrdrähte* tragen über der Isolierungsschutzhülle einen gegen Rosten geschützten enganliegenden gefalzten Metallmantel aus verbleitem Eisenblech oder Messingblech. Solche Rohrdrähte werden als Einfachleitungen ausgeführt, bei denen der Metallmantel in Anlagen mit geerdetem Nulleiter als Rückleiter des Stroms dient, oder als Doppel- und Dreifachleitungen. Freileitungen sind den Unbilden der Witterung, Winddruck, Schneebelastung, den Einflüssen der atmosphärischen Elektrizität und sonstigen Gefährdungen ausgesetzt, die vermieden werden, wenn die Leitungen als *Kabel* in die Erde gelegt werden. Die Kabel werden ein- oder mehradrig ausgeführt. Die Adern müssen für die Spannung, die sie gegeneinander und gegen Erde auszuhalten haben, gut isoliert sein. Die Isolierung darf nicht durch etwa eindringende Feuchtigkeit leiden, weshalb die Kabel durch nahtlos umpreßten wasserdichten *Bleimantel* (Bild 148) gegen Eindringen von Feuchtigkeit geschützt werden. Um sie gegen mechanische Verletzungen bei etwaigen Aufgrabungen, beim Einschlagen von Pfählen und dgl. zu schützen, erhalten die Bleikabel noch einen weiteren Schutz durch Eisenbandbewehrung oder, wenn das Kabel noch große Zugfestigkeit erhalten soll, durch Eisendrahtbewehrung (Bild 149). Die Stärke der Isolationsschicht und die Art der Isolierung von Kabeln hängt im wesentlichen von der Spannung, für die sie bestimmt sind, ab. Sie besteht meist aus Lagen von getränktem Papier und Faserstoff. Es befinden sich innerhalb des gemeinsamen Bleimantels ein, zwei, drei oder vier Leiter. Die Mehrleiter sind meist verseilt (Bild 150), so daß sie im Gegensatz zu konzentrisch angeordneten Leitern gleiche Kapazität gegeneinander und gegen Erde haben. Die Leiter sind rund oder sektorförmig. Kabel mit runden Leitern für Spannungen bis 750 V können innerhalb des Bleimantels noch Prüfdrähte erhalten, mittels deren an der Stromerzeugungsstätte die Spannung an den Hauptverteilungsstätten gemessen werden kann. Für Kabelschutzeinrichtungen werden Sonderkabel z. B.

Bild 148. Eisenbandbewehrtes Einleiter-Bleikabel.

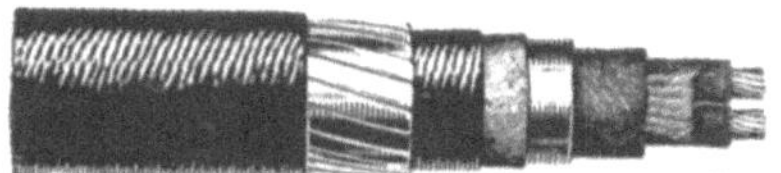

Bild 149. Eisendrahtbewehrtes, verseiltes Zweileiter-Bleikabel (Schachtkabel).

Bild 150. Querschnitt eines verseilten Dreileiterkabels (mit runden Leitern) mit Prüfdrähten.

Lyproschutz mit isolierter im Innern des Hauptleiters befindlicher Hilfsleitung hergestellt.

Einfach-Gleichstromkabel für Spannungen bis 750 V müssen in der Fabrik bei einhalbstündiger Prüfung 1200 V Wechselstrom gegen den Bleimantel aushalten. Mehrleiter müssen bei der Prüfung in der Fabrik eine halbe Stunde lang die doppelte, nach fertigem Legen eine Stunde lang die 1,25 fache Betriebsspannung aushalten.

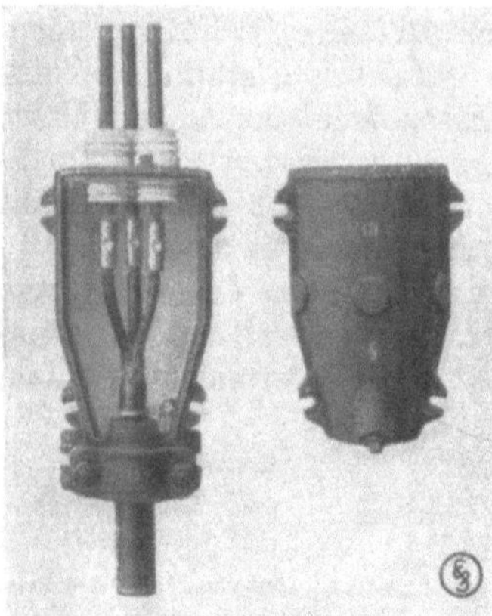

Bild 151. Gußeiserner Endverschluß für Dreileiterkabel.

Damit während des Betriebes keine Feuchtigkeit in das Innere durch die Kabelenden eindringen kann, wodurch die Isolation gefährdet werden könnte, werden die Enden der Kabel durch *Endverschlüsse* (Bild 151) abgedichtet, die je nach den Erfordernissen verschieden ausgeführt werden. Ähnlich werden die Abzweigungen und Verbindungen durch eiserne Muffen geschützt. Die *gußeisernen Kästen* der Endverschlüsse, die *Verbindungsmuffen* (Bild 152), *Abzweigmuffen* (Bild 153), *Kreuzmuffen* werden innen mit Isoliermasse ausgegossen. An den Hauptverteilungsstellen, von denen eine Anzahl von Kabeln ausgehen, werden *Kabelkästen* in die Erde eingelassen.

Von der Zuverlässigkeit der Leitungen hängt ein geordneter Betrieb ab. Es werden daher Vorkehrungen getroffen, um die Leitungen zu überwachen und zu schützen. Leitungen in Innenräumen werden durch passend bemessene Schmelzsicherungen oder selbsttätige Schalter vor unzulässiger Überlastung geschützt. Fehler in Fernleitungen werden durch Drahtbruchrelais, Erdschlußanzeiger usw. überwacht. Ladungen atmosphärischer Elektrizität an Freileitungen werden durch Erdungswiderstände abgeleitet. Überspannungen werden durch Überspannungssicherungen unschädlich gemacht; Einrichtungen werden geschaffen, um fehlerhafte Leitungsteile selbsttätig abzuschalten, ohne den Betrieb auf den fehlerfreien Strecken zu stören.

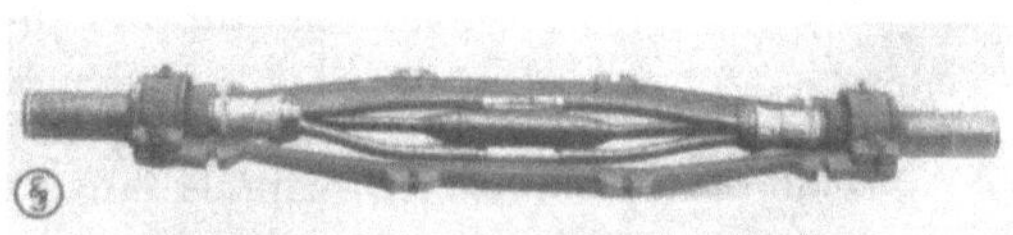

Bild 152. Verbindungsmuffe für Dreileiterkabel.

Kabel werden in der Fabrik in den verschiedensten Herstellungszuständen überwacht. Die Leitfähigkeit des Kupfers wird als blanker Draht, dann als blankes Seil geprüft. Die Isolation wird nach Aufbringen der Isolationsschicht bestimmt. Nach Aufbringen des Bleimantels wird untersucht, ob der Mantel genügend dicht ist, um das Eindringen von Feuchtigkeit zu verhindern. Die bewehrten und für den Gebrauch hergerichteten Kabel werden vor dem Versand nochmals eingehend auf Widerstand, Isolation und Durchschlagfestigkeit geprüft, um Gewähr zu erhalten, daß die Kabel allen an sie zu stellenden Forderungen genügen.

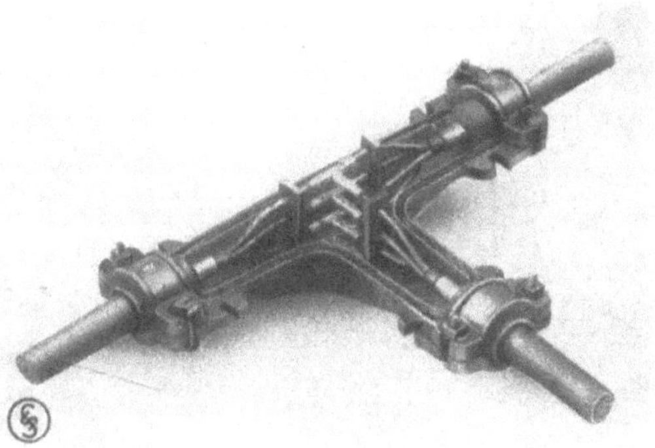

Bild 153. Abzweigmuffe für Dreileiterkabel.

Ob Freileitungen oder Kabelleitungen gewählt werden, hängt von den örtlichen Verhältnissen und wirtschaftlichen Erwägungen ab. Kabelleitungen haben eine etwa zehnmal so hohe Kapazität wie Freileitungen, die bei hohen Spannungen und großer Leitungslänge eine beträchtliche Leistung, wenn auch als Blindleitung, festhalten. Kabelleitungen, die sich auch für verhältnismäßig hohe Spannungen betriebssicher herstellen lassen, sind, geschützt im Erdboden verlegt, vielerlei Fährnissen entzogen. Freileitungen lassen sich unter Verwendung geeigneter fester Isolatoren oder Hängeisolatoren für alle vorkommenden Spannungen isolieren.